高等职业教育“十三五”规划教材

基因操作技术基础

王玉亭　主编

中国轻工业出版社

图书在版编目（CIP）数据

基因操作技术基础/王玉亭主编. —北京：中国轻工业出版社，2017.2
高等职业教育“十三五”规划教材
ISBN 978-7-5184-1234-1

Ⅰ.①基… Ⅱ.①王… Ⅲ.①基因工程–高等职业教育–教材 Ⅳ.①Q78

中国版本图书馆 CIP 数据核字（2016）第 305605 号

责任编辑：江　娟
策划编辑：江　娟　　责任终审：唐是雯　　封面设计：锋尚设计
版式设计：宋振全　　责任校对：吴大鹏　　责任监印：张　可

出版发行：中国轻工业出版社（北京东长安街 6 号，邮编：100740）
印　　刷：北京君升印刷有限公司
经　　销：各地新华书店
版　　次：2017 年 2 月第 1 版第 1 次印刷
开　　本：720×1000　1/16　印张：15
字　　数：300 千字
书　　号：ISBN 978-7-5184-1234-1　定价：32.00 元
邮购电话：010-65241695　传真：65128352
发行电话：010-85119835　85119793　传真：85113293
网　　址：http：//www.chlip.com.cn
Email：club@chlip.com.cn
如发现图书残缺请直接与我社邮购联系调换
120799J2X101ZBW

前　　言

生物制药产值在生物产业中占有相当大的比重，是国家经济发展的战略重点。近几年，国家的产业规划都将生物制药列入高新技术发展的重点，干细胞、转基因、生物信息等关键技术和产品研制均列入大力发展的重点环节。而其中，基因工程是这类技术和产品开发、生产的理论与实践基础。基因工程就是通过基因操作技术来实现的，基因操作是基因药物等基因工程产品开发、生产的技术基础。

21 世纪是生物经济时代，高等职业教育肩负着培养高级应用型人才的重任。本教材从高职人才培养的角度，以掌握基因工程的操作技能、理解和熟悉相关的理论与技术为目的，按照一般的基因操作流程和知识结构特点，讲授基因操作技术的基本技能，理解和熟悉相关的理论与技术，适度加入反映最新进展的基因操作技术与设备等，目的在于培养能够从事基因药物等基因工程产品开发、生产、检验的高级技能型人才。

本教材可用于高等职业教育院校及高等专科学校生物制药技术、生物技术及应用等相关专业，也可用于从事基因工程技术开发和生产人员的岗位培训。

本教材由广东食品药品职业学院的王玉亭主编，广东食品药品职业学院的郭柔杉、李脉参与编写。在编写过程中得到了相关院校领导的大力支持和帮助。本书参考了一些已发表的文献资料，在此向相关作者和提供帮助的人员表示由衷的感谢。

由于时间仓促，编者水平有限，书中难免存在不足之处，敬请广大读者与同仁批评指正。

王玉亭
2016 年 11 月

目　　录

绪　论

基因工程是近几十年来在分子遗传学基础上发展起来的一类在基因水平上人工定向改造生物体遗传性状的技术，是现代生物技术的核心。运用基因工程技术，可以使带有各种遗传信息的DNA片段，越过不同生物间的特异性遗传屏障而重新组合，通过改变生物的某些原有性状来获得人们所需要的产物。基因工程在制药、食品、化工、农业、能源和环保等领域中展现出广阔的应用前景。

在生物制药技术领域，应用基因工程技术对生物体进行改造，再结合微生物发酵、动植物细胞培养、动植物体培育、生物工程及化学工程等技术手段，最终开发、生产出新型的药物材料，越来越成为新药研发、生产中的主导因素。现在，运用基因工程技术，人们已经能生产红细胞生成素（EPO）、人胰岛素、人生长激素（huGH）、干扰素（IFN）、集落刺激因子（GSF）、尿激酶、各种重组疫苗等基因药物和基因工程技术产品。利用基因操作技术、转基因动物异种器官移植技术所发明的新型基因治疗方法和转基因药物，已经成为现代医学的重要技术手段。随着人类基因组计划的不断进展，人类将逐步弄清自身全部基因的位置、结构和功能，从而揭开有关生长、发育、衰老、患病和死亡的秘密，这必然会推动更多的新型基因药物的开发和生产，攻克诸如癌症、艾滋病、肝炎等众多疑难病症。

基因工程技术通过具体的基因操作来实现。众多基因药物和基因工程技术产品的开发、生产、技术服务等，都是基于一个个典型的基因操作来完成的。本教材从高职人才培养的角度出发，以基因药物开发制备、基因工程技术与产品的开发、服务领域实验操作所需要的职业技能训练为目标，通过课程的学习，使学生掌握基本概念、实验原理及基础操作技术，熟悉典型技术产品的工艺流程，能够进行一般的基因操作。

以分子生物学为引领，现代生物技术快速发展，衍生出了众多高端的技术服务及产品，诸如基因测序、基因诊断、基因组数据库、细胞重组与改造、干细胞培育等前沿技术的操作越来越规格化、规范化，技术门槛的成熟与降低，为职业人才的培养带来新的机遇和挑战。如何应对前沿高端技术快速发展与普及下的职业教育，本教材在这方面进行了有益的尝试。

模块一　基因操作的概念

项目一　基因操作的概念

学习目标

【学习目的】

学习基因操作技术的基本概念，了解基因操作技术的应用意义。

【知识要求】

掌握基因操作的理论与物质基础，熟悉基因操作与基因工程的关系。

【能力要求】

认识基因操作的基本程序，能够正确面对基因操作的伦理问题。

什么是基因操作？顾名思义，即基因工程的操作。基因工程又称为体外重组DNA，指利用人工方法，在生物体外将不同来源的DNA进行剪切和重组，然后将其导入宿主细胞，使其扩增表达，从而使宿主细胞获得新的遗传特性，形成新的基因产物。从遗传学角度来说，基因工程就是遗传工程，是利用生物技术引入或删除生物的特异遗传性状，实现生物体遗传特性改变的基本过程。

一、基因操作与基因工程的关系

20世纪是生物学发展最为迅速的时期，1953年DNA双螺旋结构的发现，掀起了对遗传物质研究的热潮。随后的研究结果，确定了DNA是生命遗传信息的物质基础，从而导致分子生物学的诞生。

分子生物学是在分子水平或核酸水平上对生命现象和本质进行研究、阐述，如DNA的结构、复制、表达、调控、遗传及变异等。随着分子生物学的发展，生物学的各个分支学科都延伸到了分子水平。在这种情况下，传统的分子生物学就像一个包罗万象的学科，既可以说是动物、植物以及微生物的分子生物学，也可以说是某些物种的分子生物学，如水稻的分子生物学、链霉菌的分子生物学、芽孢杆菌的分子生物学等。因此，分子生物学也形象地被称为高级生物化学，阐述着基因或者 DNA 的静态和动态的化学本质。

在阐述生物的基本规律过程中，均涉及 DNA 水平上的操作，即分子生物学研究。这些研究都是通过各种基因操作来完成的。通过基因操作来定向改变或修饰生物体的性状或性质，并具有明确应用目的的活动称为基因工程。基因工程是通过对基因的操作来完成的，被操作的对象一般会发生遗传信息或遗传性状的变化，对大多数对象来说，这种变化可以稳定遗传给下一代。

基因操作是一个外延较广的概念，是指对基因进行分离、分析、改造、检测、表达、重组和转移等操作的总称。对基因的操作可以是静态的也可以是动态的。静态操作是指将基因作为一段 DNA 分子来操作，进行分析、修饰或转移；动态操作是指将基因进行大量、可操作性的扩增。基因的扩增可以在体内进行，也可以在体外进行，分别通过基因重组和基因克隆来完成。PCR（聚合酶链反应，polymerase chain reaction）技术的应用为基因体外扩增提供了强大工具，而基因扩增又是通过复制来实现的。因此，在整个基因操作过程中，时时伴随着 DNA 复制的发生。只有对复制本质有着深刻的理解，才能认识基因工程、实施基因操作。

基因工程是通过基因重组来实现的，但基因重组并不都是严格意义上的基因工程。基因重组是基因操作技术中的一种，包括实验研究和生物技术中的基因重组事件。而基因工程则专指为实践应用而进行的基因重组事件，产生的基因工程体可以用作生物反应器，如生产酶或活性物质等，也可以是改变了生物性状的工程体，如改良生物体的品质。这些改良的品质包括获得杀虫或抗病活性，提高杀虫、抗病、固氮和免疫等活性，产生更多的代谢产物，或产生新型代谢产物等。通过基因操作产生的基因工程体有可能产生巨大的经济或社会效益，或者有明显的产生经济或社会效益的潜力。

因此，基因工程是指具体的生产实践例子，通过基因操作技术来实现，其内容涉及基因工程体的构建方式和策略，包括目的基因、载体、基因转移方式和受体的选择，预期产生的效果，目前已经获得的种类，进入批量生产的种类和数量等。

二、基因操作的理论与物质基础

“我们真诚地提出 DNA 的结构模型……，该结构由两条螺旋链围绕同一个中心轴相互缠绕在一起。”Watson 和 Crick 于 1953 年在 *Nature* 上发表的关于 DNA 双螺旋结构模型论文中的这一段叙述，导致了分子生物学的诞生，由此产生的基因操作技术也成为原子核裂变以来最神奇的技术之一。

基因概念的提出和基因与 DNA 关系的建立，为基因操作打下了物质基础；DNA 结构的阐明和 DNA 在生命活动中作用的认识，为基因操作打下了理论基础；

而基因操作技术的发展则直接导致基因工程的诞生和发展。同时，人们对深入开展生命科学研究的热情和对基因工程产品的迫切需求，又推动了基因操作技术的快速发展。

基因操作技术的发展，也引起了人们对基因工程安全的担心。现在许多国家都制定了相关的法律法规，严格控制遗传修饰生物体（genetically modified organism，GMO）向自然环境释放；即便是用于人类健康的基因诊断和治疗，也制定了日益完善的伦理原则。

1. 基因是遗传的物质基础

长期以来，人们曾习惯认同血液遗传的理论。直到19世纪中期，孟德尔通过著名的“豌豆遗传试验”指出：遗传性状是由分别来自父母亲代的一种“因子”决定的，其中一个因子可以控制另一个因子的表型。这些因子在传递给子代时是独立、可以分离的。至20世纪初，人们在细胞水平上重复和验证了孟德尔的试验，认为这个因子存在于细胞核内的染色体上，提出了基因的概念，同时也证明染色体的组成物质是脱氧核糖核酸，即DNA。

1928年的一项细菌转化实验，证实细菌的某些性状可以通过与另一种细菌的碎片混合而改变，后来的实验证实这种碎片就是DNA。1952年，Hershey－Chase实验获得成功，通过用噬菌体感染细菌，表明DNA可以独立指导子代噬菌体的复制，噬菌体DNA包含了合成噬菌体蛋白和噬菌体DNA的遗传信息，从而直接证明DNA是遗传物质。

2. DNA的结构和功能

1953年，Waston和Crick在已有的资料和数据基础上，通过判断和分析，提出了DNA双螺旋模型。这一模型的要点如下。

（1）DNA的组成成分　DNA由脱氧核糖、磷酸基团和4种含氮碱基共三种成分组成。4种含氮碱基分别是腺嘌呤（A）、胸腺嘧啶（T）、鸟嘌呤（G）和胞嘧啶（C）。这三种成分联合组成核苷酸。DNA就是由脱氧核苷酸组成的链状结构。在不同的生物体中，DNA的碱基数量不同。但无论DNA的来源如何，腺嘌呤的数量总是与胸腺嘧啶的数量相等，鸟嘌呤的数量总是与胞嘧啶的数量相等。

（2）DNA的空间结构　DNA是双链缠绕的双螺旋三维结构，其中脱氧核糖和磷酸基团彼此交错连接在一起，形成链状结构，碱基在双链内部通过氢键相互配对排列，腺嘌呤碱基与胸腺嘧啶碱基配对，鸟嘌呤碱基与胞嘧啶碱基配对，即碱基互补配对法则。

根据这一模型，DNA的结构可解析为一级结构、二级结构。DNA的一级结构即组成DNA分子的脱氧核苷酸链。脱氧核苷酸链上由分别含有四种碱基（A、T、G、C）的脱氧核苷酸组成。这四种脱氧核苷酸的不同排列顺序（也称之为碱基对排列顺序）是DNA一级结构的重要特征，其排列顺序中蕴藏了大量的遗传信息，决定着 DNA 的二级结构，即双螺旋空间结构（图 1－1）：组成 DNA 的两条脱氧核苷酸链反向平行，并围绕同一中心轴形成右手双螺旋结构；在双螺旋结构上有两条螺纹沟，较浅的一条称为小沟，较深的一条称为大沟。两条核苷酸链通过碱基之间的氢键相互结合在一起。碱基之间的匹配遵循碱基配对法则（即 A－T/U，G－C）。根据这一法则，在得知 DNA 双链中的一条链的碱基组成后，就可以推断出另一条链的碱基组成。碱基配对法则具有极其重要的生物学意义，是 DNA 复制、转录、反转录等遗传过程的分子基础和理论依据。

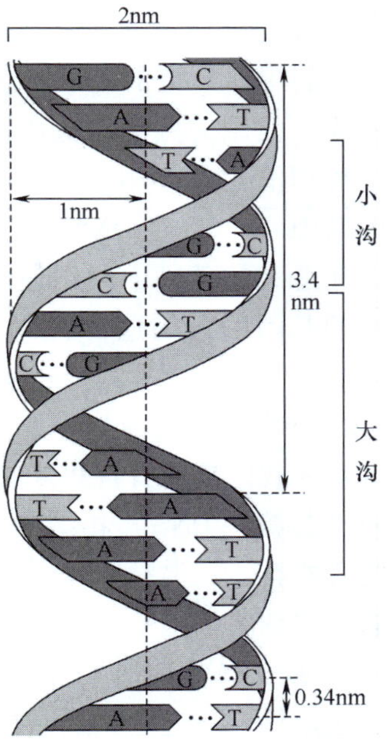

图 1－1　DNA 双螺旋结构

1958 年，科学家们又相继阐明了 DNA 分子的半保留复制机理、蛋白质合成的中心法则和决定氨基酸的“三联体密码”。DNA 链上三个连续的碱基组合，可以决定特定的氨基酸（参见“DNA 转录与 DNA 指导下的蛋白质合成”）。这种 DNA 链上能决定特定氨基酸的三个连续核苷酸称为密码子。4 种碱基以 3 个为一组，可以与 20 种氨基酸构成对应关系。这种对应关系称之为生物体的遗传密码。遗传密码具有通用性，在所有生物中都是相同的。在这些机理上，提出了“DNA→mRNA→蛋白质”的遗传信息流，阐明了 DNA 复制、转录和翻译的遗传学核心问题，为遗传和变异提供了理论依据。

基因的实质就是 DNA 分子上一段具有特定功能和结构的连续的脱氧核苷酸序列，是遗传信息的记录和传递单位。但并不是 DNA 链上的所有脱氧核苷酸序列都可以称为基因。基因作为基本的遗传单位，在 DNA 链上占据着特定的位置，并控制特定的遗传性状。基因可以在物种之间进行转移。基因工程或 DNA 重组就是人为地使基因在生物体之间转移，实现这种转移的操作技术称为基因操作技术。

DNA 是遗传物质的发现、DNA 双螺旋结构的确立和中心法则的提出，共同构成了基因工程的三大理论基础，也为基因操作技术的实施奠定了理论依据。

三、基因操作的基本程序

基因操作实际上是一系列若干实验技术的总称，包括能将遗传信息（DNA）从一种生物细胞转移到另一种生物细胞中并得以表达。概括起来，基因操作应包括以下 6 个基本步骤。

1. 获得外源目的基因

人们想要改造的基因称为目的基因。基因工程的第一步就是要获得目的基因片段。使用的方法有分离法和合成法。前者指从复杂的生物细胞基因组中，经过酶切消化及 PCR 扩增等步骤，分离出带有目的基因的 DNA 片段，取得所需的基因（外源性 DNA 片段）；后者指从特定细胞里提取所需基因的 mRNA 后，在适宜的条件下利用逆（反）转录酶的作用来取得所需基因；或者通过探明目的基因所含的遗传密码及其排列顺序，然后用化学方法人工合成所需的基因。

2. 分离提纯基因载体

基因载体是具有自我复制能力的另一种 DNA 分子，经过处理后它能与外来基因（外源性 DNA）相结合，并带有必要的标记基因。目前，常用的基因载体主要有两类：一类是质粒，一类是病毒（包括噬菌体）。以前者为例，首先用溶菌酶分解细菌细胞壁，然后用物理化学的方法，把质粒与其他成分分开。

3. 形成重组 DNA 分子

在体外，通过专一限制性内切核酸酶的处理，使带有目的基因的外源 DNA 片段和能够自我复制并具有选择标记的载体 DNA 分子，产生互补的黏性末端而相互配对结合，再通过连接酶在体外使两者连接起来，形成一个完整的新的 DNA 分子——重组 DNA 分子。

4. 将重组 DNA 引入受体细胞

重组 DNA 即是带有目的基因的载体（杂种质粒或病毒）。用人工的方法（转化或转导），将重组 DNA 分子转移到适当的受体细胞（宿主细胞）中，使它能在细胞中“定居”下来。通过自体复制和增殖，形成重组 DNA 的无性繁殖系（即克隆），从而扩增产生大量特定目的基因，并使之得到表达，既能指导蛋白质的合成，也称之为目的基因的有效表达。

5. 重组菌的筛选、鉴定和分析

从大量受体菌中筛选出带有目的基因的重组菌（克隆株系），并进行鉴定。然后培养克隆株系，提取出重组质粒，分离已经得到扩增的目的基因．再分析测定其基因顺序。

6. 工程菌的获得和基因产物的分离

将目的基因克隆到表达载体上，再次导入到受体菌中，经反复筛选、鉴定和分析测定，最终获得较稳定的高产的基因工程菌，然后进行大量培养繁殖，产生出所需要的目的基因产物，再进行分离纯化。

上述仅是基因工程的基本步骤。在实际工作中，其具体操作步骤还有更多，因为很多步骤必须重复进行，必须多次分离和分析测定重组 DNA。

基因操作的基本流程见图 1－2。

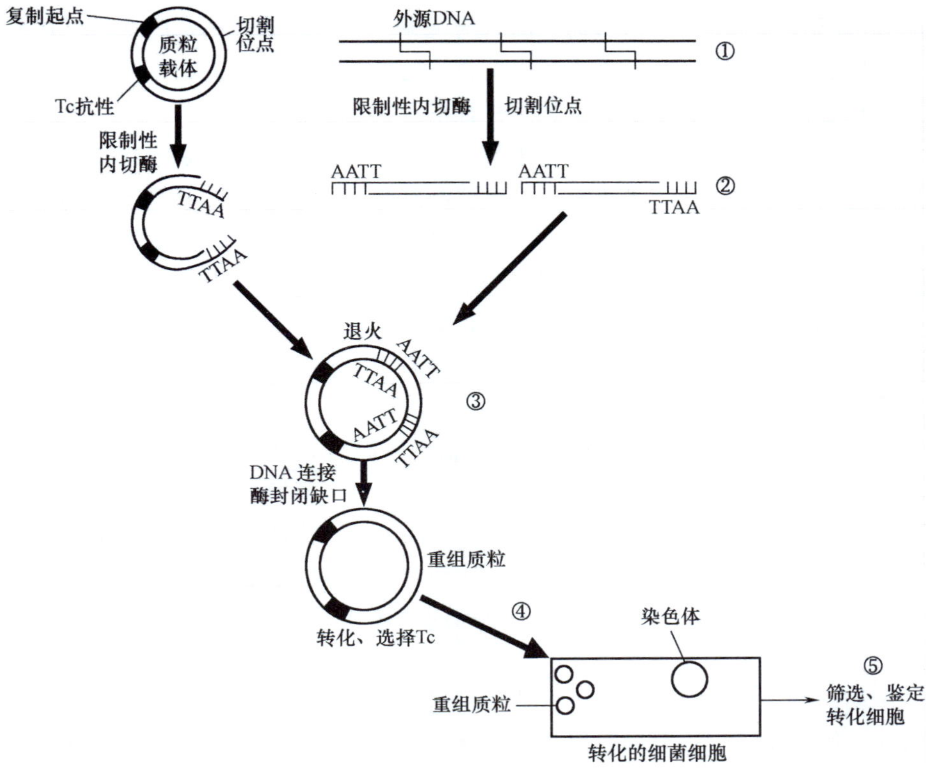

图 1－2　基因操作的基本流程

四、基因操作的伦理问题

基因操作技术，不仅可以用于诊断、治疗疾病以及优生，而且对于攻克肿瘤、遗传缺陷等人类主要疑难疾病具有重要意义，同时也可以用于构建新的病毒，新的物种。这项技术的发展极大提高了人类对生命的期望值，给人类带来了新的生命希望。在给人类带来巨大利益、极大促进经济社会发展的同时，这项技术也引发了一系列的伦理问题，使得基因操作技术不能得到准确的定位，处于一种进退维谷的境地。为了使基因技术发挥应有的作用，更好地服务于人类，有必要审视它的社会和伦理问题，建立相应的伦理体系，把人的尊严置于关键地位。

1. 基因操作技术引发的伦理问题

（1）生命伦理观的改变　从医学的角度看，研究基因操作技术的初衷是为了摒弃不好的基因，将好的基因保留，从而使优良特征传输下去。人的自然生命是客观存在的，是与自然环境相适应的，人的个体差异是自然选择的结果。显然，导入外来基因是对自然的一种刻意改变，严重威胁了自然选择机制，尽管这种基因可能存在积极的作用，而且，导入外来基因后个体可能出现的不适应、不接受等情况必须在事前进行透彻、深入的考虑。设想一下，当基因技术发展到一定的程度后，人类可以有条件去自由选择自己的基因，延长寿命，增加智力，显然这不符合自然规律，也是对生物多样性的一种挑战。

从社会的角度看，基因操作技术的发展对人们健康、长寿观的改变将会引发伦理上的两难问题。尽管人类可以通过修补缺陷和病变基因，使得自己的寿命大大延长，但过长的寿命也将会带来人满为患的威胁，以及上下几代人之间的对立，甚至可能出现为争夺有限的资源和空间而引发的竞争。人类寿命的进一步延长也将激化人口老龄化的问题，不断增长的社会福利将是个很重的包袱。这些人口剧增和年龄结构不合理的状况如果得不到有效的控制和调节，就会危及到地球上的整个人类。

（2）基因隐私　随着基因图谱的绘制，人们可以从基因的角度更加明确地了解自己的基因构成。而基因几乎可以反映一个人的所有特征，比如外貌、肤色、性格、可能患有的疾病等。理论上可以认为，只要掌握了一个人的基因信息，便可以从多个角度去了解这个人，这将给受法律保护的隐私权带来严重的挑战。试想，如果毫无保留地出现在他人面前，将严重地侵犯个人隐私权，进而给正常的生活带来不必要的麻烦。

例如，遗传测试可以揭示出个体某种遗传变异的存在或缺失，这种信息对考虑后代的健康是极端重要的。但是，这种信息的获取与披露，也往往会在家庭里引起两种感受，理智上难以把握，感情上难以接受。所以，诸如 HIV 测试阳性结果、家族性遗传病等信息的使用，如果处理不当，就可能会产生某些令人不安的混乱后果。

（3）基因歧视　从健康的角度来看，通过基因操作技术，可以发现与遗传性疾病密切相关的基因信息，通过合理的方法进行预防和治疗。但另一方面，这种遗传信息的解密也同时带来与遗传隐私泄露相关的基因歧视的忧虑。例如，当我们得知某种基因或其变异体与某种疾病有关联，就可能会给携带此种基因或其变异体但并不患病的人们带来灾难性后果，使其一生都在无形的精神压力下度过。当人们还处于不能完全准确解释基因组遗传信息的阶段，往往容易片面理解或误解遗传信息与疾病的关系，特别是与个人生活质量和健康的关系，这样就容易造成一些社会偏见，给人的声誉带来不好的影响，进而影响其本人甚至子女的社会交往、择偶、找工作、上学等一系列问题。

（4）安全质疑　将基因操作技术用于治疗的基本原理是用正常的基因代替有病的基因，其潜在的伦理学问题是：人类物质的纯洁性和神圣性是否受到亵渎。更重要的问题是，基因重组可能产生的野生复制型病毒将会威胁患者、医务工作者乃至公众。整个基因治疗的过程存在着偶然性和不确定性，无法保证基因改变会按预想的方向发展而不产生潜在的威胁。

2. 基因操作技术伦理问题的对策

（1）不伤害原则　所谓“不伤害原则”是指一个人不应该施行明知对他人有伤害或存在伤害危险的行为，即在运用基因操作技术时，尽量不使基因提供者和相关者（如家庭成员和社区成员）的身心受到损伤。如果不谨慎地揭示有关基因与某些性状相关的信息，将对携带这些基因的人带来伤害。在利益与危险均存在时应权衡利害得失，要趋利避害，对不可避免造成的损害要给予赔偿。

这一原则已成为基因研究与基因治疗领域中最基本的原则。

（2）尊重原则　人的尊严，比科学、技术或经济特性等更重要。基因操作技术发展中所涉及的任何科学行为，都要以尊重人的自由与尊严为前提。当科学研究与人的利益发生冲突时，应以人的利益为先。从基因技术的伦理本质来看，作为人的创造物，它所负载着的社会文化价值与科技因素，使其不再只是一种抽象的工具、一种社会文化的表现形式或一种神秘的力量，更无法使之实现所谓“价值中立性”。人类在追求“技术要为了人和有利于人”目标的过程中，在领受基因技术福祉的同时，也不得不关注技术对人的现在与未来产生的不确定影响。基因操作技术不可能以一种独立于伦理规范的态势发展。相反，伦理的关怀和引导，却一直存在于基因操作技术发展的始终，体现着对人的尊严的肯定和维护。这也是基因操作技术伦理思考的核心。

基于此，人们提出了知情同意原则。这是指接收基因操作技术治疗的患者个人对于自己的行为所做出的决定必须是理性的，理解有关研究与治疗措施的性质、可能发生的危险和可能带来的益处，其同意必须是基于完全的知情和明确的自愿。

知情和同意是两个不同的概念，知情是同意的前提和必要条件，同意必须建立在以下两个条件的基础上才是有效的，即：

①受试者对研究项目有充分的知情与理解。

②受试者处于能够自由选择的地位，禁止任何研究者使用任何强迫、引诱的形式取得同意。两者缺一不可。

（3）公平原则　对于一个公正的社会来说，每个人应该享有平等的社会权益，各种社会机构和团体以及个人，都应该平等地对待每个社会成员。从人的尊严、人的平等的角度来看，人类基因组是不存在优劣之分的，人类的所有基因都是有用的，这是基因多样性所决定的。人类只有一个基因组，基因没有好坏之分。那些我们认为的“坏基因”，都是我们人类身上不可缺少的。所以，应该正确对待人类的基因，虽然它们之间存在着固有的差异，但无论它们的遗传特征如何，个体的独特性和差异性都应当受到尊重。在基因研究中，要坚决防止具有遗传学特征的各种形式的歧视。

基因操作技术的应用，不单单是一个技术问题，而需要进行伦理思考和评判。重视人的尊严，关注人的利益，不仅构成了生命伦理学的内核，同时也成为其对基因技术发展人文关怀和伦理引导的主要内容。伦理的与时俱进绝非盲从，它接受的是科学技术内在的向善性。基因操作技术的产生与发展对伦理体系提出了新的要求，需要构建和发展真正适合基因时代的崭新的伦理体系，消解基因技术带来的负面效应，约束引导基因操作技术向着有利于人类福祉的方向发展。

技能要点

分子生物学是在分子水平或核酸水平上对生命现象和本质进行研究、阐述。生物学的各个分支学科都已经延伸到了分子水平。分子生物学研究是通过各种基因操作技术来实现的。基因操作是指对基因进行分离、分析、改造、检测、表达、重组和转移等操作的总称。通过基因操作，可以完成各种基因工程实践，带来明显的经济和社会意义。

基因概念的提出和基因与 DNA 关系的建立，是基因操作的物质基础；DNA 结构的阐明和 DNA 在生命活动中作用的认识，是基因操作的理论基础；基因操作技术直接推动了基因工程的诞生和发展。

基因操作是一系列实验技术的总称，能将遗传信息从一种生物细胞转移到另一种生物细胞中并得以表达，其基本步骤是：获得外源基因、分离提纯基因载体、形成重组 DNA 分子、将重组 DNA 分子引入受体细胞、筛选分析重组细胞、获得工程菌及产物分离。

基因操作技术的应用，不单单是一个技术问题，而需要进行伦理思考和评判。必须重视人的尊严，关注人的利益，构建和发展真正适合基因时代的伦理体系，消解基因技术带来的负面效应，约束引导基因操作技术向着有利于人类福祉的方向发展。

实践练习

1. 请简述分子生物学、基因操作、基因工程之间的关系。
2. 基因操作技术的理论与物质基础有哪些？
3. 请简述基因操作的基本步骤。
4. 从事基因技术研发与服务，应遵循哪些伦理原则？

项目二　基因操作技术的发展

学习目标

【学习目的】

学习基因操作技术的发展历史，了解基因操作技术的发展成果。

【知识要求】

掌握基因操作技术的基本理论，熟悉基因操作技术的发展历程。

【能力要求】

认识基因操作技术的发展历史。

基因工程诞生于20世纪70年代初期，是在现代分子生物学领域中的许多理论和技术研究成果基础之上发展起来的。现代分子生物学的三个重要理论发现和三个技术成果对基因操作技术的发展与应用起到了决定性的作用。

一、理论上的三个重要发现

第一个发现：DNA是生物的遗传物质。

1934年，有学者（Avery）首次报道了有关肺炎球菌转化实验的研究结果。遗憾的是，这篇论文在当时并未得到科学界的承认。10年以后，这个重要的成果才得到广泛认可。这项工作的意义在于证明了DNA是生物的遗传物质，同时还说明DNA可以将一个细菌的性状传递给另一个细菌。因此也可以说，Avery的工作是现代生物科学的开端，也为基因操作技术的诞生奠定了基础。

第二个发现：DNA双螺旋结构和半保留复制机理的建立。

1953年，沃森和克里克首次提出了DNA的双螺旋结构和半保留复制的机理，这一发现大大促进了现代生物科学的发展，基因操作技术由此而产生。

第三个发现：遗传信息传递方式的确立。

20世纪60年代，经科学家大量而艰苦的努力，破译了DNA三联体遗传密码，确定了“DNA→RNA→蛋白质”的遗传信息传递方式。至1966年，全部64个遗传密码被破译，并排出密码字典，提出了中心法则，为基因操作技术的诞生提供了理论支持。

二、技术上的三个重要成果

1. 基因操作的工具酶

基因操作是一门综合性的生物技术，仅有理论上对遗传物质的认识和了解还不够。如何将庞大的DNA分子进行切割并重新组装，是人们遇到的一个大难题。这里，酶就成为了一种非常重要的工具。

2. 基因操作的载体

工具酶的发现和纯化解决了DNA分子的切割和连接问题。由于大多数DNA片段并不具备自我复制的功能，DNA的体外重组仍然不能进行。为了使DNA片段能在宿主细胞中得以扩增，必须将其接到一个特定的能够进行自我复制的载体分子上。

人们从20世纪40年代开始便从事细菌的性因子（F因子）研究，至20世纪60年代，相继发现了抗药性因子（R因子）和大肠杆菌因子（CoE）等。这些为基因载体系统的建立打下了基础。

3. 基因的体外重组

1972年，美国斯坦福大学的一个研究小组利用限制性内切酶*Eco*R Ⅰ和T4 DNA连接酶成功地进行了首例基因体外重组实验，获得了包含有猿猴病毒SV40和人DNA重组的杂种分子。

1973年，有人用*Eco*R Ⅰ内切酶处理大肠杆菌的抗四环素和抗新霉素及磺胺的质粒，并连接成一个新的重组质粒。将这种重组质粒转入到大肠杆菌中，在含有四环素和新霉素的平板中筛选到了重组菌落。重组子转化的成功标志着基因操作技术走向应用，基因工程由此诞生。

三、基因操作技术与基因工程的发展简史

1963年，中国科学家童第周等人首次报道了鱼类的核移植研究。可惜，这项研究在当时未引起关注。

1967年，发现了可以将DNA片段连接起来的DNA连接酶。

1970年，第一个限制性内切酶被分离纯化，使DNA分子的切割成为可能。

1974年，DNA重组技术建立，人们开始进行DNA体外重组实验，并首次将真核生物基因引入大肠杆菌（*E. coli*）中并得到转录，实现了异源真核生物的基因在大肠杆菌中的表达。

1976年，诞生了DNA测序技术。

1977年，首次将化学合成的人脑生长激素释放抑制素（Somatostain，Som）基因导入大肠杆菌中并表达成功，获得有活性的生长抑制素。生长抑制素能抑制包括生长激素、胰岛素和胰高血糖素等多种激素的产生。按常规制法，从50万只羊的脑下垂体中可提取得到5mg生长激素，其价值亿万美元。采用基因工程方法，只要10L工程菌培养液就可以获得同样的产量，成本低得多。这是真核生物的人造基因首次在原核生物中表达成功，意味着可以通过发酵途径生产出大量高价值的产品，同时也意味着可以利用细菌等原核生物来研究高等生物基因功能的表达。

1978 年，利用重组 *E. coli* 生产由人工合成基因表达的人胰岛素获得成功，标志着人胰岛素可以用基因工程方法大量合成。

1981 年，中国科学家用成年鲫鱼肾脏细胞成功克隆出具有“发育全能性”的克隆鱼（图 1－3），这是世界上第一例发育成熟的异种间胚胎细胞克隆动物，比同样用成年体细胞克隆出的克隆羊“多莉”早了 15 年，但由于种种原因，这项工作被媒体和公众所忽略。

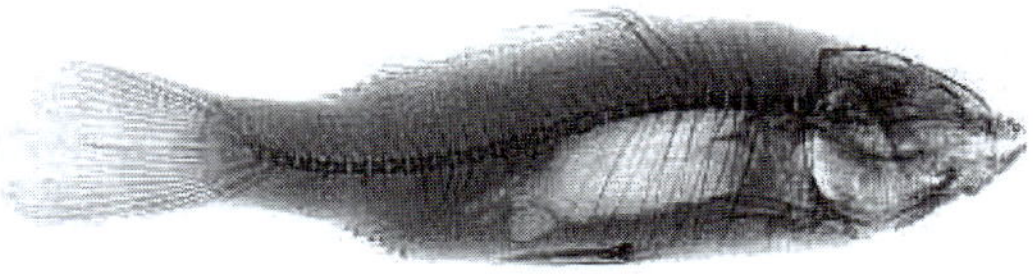

图 1－3　世界上第一条克隆鱼（1981，中国）

1982 年，第一只转基因动物（老鼠）诞生。同年，DNA 测序的商业化产品和单克隆抗体诊断试剂盒产品被批准进入市场；首次从基因工程菌中制备出动物口蹄疫疫苗，以及从基因工程菌中获得乙型肝炎病毒表面抗原和核心抗原。

1983 年，人的生长激素基因转移到小鼠中获得成功；将外源基因引入烟草、胡萝卜、马铃薯等植物细胞中，获得了外源基因可遗传的完整植株。这两项以真核生物为受体的基因操作技术所取得的突破，意味着用基因操作技术改良动植物品种已经具备技术实施的可行性。

1986 年，第一个转基因作物获得田间试验批准，基因操作技术产品首次在控制情况下进行环境释放；同年，第一个 DNA 重组人体疫苗（乙肝疫苗）研制成功。

1988 年，PCR 技术问世，这使得大规模的基因测序成为可能。

1990 年，美国批准第一个体细胞基因治疗试验，同年，人类基因组计划启动。

1994 年，转基因保鲜番茄在美国上市；同年，世界上第一个高分辨率的水稻基因组物理图谱在中国问世。

1997 年，第一只用已分化的成熟体细胞（乳腺细胞）克隆的羊问世（图 1－4），其诞生引发了世界范围内关于动物克隆技术的热烈争论，被认为是生物技术新时代来临的标志。

图 1－4　克隆羊“多莉”

2000 年，“人类基因组工作框架图”正式发布。

2001 年，重要粮食作物——水稻基因图在中国完成。

2004 年，第一个基因治疗药物——p53 腺病毒注射液，在中国获得生产批准。

2007 年，首个中国人基因组图谱“炎黄一号”诞生，被称为亚洲人全基因序列图谱、“20 亿黄种人的遗传地图”。

技能要点

现代分子生物学的三个重要理论发现：DNA 是生物的遗传物质、DNA 双螺旋结构和半保留复制机理的建立、遗传信息传递方式的确立；三个技术成果：基因操作的工具酶、基因操作的载体、基因的体外重组。这些对基因操作技术的发展与应用起到了决定性的作用。自 20 世纪 60 年代以来，基因操作技术得到了飞速发展。

实践练习

1. 请简述基因操作技术发展的三个理论发现与三个技术成果。
2. 世界上最早完成动物细胞核移植并获得成功的是__________。
3. DNA 连接酶是哪一年被发现的，其主要用途是什么？
4. 首次应用 DNA 重组技术获得成功的是哪一年？采用的是哪一种生物体？
5. 世界上第一例由异种间胚胎细胞克隆的具有发育全能性的动物是哪一种动物？什么时间、诞生在哪一个国家？
6. DNA 测序商业化产品和单克隆抗体诊断试剂盒是在哪一年开始进入市场的？
7. PCR 技术于哪一年问世？
8. 世界上第一个高分辨率的水稻基因组物理图谱是哪一年、在哪个国家问世的？
9. 世界上第一个上市的基因治疗药物是由__________生产的__________。

项目三　基因操作的意义

学习目标

【学习目的】

学习基因操作的意义，了解基因操作技术的应用。

【知识要求】

掌握基因操作的实际意义，熟悉基因操作技术在各行各业中的应用。

【能力要求】

认识基因操作技术在各个领域中的实际应用。

一、基因工程的工具

随着分子生物学研究的不断深入，剪切并重新装配以获得重组 DNA 分子，并将其转入细胞中，成为基因操作技术的核心特征。基因操作技术的发展和成熟，得益于各种工具酶、载体系统、宿主细胞体系的发展，这些成为基因工程发展的必备工具。

1. 基因的操作车间——大肠杆菌和病毒

基因之所以能被顺利地操作，一个重要的原因是科学家对大肠杆菌和病毒做了大量的前期工作：这些微生物易于培养，可以方便地进行生化研究，其生物化学、形态学、生理学和遗传学特征都已经了解得非常清楚，大肠杆菌的基因组序列测定也已经完成。可以说大肠杆菌是目前研究得最清楚的细胞生物之一。

自基因工程诞生以来，大肠杆菌一直被用作 DNA 的操作车间。利用这个车间，20 世纪 50 年代证明了 DNA 是遗传物质，60 年代解析了遗传密码和基因的工作方式，70 年代成为第一个用于基因工程研究的生物体，80 年代成为生产基因工程产品的活工厂，90 年代以后进一步显现出其作为基因操作场所的有利之处：染色体主要由 DNA 组成，蛋白质含量少，易进行核酸分离；染色体是单倍体，可独立表达，不像二倍体那样受另一条的控制；染色体是游离在细胞质中，可直接表达，任何来源的 DNA 能像自身 DNA 一样复制和表达，可以很容易地获得外源基因并表现新的遗传特征。

病毒颗粒主要由遗传物质 DNA 或 RNA、包裹遗传物质的衣壳蛋白组成，部分病毒还含有脂质囊膜。病毒只能寄生在宿主细胞中，其感染宿主细胞后，其基因组注入到宿主细胞染色质中，利用宿主细胞来复制自身，或者整合到宿主细胞染色体中，在特定的时期再脱离并自我复制。利用病毒的这一特性，人们可以将外源基因转移到目的细胞中。

2. 获得基因片段的工具——限制性内切酶

限制性内切酶是在研究限制外来 DNA 的现象中发现的，又称限制性内切核酸酶或限制酶。这种酶为基因操作提供了一把“剪刀”，可以将 DNA 片段从染色体上剪切下来，以利于体外 DNA 的重组操作。利用不同的限制酶可以对目的 DNA 的特定部位进行切割，而无论目的 DNA 是来自何处（动物、植物还是微生物）。这是因为限制酶切割 DNA 时有其特定的识别位点，在常用的限制酶中，该识别位点是一个回文对称序列。当限制酶识别该位点并切割 DNA 时，所得到的 DNA 片段就会形成单链突出的末端，即黏性末端。不同来源的 DNA 经同一种限制酶切割后，其黏性末端可以进行互补配对。另一种 DNA 工具酶——连接酶可以将这些 DNA 片段连接起来。

3. 连接DNA片段的工具——连接酶

在限制酶作用下产生的DNA片段，虽然可以通过氢键使黏性末端互补配对而结合在一起，但是它们并不会连接起来，因为末端之间的氢键不足以维持稳定的结合。连接酶可以将这些结合在一起的DNA片段连接起来，形成稳定的化学键（磷酸二酯键），将被限制酶这把剪刀切下来的DNA片段连接起来，实现DNA重组，如同“浆糊”一样。因此，形象地将这两类酶称为“剪刀”加“浆糊”，是实现基因操作的主要工具。

4. 基因操作的载体——质粒和病毒

在体外实现的DNA重组还只能算是一种化学或生物化学操作，只有进入到细胞并进行复制后，才能表现其生物学特征。要做到这一点就需要能携带DNA进入细胞并维持其复制的载体。质粒可以作为基因操作的载体。质粒是细菌染色体外的遗传物质，宿主细胞丢失质粒后并不影响其正常的生理功能。利用质粒的复制功能可以方便地将外源DNA导入宿主细胞并维持其复制，使之成为宿主基因组的一部分，并赋予宿主新的表型。同样，病毒也可作为载体将外源基因整合到宿主的染色体上，实现基因的转移和传代。

随着生物科学和技术的发展，除了上述基因操作的基本工具外，还发展并使用了许多能满足特定要求的工具，从而使基因工程和分子生物学研究变得越来越方便。

二、重组DNA操作

通过DNA重组操作，可以获得基因工程体，实现基因工程的目的。方便成熟的基因操作技术是这一目的的前提，基因操作工具的开发为其打下了坚实的基础，可以方便地开展DNA（包括RNA）分子的分离、纯化、分析和检测、切割、连接与修饰，以及序列测定、诱变、扩增和转移等基本的单元操作。

实施基因工程必须首先获得相关的基因。可以通过构建基因组文库或cDNA文库，再使用探针可以找到目的基因；通过PCR扩增也可以得到目的基因。这里，探针和序列信息就显得尤为重要。随着基因组和功能基因组工作的大规模开展，人们在获取基因方面将有飞跃的发展。

现在，基因重组实验在生物学实验室中已经成为常规性研究工作，从理论上说，人们可以自如地按照需求进行基因工程设计和实践。

三、基因操作技术的应用

1. 生物反应器

自然界和人类体内存在许多生物活性物质（如蛋白质、多肽和多糖），它们在医疗、保健、生产、加工及食品等方面发挥着重要作用，但由于自然存在的数量有限，限制了其使用。通过基因工程可以大量生产所需要的生物活性物质。完成这种生产的场所可以是微生物（如大肠杆菌和酵母菌），可以是动物细胞或转基因动物，也可以是转基因植物。例如，我国在 1996 年成功研制出 5 头能够高效表达用于治疗血友病的人凝血因子 IX 的转基因山羊，按照设计，一头奶山羊一年提供的人凝血因子 IX 活性蛋白相当于上海市全年献血总量所含同类蛋白的总和。

2. 遗传改良

在农业或其他行业内，对物种的品种改良一直是人类与自然做斗争的一种追求。按照传统的筛选、杂交和诱变等方式改良品种的速度太慢，有的甚至永远无法得到。基因工程提供了一种快速进行远缘基因转移的方法，从而为品种改良提供一条捷径。在作物生产中，通过基因转移可以培育出抗虫、抗病、增进品质的作物新品种。转基因棉就是其中的典型代表。转基因动物也是如此，通过转入外源基因或增强自身某些基因的表达，提高其生长、生殖或抗逆等性能。通过对微生物进行基因工程改造，可以获得增强性能的生物杀虫剂、抗病剂、新型抗生素、土壤改良剂和环境净化剂等。例如，1,6 - 二磷酸果糖（FDP）可作为改善缺氧、缺血损伤细胞能量代谢的药物，目前已能利用基因操作技术获得基因工程菌，分泌产生制备 FDP 的酶。

3. 基因治疗

已知的人类遗传病已达 4000 种以上，大部分是由单基因决定的缺陷性遗传病。分子遗传学的迅速发展，使在基因水平上治疗某些遗传病成为可能。将健康基因移植到相关组织或细胞内，可使遗传患者的症状减缓甚至消失，这种治疗措施称为基因治疗。从基因操作的原理上说，基因治疗包括基因修正、基因替换和基因增补。首先，将与疾病有关的正常基因分离和克隆，再将正常基因送入患者有关组织细胞内，使其在患者体内正确表达。这种治疗必须先取得病人的细胞样本，经进行人工培养后获取其基因信息、克隆基因和增殖细胞后，构建获得安全、有效的载体，再对病人展开治疗，因而，基因治疗是真正意义上的个体化治疗，但目前来看，具有很大的难度。

1990 年，美国人安德森（Anderson）成功对一名因腺苷脱氨酶基因（ADA）缺陷而患有严重综合性免疫缺陷症的 4 岁女孩做了世界首例成功的“基因疗法”（图 1 - 5），从女孩身上提取 T 状淋巴细胞，以携带正常 ADA 基因的病毒感染这些细胞后，再将细胞注入患者的血液中，18 月后，女孩恢复免疫力，并健康成长（图 1 - 5 右侧，2003 年）。

基因治疗可以认为是基因工程的一个分支。基因治疗不会导致生命个体遗传性状的改变，只是某个组织或细胞获得了新的外来性状，并且不会传给下一代。

在目前全世界已知的遗传病中，只有 3% 找到了致病基因，得到治疗的仅几百人。其主要原因是功能基因组和结构基因组的研究还有待于深入，人体内 3 万多对基因中，还有众多基因的功能和表达条件等待破译，外源基因多途径、多层次的表达调控更是严重的挑战。基因治疗还存在着很多其他问题。但无论如何，基因治疗之路一定会越来越宽广。

图1-5　首个“基因治疗”病例

技能要点

基因工程的目的是通过基因操作来实现的。基因操作的主要工具有：作为宿主的大肠杆菌、病毒，作为基因片段切割与连接的限制性内切酶和DNA连接酶，以及作为基因操作载体的质粒和病毒等。基因操作技术在活性生物反应器、物种遗传改良、基因治疗等方面有着广泛的应用。

实践练习

1. 为什么大肠杆菌是基因操作中最常用的工具？
2. 为什么病毒可以作为基因转移的载体？
3. 为什么限制性内切酶可以用来专一性地切割DNA？
4. 请举例说明基因操作技术的应用。

项目四　基因操作的常用仪器、试剂

学习目标

【学习目的】

学习基因操作所需的常用仪器和试剂。

【知识要求】

掌握基因操作所需的常用仪器，熟悉常见的试剂。

【能力要求】

认识基因操作实验室常用仪器的基本原理及使用方法，熟悉实验室常用试剂的配制与使用。

一、常用仪器

1. 电子天平

电子天平（图 1－6）采用压力传感器进行单盘称量，具有称量准确可靠、显示快速清晰、自动检测、自动校准、操作简便和过载保护等功能，已经被广为采用。

2. 微量进样器

在生化实验中，微量进样器主要是用作电泳实验的加样器，通常可分为无存液和有存液两种。现在，也常用自动移液器来代替。

3. 自动移液器

自动移液器俗称“移液枪”（图 1－7），用于多次重复的快速定量移液，由单手操作，移液准确、方便。自动取液器分为两种：固定容量型（常用规格 100μL、200μL 和 1000μL 等），可调容量型（常用规格 200μL、1000μL 和 5000μL 等）。每种移液器都有其专用的聚丙烯塑料吸头（枪头）。吸头可以经超声清洗，120℃高压灭菌后重复使用，但随着吸头生产成本的下降，一般采用一次性使用的方式。

（1）可调式自动移液器操作方法

①轻轻旋转移液器上部的旋钮，使数字窗口出现所需容量体积的数字。

②用移液器下端插上吸头，旋紧以保证气密。通常在吸头盒内直接将移液器插紧在吸头上，以防止因手的触摸而污染吸头。

③四指并拢握住移液器上部，用拇指按住柱塞杆顶端按钮，向下按到第一停点。

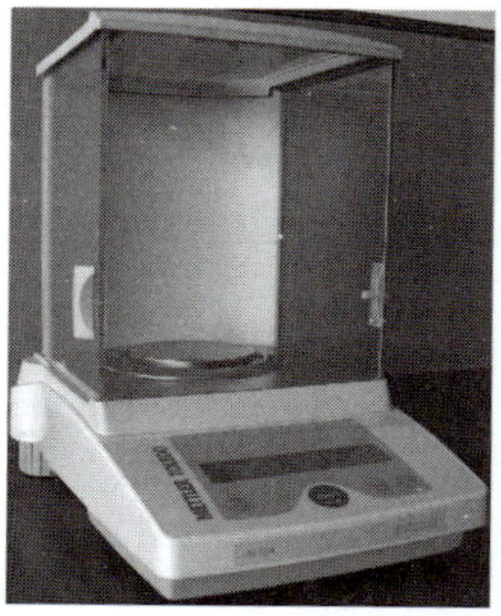

图1－6　电子天平

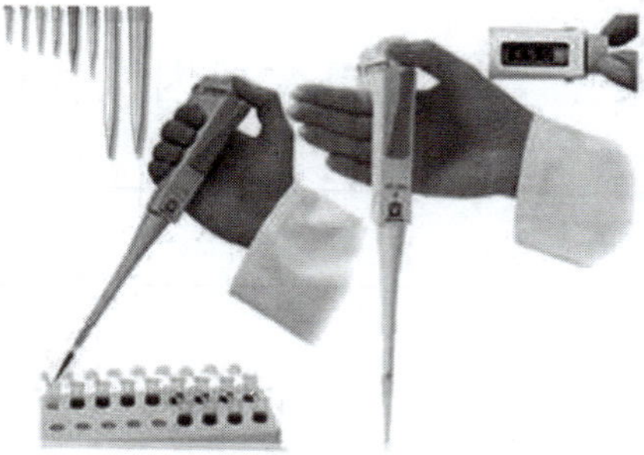

图1－7　移液器及其操作

④将移液器的吸头插入待取的溶液中，缓慢松开按钮，吸取液体并停留1～2s（黏性大的溶液可适当延长停留时间）。

⑤排液时，先将按钮按到第一停点，停留约1s（黏性大的液体可适当延长停留时间）后，再按压到第二停点，排净吸头尖部的剩余溶液。

⑥按下除吸头推杆，将吸头推入废物缸。

（2）自动移液器使用的注意事项

①吸取液体时一定要缓慢平稳地松开拇指，绝不允许突然松开，以防因溶液吸入过快而冲入取液器内，腐蚀柱塞而造成漏气。

②为获得较高的精度，可先用吸头预先吸取一次目标溶液，然后再正式移液，以消除因吸头内壁的残留“液膜”而造成排液量偏小的误差。

③吸、排液体时，尽可能避免移液器和吸头与容器壁的触碰；特别是排液时，最好将液体直接排入，应尽量避免吸头与液面的接触。

④为提高移液精度，应当在移液器、吸头和溶液的温度一致时再开始移液。

⑤自动移液器应定期进行校准，以确保其计量精度。

4. 恒温箱

这是实验室常用的一种加热设备（图1－8）。按使用温度可分为干燥箱（烘箱、烤箱）、保温箱（培养箱）两类。干燥箱的最高温度可达到300℃，用于烘干样品、器皿等。保温箱的最高使用温度通常为60℃，用于培养微生物及细胞等。按照结构原理的不同又常分为真空干燥箱、隔水式恒温箱、鼓风干燥箱、防爆干燥箱，以及用于植物发芽、育苗、组织培养的光照培养箱等。

(1) 101型　(2) DHG型

图1－8　电热恒温箱

5. 电热恒温水浴锅

常用的水浴加热设备，工作温度从室温以上至100℃ ±0.5℃。使用时应注意检查水浴槽内的水位，防止因蒸发而导致水位低于电热管。

6. 数字酸度计

用于pH和电位（mV）的测定，采用复合电极和数字显示。面板上设有温度补偿旋钮、斜率调节旋钮、定位调节旋钮等。使用时应注意电极的校正和电极头的保护。

7. 分光光度计

该设备可以很方便地完成多种生物物质的定量分析，其理论基础是朗伯－比尔吸收定律，即，对稀溶液而言，在溶液浓度一定时，吸光度与溶液浓度应是通过原点的线性关系。但实际操作中，吸光度与溶液浓度之间常常偏离线性关系。一般来说，随着溶液浓度增大，各吸光度点间的相互影响和相互作用加强，会破坏这种线性关系。

常用的这类设备有721型分光光度计、751型紫外分光光度计等。使用前，应先检查、调整波长、设备预热、校验零点与100%*T*，再开始测量。

8. 离心机

离心机的种类很多，有大型落地式、小型台式，有低速、高速、超高速，还有冷冻式、非冷冻式，离心杯容量从1.5mL到1L等。基因操作中经常使用的主要有1.5mL高速台式离心机和高速冷冻离心机等。与普通离心机相比，冷冻离心机配有冷冻装置，可保持低温下的离心过程。

一般来说，大容量的高速、超高速离心机都同时配有冷冻装置。进行离心操作时，首先要注意温度的设定、起始转速回零，应特别注意离心杯的平衡和对称放入离心转子中，再启动离心机，缓慢调节转速。不同离心机的使用方法请参阅其设备说明书。

9. 电泳仪

电泳是利用凝胶作介质，在恒定电场作用下分离、鉴定和纯化DNA、RNA的常用方法。依据电泳介质的不同，分为琼脂糖和聚丙烯酰胺凝胶电泳，依据电泳方向的不同，又分为水平电泳仪和垂直电泳仪（图1－9）。

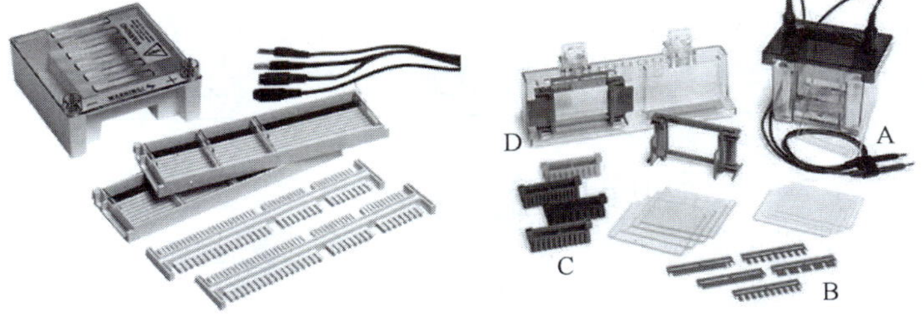

图1－9　电泳仪

一般来说，琼脂糖凝胶电泳的分辨率比聚丙烯酰胺凝胶低，但分离范围广（200bp 至 50kb），操作相对简便，多采用水平电泳方式；聚丙烯酰胺凝胶电泳分辨率高（5～500bp），容量大，但制作和操作相对繁琐，需采用垂直电泳方式。

10. PCR 仪

PCR 是聚合酶链式反应的简称，又称为“体外基因扩增”，是基因操作中的基本技术之一。利用这一技术，可以在几个小时内将 DNA 或 RNA 片段扩增上百万倍。PCR 仪就是实施 PCR 过程的仪器。近年来，已经衍生出诸如梯度 PCR、实时荧光 PCR 等多种 PCR 技术，相应的，也出现了多种 PCR 仪（图 1－10）。

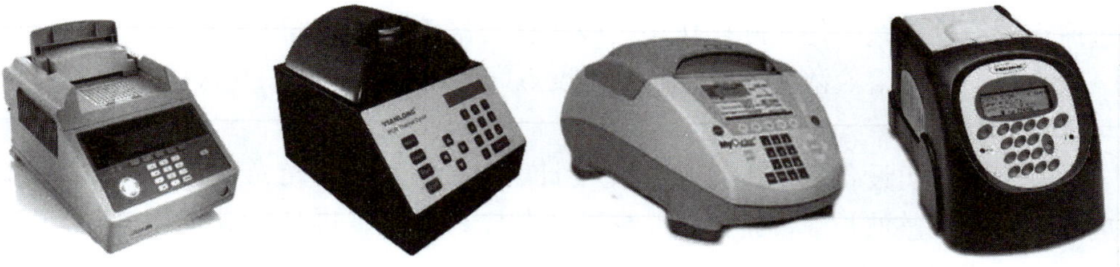

图 1－10　PCR 仪

PCR 仪根据 PCR 反应原理，应用微机控制反应程序，实现全过程的自动化操作。一般来说，在进行 PCR 操作前，应首先在灭菌的微量塑料管中依次加入灭菌蒸馏水、扩增缓冲液、dNTPs 溶液、引物、模板 DNA/RNA 等。在准确完成上述试剂配制后，将微量塑料管置于 PCR 仪中，设定好程序，启动仪器，PCR 过程便可自动完成。

其他常用仪器还有：无菌操作台、－20℃ 及－80℃ 冰箱、液氮罐、培养摇床、高压蒸汽消毒锅、制冰机、脱色摇床、紫外透射仪、扫描仪等。

二、常用试剂

1. 培养基

（1）LB 培养基　胰蛋白胨 10g/L、酵母提取物 5g/L、氯化钠（NaCl）5g/L，用 NaOH 调节 pH 至 7.4。常用来对经过改造的、无法在外界环境单独存活和扩增的工程菌进行预培养，使其成倍扩增，达到使用要求。工程菌的有效扩增是开展基因操作的必要基础。

（2）TB 培养基　胰蛋白胨 12g/L、酵母提取物 24g/L、甘油 4mL/L。与 LB 培养基的主要区别在于碳源的不同。常用来对经过改造的工程菌进行选择性培养，使其扩增并实现特定产物的诱导表达。

（3）SOB 培养基　胰蛋白胨 20g/L、酵母提取物 5g/L、NaCl 0.5g/L、1moL/L

KCl 2.5mL。配制时，1moL/L $MgCl_2$经高压灭菌、冷却至室温后，再取 1mL/L 与已灭菌的其他组成液混合。

（4）SOC 培养基　在 SOB 培养基基础上，加入 1moL/L 灭菌葡萄糖液（用 0.22μm 滤膜过滤除菌）。

（5）LB/Amp/X－Gal/IPTG 平板培养基　胰蛋白胨 10g/L、酵母提取物 5g/L、NaCl 10g/L、氨苄青霉素（Amp）0.1g/L 或 X－Gal 0.04g/L 或 IPTG 0.024g/L、琼脂 15g/L，用 NaOH 调节 pH 至 7.0。这类培养基常用来进行工程菌的筛选。

例如，LB/Amp 培养基可用来筛选含 pUC19 质粒的工程菌。pUC19 是一种携带 Amp^r抗性基因的质粒，可通过 Amp 抗性来筛选转化细胞。进入受体细胞的质粒通过复制，表达实现遗传信息的转移，使受体细胞出现新的遗传性状。如受体细胞没有转入 pUC19，则在含 Amp 的培养基上不能生长。能在 Amp 培养基上生长的受体细胞（转化子）说明已经导入了 pUC19。

X－Gal：5－溴－4－氯－3－吲哚－β－D－半乳糖苷，β－半乳糖苷酶的显色底物。

IPTG：异丙基－β－D－硫代半乳糖苷，β－半乳糖苷酶的活性诱导物质，与 X－Gal 配合使用，可以方便地在特定宿主细胞中挑选基因重组体。

（6）TB/Amp/X－Gal/IPTG 平板培养基　胰蛋白胨 12g/L、酵母提取物 24g/L、甘油 4g/L、KH_2PO_4 17mmol/L、K_2HPO_4 72mmol/L、Amp 0.1g/L 或 X－Gal 0.04g/L 或 IPTG 0.024g/L、琼脂 15g/L。配制时，磷酸缓冲液（KH_2PO_4、K_2HPO_4）需单独配制、灭菌。其作用与培养基（5）类似。

（7）2×YT 培养基　胰蛋白胨 16g/L、酵母提取物 10g/L、NaCl 5g/L，用 NaOH 调节 pH 至 7.0。常用于菌体的增殖培养。

（8）YPD 培养基　胰蛋白胨 20g/L、酵母提取物 10g/L、葡萄糖 20g/L。常用于菌体的增殖培养，以及色氨酸营养缺陷型工程菌的筛选。用于筛选色氨酸营养缺陷型工程菌时，还需要加入色氨酸 1.6g/L。

（9）Φb×broth 培养基　胰蛋白胨 20g/L、酵母提取物 5g/L，$MgSO_4 \cdot 7H_2O$ 5g/L，用 NaOH 调节 pH 至 7.5。常用于制备感受态细胞时的增殖培养。

（10）NZCYM 培养基　酵母提取物 5g/L、酪蛋白氨基酸 1g/L、NZ 胺（酪蛋白的酶促水解物）10g/L、NaCl 5g/L、$MgSO_4 \cdot 7H_2O$ 2g/L，用 NaOH 调节 pH 至 7.0。

（11）NZYM 培养基　除不含酪蛋白氨基酸外，其他成分与 NZCYM 培养基相同。

（12）NZM 培养基　除不含酵母提取物外，其他成分与 NZYM 培养基相同。

2. 抗生素的贮存溶液及其工作浓度（表 1－1）

表 1－1　　抗生素贮存液

抗生素	贮存液[1]		工作浓度	
	浓度	保存条件	严紧型质粒	松弛型质粒
氨苄青霉素	50mg/mL（溶于水）	－20℃	20μg/mL	60μg/mL
羧苄青霉素	50mg/mL（溶于水）		20μg/mL	60μg/mL
氯霉素	34mg/mL（溶于乙醇）		25μg/mL	170μg/mL
卡那霉素	10mg/mL（溶于水）		10μg/mL	50μg/mL
链霉素	10mg/mL（溶于水）		10μg/mL	50μg/mL
四环素[2]	5mg/mL（溶于乙醇）		10μg/mL	50μg/mL

注：1. 以水为溶剂的抗生素贮存液应通过 0. 22μm 滤器过滤除菌。以乙醇为溶剂的抗生素溶液无需除菌处理。所有抗生素溶液均应保存于不透光的容器中。

2. 镁离子是四环素拮抗剂，四环素抗性菌的筛选应使用不含镁盐的培养基（如 LB 培养基）。

3. 常用储液与溶液

（1）$CaCl_2$溶液　$CaCl_2$ 60mmoL/L、15% 甘油，pH7. 2，4℃保存，用于细胞转化。

（2）2 × 抽提缓冲液　NaCl 0. 6moL/L、Tris － HCl（pH7. 5）100mmoL/L、EDTA（pH8. 0）40mmoL/L、1% SDS。

（3）DNA 抽提缓冲液　NaCl 150mmoL/L、Tris － HCl（pH8. 0）10mmoL/L、EDTA（pH8. 0）10mmoL/L、0. 1% SDS（SDS 分开灭菌，冷却后加入）。

（4）0. 5mol EDTA 溶液（pH7. 6）　称取 186. 12g 的 $Na_2EDTA \cdot 2H_2O$ 和 20g 的 NaOH，溶于 800mL 水中，用 NaOH 调 pH 至 8. 0，定容至 1L。

（5）福林－苯酚试剂　含有甲、乙两种试剂。配制方法请详见有关参考书。其中，甲液由 3 种溶液配制而成：①2% Na_2CO_3、0. 4% NaOH；②1% $CuSO_4$；③2% 酒石酸钾钠。使用时，先将②与③等体积混合，再将其与①按 1∶50 的比例混合，放置 30min 后使用，且一天内有效。目前市场有成品销售。

（6）100mmoL/L IPTG 母液　溶解 238. 3mg 的 IPTG 于 10mL 水中，分成小份贮存于－20℃备用。

（7）10mg/mL 溶菌酶　用 10mmoL/L Tris － HCl（pH8. 0）配制，分装成小份，保存于－20℃备用。

（8）TRNzol 试剂和 Trizol 试剂　TRNzol 试剂用于从细胞或组织中提取总 RNA，在破碎和溶解细胞时能保持 RNA 的完整性，同时裂解细胞，溶解细胞内含物。加入氯仿后离心，溶液分成水相和有机相，RNA 在水相中。取出水相，用异丙醇可沉淀回收 RNA。Trizol 则是一种新型总 RNA 抽提试剂，可以直接从细胞或组织中提取总 RNA。TRNzol 试剂和 Trizol 试剂均有市售的试剂盒产品。

更多的试剂溶液，请参阅有关的实验手册。

4. 电泳试剂

（1）50 × Tris - 乙酸（TAE）缓冲液　2moL/L Tris 碱、1moL/L 乙酸、50mmoL/L EDTA（pH8.0）。

（2）10 × Tris - 硼酸（TBE）　90moL/L Tris 碱、890mmoL/L 硼酸盐、20mmoL/L EDTA（pH8.0）。

（3）10 × H_3PO_4（TPE）　108g/L Tris 碱、15.5mL/L 85% H_3PO_4、40mL/L 0.5moL/L EDTA（pH8.0）。

（4）TBS 电泳　108g/L Tris 碱、15.5mL/L 85% H_3PO_4、40mL/L 0.5moL/L EDTA（pH8.0）。

更多的电泳试剂请参阅有关的实验手册。

5. 印迹试剂

（1）Southern 印迹溶液　主要有：变性溶液（0.5moL/L NaOH、1.5moL/L NaCl）、中性溶液（0.5moL/L Tris - HCl、1.5moL/L NaCl）、dNTP 标记混合物、马来酸缓冲液（0.1moL/L 马来酸、0.15moL/L NaCl）等。

（2）Northern 印迹溶液　主要有：0.1% DEPC（焦碳酸二乙酯）处理水、0.5% SDS 溶液（用 DPEC 处理高压灭菌水配制）、饱和 NaCl 溶液、1mg/mL 溴化乙啶等。

技能要点

基因操作的常用仪器有：电子天平、自动移液器、恒温箱、水浴锅、分光光度计、离心机、电泳仪、PCR 仪等，其中，电泳仪又分为水平电泳仪和垂直电泳仪。其他仪器还有无菌操作台、培养摇床、高压蒸汽消毒锅等。

基因操作的常用试剂可分为培养基、抗生素液、电泳试剂、印迹试剂及各类储液、试剂等。

实践练习

1. 请简述自动移液器使用中的注意事项。
2. 使用高速离心机时，应注意哪些主要事项？
3. 电泳仪通常有哪几种，各自的主要用途有哪些？
4. 如何筛选基因工程菌？请举例说明。

模块二　基因操作的技术基础

项目一　遗传信息传递——基因操作的准则

学习目标

【学习目的】

学习遗传信息的传递原理。

【知识要求】

掌握遗传信息传递的中心法则、半保留复制方式，熟悉 DNA 复制的过程，参与的酶类。

【能力要求】

掌握核酸代谢的基本原理，熟悉核酸代谢与蛋白质合成的关系及意义。

基因记录着遗传信息。基因存在于 DNA 分子上。前一章描述过 DNA 分子的结构。DNA 分子是由两条脱氧核苷酸链，按照碱基互补配对的原则相互缠绕，形成双螺旋空间结构。这里，携带不同碱基的脱氧核苷酸的排列顺序，称为 DNA 的一级空间结构，而其双螺旋的三维结构称为二级空间结构。以碱基对排列顺序方式记录的遗传信息，就蕴含在这种相对稳定的二级空间结构中。

早在分子生物学诞生以前，人们就已经提出并验证了基因存在于染色体上。人体细胞核中的 23 对染色体记录着人个体的全部遗传信息。

一、传递遗传信息的物质

1. 染色体

真核细胞平均大小一般只有 10 ~ 20μm，却含有总长度达 1 ~ 2m 的 DNA 分子。这些 DNA 分子必须有序包装，才能保证遗传信息的有效储藏与表达。染色体就是 DNA 的这种包装体，是 DNA 分子的高级空间结构形式，因而也是遗传物质的宏观载体。

染色体是真核细胞核的核心构造，由 DNA、蛋白及少量 RNA 组成，容易被碱性染料染色。一切生物的遗传信息都记录在染色体中，通过细胞核分裂而得到有效传递。

染色体的外观呈杆状。典型的染色体主要由着丝粒、臂、端粒、染色单体等部分组成（图 2－1）。染色体中，DNA 与蛋白质紧密结合，形成纤维细丝，又称为染色质。在电子显微镜下观察，这些纤丝呈串珠状，称为核小体（图 2－2），是组成染色质的基本单位。

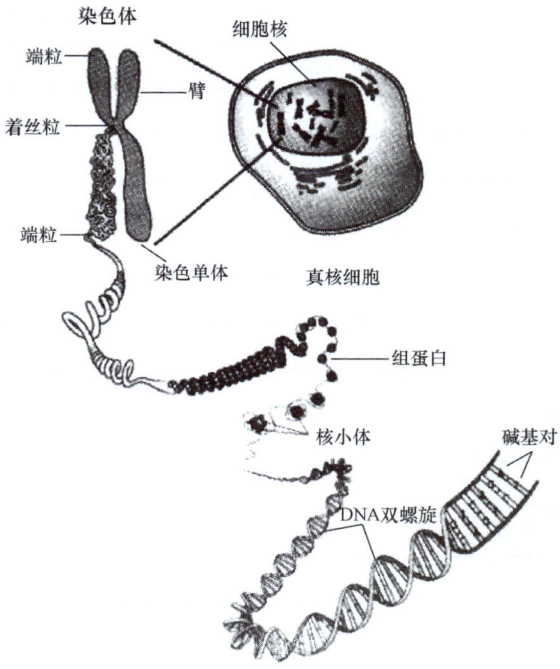

图 2－1　DNA 的多级结构形式

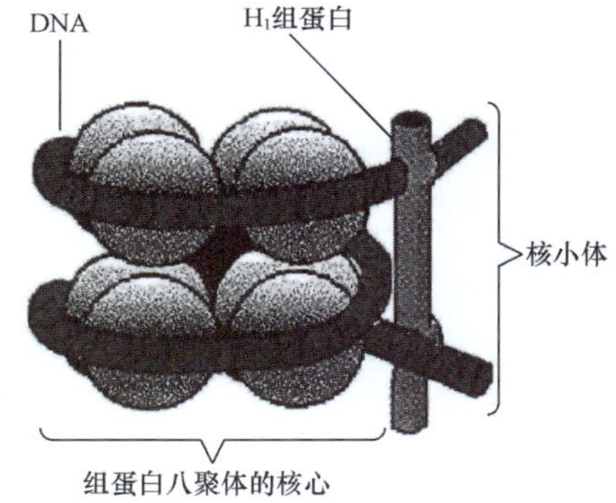

图 2－2　核小体的构造

染色体是细胞中的遗传结构。不同生物或同一个生物个体的不同组织、同一组织在不同外界条件下，染色体的大小差别很大。同一物种内，每条染色体上所带 DNA 的碱基对数量和种类是一定的，但不同染色体、不同物种之间变化很大，从上百万到几亿个核苷酸不等。但组成染色体的组蛋白的含量是十分稳定的。染色体的数目可作为进行物种分类并探索物种间亲缘关系的一个指标。在物种的进化和发展过程中，亲代将自己的遗传物质以染色体的形式传递给后代，从而保持了物种的稳定性和连续性。

2. 基因

1909 年，丹麦遗传学家约翰森（W. L. Johannsen）首先使用“基因”一词。后来，摩尔根等人根据对果蝇的遗传研究，指出基因在染色体上呈线性排列。1944 年，埃弗里（O. T. Avery）等人通过肺炎球菌转化实验，首次证明了基因的化学本质是 DNA，基因是 DNA 上的功能单位。

现在已经公认，基因是编码蛋白质或 RNA 分子遗传信息的遗传单位（图2－3）。基因上的编码序列在 DNA 分子上是不连续的，被非编码序列所隔开。编码的序列称为外显子，是基因表达为蛋白质的部分；非编码序列称为内含子，所以，内含子没有遗传效应，在 mRNA 加工过程中被剪切掉。内含子的核苷酸数量可以比外显子多出许多倍。每个外显子和内含子的结合区都有一段高度保守的共有序列，或者说内含子从 5′端的 GT 开始，到 3′端的 AG 结束。这个规律称为 GT－AG 法则，这是普遍存在于真核基因中 RNA 剪切的识别信号。此外，在基因的两端还有特殊的调控序列，分别具有激活或者促进转录（启动子）和终止转录（终止子）的作用。

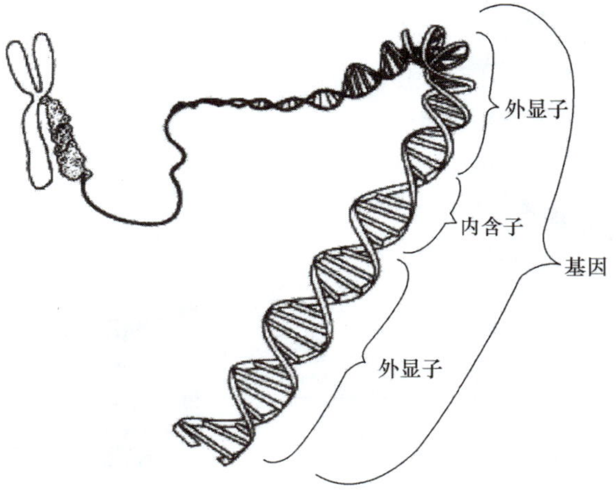

图 2－3　基因

近来的研究发现，内含子在 mRNA 加工过程中起帮助作用，对机体有一定的调控作用，并且只是对一个特定的基因具有意义，也就是说，此内含子对于其他的基因而言，也有可能是外显子或者外显子的一部分。

通常情况下，生物基因组是稳定的，遗传信息稳定地向子代传递。但这种稳定是相对的，基因组还同时具有流动性和动态性。研究发现，染色体上存在一种流动性的元件，可以从染色体 DNA 上的一个位点跳到另一个位点，人们把这种元件称作转座子。转座子在细菌和植物中比较常见。在细菌中，转座子能自我复制并且与基因组的任一位点结合，可干扰基因组的正常功能。在植物中，常常利用转座子来改变其遗传特性，这样的转座子又称为转移基因。

在整个生命过程中，基因本身有时也发生变化，这种变化可以是机体本身调整代谢过程所引起，也可以是生物体适应所处环境的一种反应，还可以通过细菌或者病毒在不同物种之间的转移来实现。基因控制着蛋白质的合成。基因不仅能够自身表达，还具有调节其他基因的功能。可以说，生物体是一个由各种基因相互作用的网络。

3. 基因组

基因组是指一个生物体全部基因的整体。从基因组到 DNA，可分成六级结构水平（图 2－4）：由 DNA 双链组成的核小体构成染色质的一级结构，多个核小体紧密接触形成外径为 30nm、内径为 10nm 的螺旋管构成染色质的二级结构，30nm 的螺旋管进一步压缩成超螺旋管并连接成纤维状构成染色质的三级结构，这些纤维再经螺旋折叠形成染色体单体而成为四级结构，染色体单体组成染色体成为五级结构，最后所有的染色体组成基因组构成六级结构。

一个单倍体基因组中所含 DNA 的量总是恒定的，将其称为该物种基因组的 C 值。不同物种之间，基因组 C 值差别非常大。一般来说，进化程度越高的生物体，其基因组构成越大、越复杂，其基因组的 C 值也越大。但也不是绝对的。例如，进化程度最高的人类基因组 C 值是 3×10^{9}bp，而进化程度最低的肺鱼，其 C 值可以达到 1×10^{12}bp。

基因组研究内容主要包括：比较不同组织和不同发育阶段、正常状态与疾病状态、体外培养细胞基因表达模式的差异。其技术主要有：基因体外扩增（PCR）、RNase 保护试验、RNA 印迹杂交、基因表达系列分析（SAGE）、DNA 芯片等。

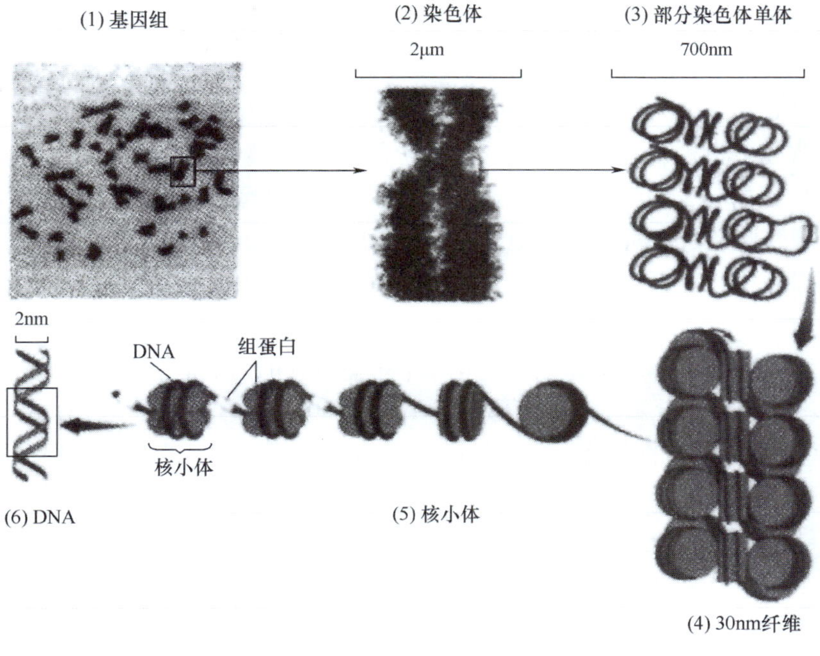

图 2－4　从基因组到 DNA 的结构水平示意图

二、遗传信息的传递过程

1. DNA 的复制

DNA 是遗传的物质基础。DNA 分子中碱基（核苷酸）的排列顺序即是贮藏的遗传信息。基因的实质就是 DNA 大分子中的各功能片段。虽然 DNA 分子中只有 A、G、C、T 四种碱基，但由于 DNA 分子很大，含有的碱基数量极多（如人的基因组 DNA 含有约 3×10^9 个碱基对），可以有多种多样不同的排列方式。

不同的基因，其碱基的序列不同，携带着不同的遗传信息。细胞分裂时，细胞中的 DNA 分子通过自我复制，将亲代 DNA 的遗传信息传递到子代 DNA 分子中，这一过程称为 DNA 复制。通过 DNA 复制，子代细胞具有了一套与亲代细胞完全相同的 DNA 分子，这就是遗传作用。遗传的实质就是染色体的自我复制，而染色体的自我复制主要是通过 DNA 的半保留复制来实现，即以亲代 DNA 分子为模板合成子代 DNA 分子的过程。换个角度说，DNA 复制也称为 DNA 合成，是一个在 DNA 合成酶（DNA 聚合酶）的催化下复制整个基因组的过程。

DNA 分子复制时，首先是两条多核苷酸链互补碱基之间的氢键断裂，双螺旋链解开为两股单链，再分别以每条单链为模板，以三磷酸脱氧核糖核苷（dNTP）为原料，按照碱基配对规律（A 与 T 配对，G 与 C 配对），合成一条新的互补链，这条新链再和原来的模板链组合成一个新的 DNA 分子。新的 DNA 分子与原来的 DNA 分子的碱基序列完全相同。在此过程中，每个子代 DNA 分子的双链，一条链来自亲代 DNA，而另一条链则是新合成的。这种半保留复制方式可以确保 DNA 复制的稳定性和忠实性，可以确保遗传信息准确地传给下一代。DNA 半保留复制的过程大体可分为以下阶段（图 2 -5）。

（1）起始与引物的合成　DNA 复制有着固定的起始部位，原核细胞中只有一个复制起始部位，而真核细胞 DNA 有多个复制起始部位。在起始部位，DNA 拓扑异构酶和解链酶分别松弛 DNA 超螺旋结构（双螺旋链再进一步缠绕形成的一种更高级空间结构）和解开一段双链，并在 DNA 结合蛋白的保护下解开 DNA 单链，形成复制点，又称复制叉。再通过引物酶的作用，合成引物 RNA 片段。引物一般是十多个至数十个核苷酸。

（2）DNA 片段的合成　这是 DNA 复制的核心内容。在细胞内，DNA 的两条链都可以作为模板，分别合成两条新的 DNA 子链。DNA 的两条链是反向平行缠绕的，即一条是 3′→5′方向，而另一条是 5′→3′方向，双链解开后也呈现两个方向。但是，DNA 聚合酶催化 DNA 链的合成只能沿着 5′→3′方向进行。这样，当解开双链后，在 3′→5′方向的模板链上，新 DNA 链以反向平行的方式顺利地按 5′→3′方向连续合成，这条链称为前导链（以 3′→5′方向链为模板）；而在另一条 5′→3′方向的模板链上，新 DNA 链的合成是不连续的，首先分别按 5′→3′方向

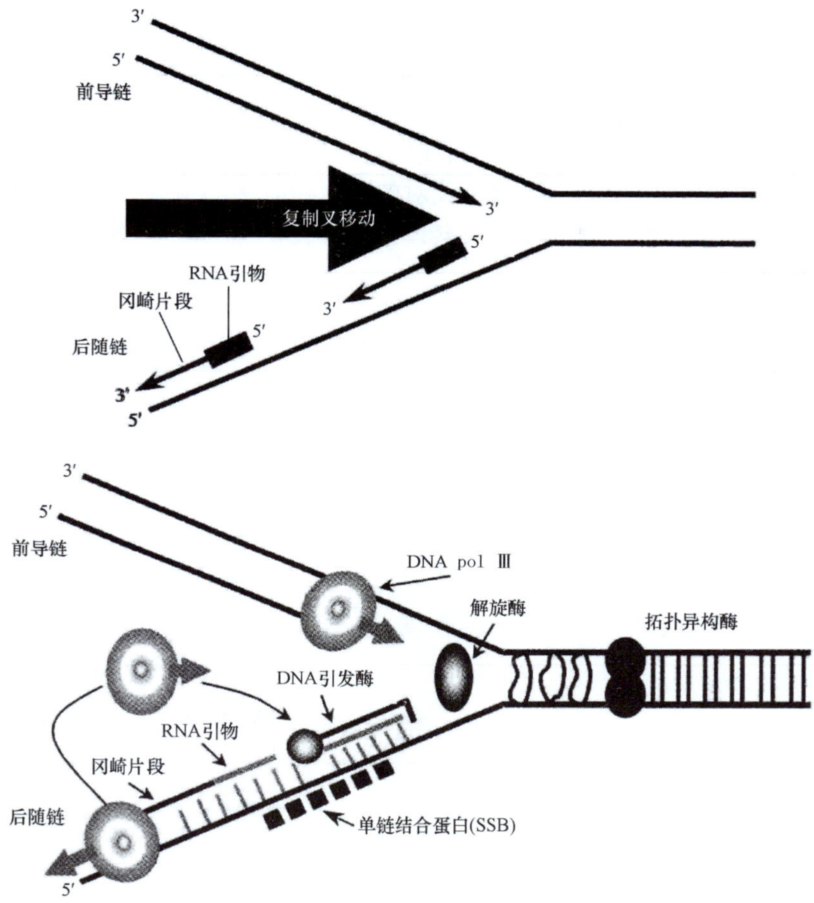

图 2－5　DNA 的复制

（以 5′→3′方向链为模板）合成较短的 DNA 片段，然后再依靠 DNA 连接酶将这些片段连接起来，形成完整的 DNA 新链，这条链称为随从链（滞后链），这些较短的 DNA 片段称为“冈崎片段”。

（3）RNA 引物的水解　DNA 片段合成到一定长度后，链中的 RNA 引物即被核酸酶水解而除去。由此出现的缺口通过 DNA 片段的继续延长而填补。

（4）完整子代 DNA 分子的形成　随从链中相邻的两个 DNA 片段在 DNA 连接酶作用下连接起来，形成大分子 DNA 链，与其对应的模板 DNA 链一起生成子代双螺旋 DNA，即完整的 DNA 分子。合成的前导链也与其对应的另一条模板 DNA 链生成另一个双螺旋子代 DNA 分子。这两个子代 DNA 与亲代 DNA 的结构完全相同，由此遗传信息从亲代传递给子代。

DNA 复制在细胞分裂周期的 S 期进行。抑制 DNA 复制可以抑制细胞分裂，某些抗肿瘤药物就是通过这个途径而达到治疗的目的。

DNA 复制还有一种特殊的方式：反转录复制（图 2－6），即以 RNA 为模板合成DNA，这个过程称为逆（反）转录。这种方式主要存在于反转录病毒中。反转录病毒的基因组是RNA分子。催化此反应的酶是逆（反）转录酶。病毒在感染细胞时，在反转录酶的作用下，RNA分子先反转录为DNA分子，DNA分子再转录产生病毒RNA。RNA分子中同样含有四种碱基，与DNA不同的是，RNA分子中由U替代了T，同样遵循碱基配对的原则，即A与U配对，G与C配对。反转录酶是这个过程中的关键酶。反转录酶具有降解RNase H酶（降解RNA活性）和DNA聚合酶的活性。

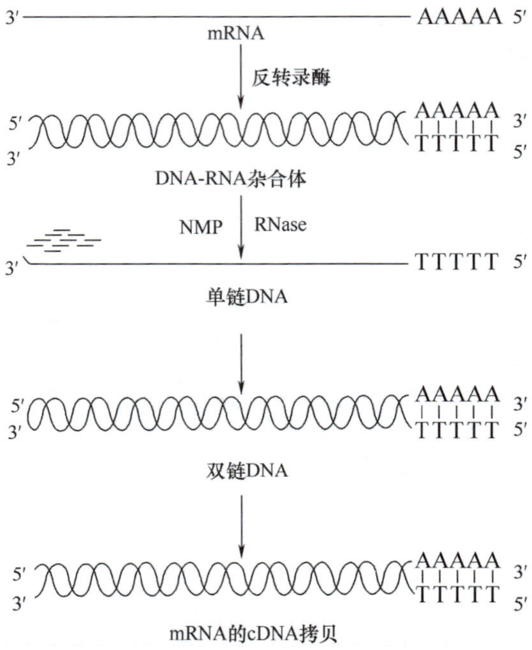

图2－6 反转录复制

2. 基因的表达

DNA是信息分子，其分子中贮藏的信息必须通过由它指导合成的特定蛋白质，才能表现出特异的功能。蛋白质是生命活动的体现者，它是20种氨基酸通过肽键连成的一条或多条多肽链构成的具有多级结构的生物大分子，一个细胞中可以含有多种不同的蛋白质分子，在细胞或生物体内执行各种功能，引起一系列错综复杂的代谢变化，最后显示生命体千变万化的形态特征和生理性状。

蛋白质功能的复杂性依赖于蛋白质分子内氨基酸的排列顺序及其空间结构。蛋白质的结构不同，功能也各异，从而影响机体的各种生命活动。

基因操作技术之所以能够对生物性状进行改变，就是因为基因直接控制着细胞内蛋白质的合成。基因表达即是遗传信息转录和翻译的过程，也就是顺利完成该基因所控制的特定蛋白质的合成过程。基因表达是基因操作成功的标志。

大多数 DNA 指导合成的蛋白质是酶。生物体所有性状实际上是由酶来体现和控制的，所有生化反应都要有酶的参与才能完成，包括 DNA 本身的复制合成。因此，在基因与性状的关系描述上，有一个基因一个酶的说法。改变酶的特性就可以改变生物体性状表现，从这个意义上说，基因操作技术可以改变生物体内的生化过程，从而产生对人类有益的性状。

现已证明，体内蛋白质分子合成时，其氨基酸的排列顺序最终是由 DNA 分子中核苷酸（碱基）顺序所决定的。DNA 本身并不能直接指导蛋白质的合成，而是以 DNA 分子为模板，在细胞内合成与其结构相应的 RNA，将 DNA 的遗传信息抄录到 mRNA（信使 RNA）分子中，这种遗传信息由 DNA 传递给 RNA 的过程，称为转录。

通过转录，DNA 的碱基序列按互补配对的原则（A－T、G－C）转变成 RNA 分子中的相应碱基序列（A－U、G－C）。然后，再以 mRNA 为模板，按照其碱基的排列顺序，以三个相邻碱基序列为一种氨基酸密码子的形式，来决定蛋白质合成时氨基酸的序列。这一过程称为翻译。

通过转录和翻译，基因的遗传信息就体现为各种功能的蛋白质，这就是基因表达。而这种“复制－转录－翻译”的遗传信息传递方式，称为遗传信息传递的中心法则。前述的逆（反）转录中，信息传递方向与转录过程相反；另外，某些病毒中，RNA 亦可自身复制。这些都是中心法则的补充。

图 2－7 是 DNA→RNA→蛋白质的遗传信息传递。转录和翻译是基因表达的两个关键环节。

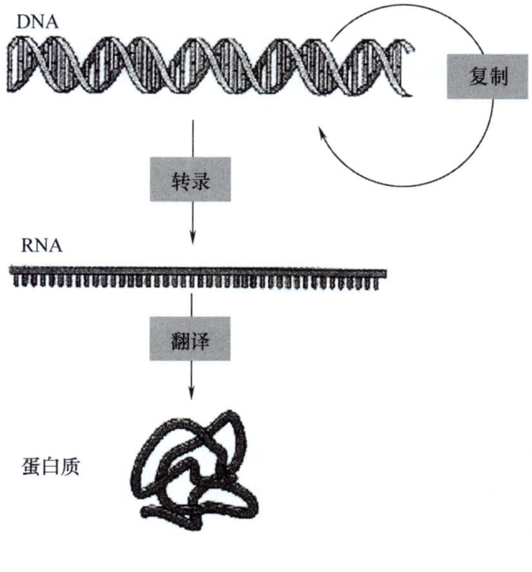

图 2－7　DNA→RNA→蛋白质的遗传信息传递

（1）RNA 在转录中的作用　蕴含在细胞核内 DNA 上的遗传信息通过 RNA 的转录进行传递。转录又称为 RNA 的生物合成。这里，RNA 是遗传信息由 DNA 向蛋白质传递的中介，起承上启下的作用。没有 RNA 的有效转录，就不会有蛋白质的有效表达和其生物学功能的发挥。

RNA 的结构与 DNA 极为相似，也是核苷酸以 3′,5′－磷酸二酯键连接而成的多聚核苷酸链，但其中的胸腺嘧啶（T）被尿嘧啶（U）所取代，且通常以单链形式存在，也有因局部碱基配对所形成的二级结构或三级结构。RNA 主要存在于细胞质中。RNA 分子比 DNA 分子小，其功能多样，种类较多，主要有信使 RNA（mRNA）、核糖体 RNA（rRNA）和转运 RNA（tRNA），近来还发现有小核 RNA（snRNA）、反义 RNA（asRNA）、端粒 RNA（tmRNA）及核不均一 RNA（hnRNA）等。

各类 RNA 在遗传信息表达为氨基酸序列的过程中发挥着不同的作用，例如，mRNA 携带有 DNA 储存的遗传信息，是指导蛋白质生物合成的 RNA 模板；rRNA 与核糖体蛋白共同构成核糖体，参与蛋白质的合成，是细胞内含量最高的 RNA（约占细胞内总 RNA 的 80%）；tRNA 负责携带相应的氨基酸，并将其转运到核糖体上以供蛋白质合成所需，是细胞内相对分子质量最小的一类核酸。其他类型的 RNA 也都有其各自的作用，如 snRNA 可以参与 hnRNA 的加工；还有一类 RNA 本身具有催化作用，称为核酶，可完成 rRNA 的剪接。注意，核酶与核酸酶不同。后者指可水解核酸的酶，按照底物的不同分为 DNA 酶和 RNA 酶。

RNA 的转录需要多种成分参与，包括 DNA 模板、四种三磷酸核糖核苷酸（NTP）、RNA 聚合酶及某些蛋白质因子等，总称为转录体系。

RNA 的合成以 DNA 作为模板，遵循碱基配对原则，按照 DNA 模板中核苷酸的排列顺序合成相应核苷酸顺序的 RNA 分子。这样的 RNA 携带着与模板 DNA 完全相同的遗传信息，在转录的过程中起着传递遗传信息的作用，称为信使 RNA（mRNA）。

mRNA 分子较小，运动性较强，这一特性有利于发挥其遗传信使的作用。mRNA 可以被翻译成蛋白质，或者进入细胞质控制蛋白质的合成。一般来说，mRNA 一次只转录一个基因的信息。mRNA 是在依赖 DNA 的 RNA 聚合酶催化下合成的。

（2）转录的过程　与 DNA 复制不同，转录是不对称的（即只有一条链转录，而不是像复制中两条链均可以用作模板），这是转录的重要特点。DNA 的双链中用来作为模板转录合成 mRNA 的链称为模板链。由模板链合成的 mRNA，其碱基对序列与另外一条 DNA 链的序列基本相同，只是由 U 替换了对应 DNA 链中的 T。由于所转录 mRNA 将编码合成蛋白质，因此，DNA 双链中另外一条不转录的链被称为编码链。

需要指出的是，在一个包含多个基因的双链 DNA 分子中，各个基因的模板链不是全在同一条链上的。在某个基因节段以某一条链为模板转录，而在另一个基因节段可由另一条链为模板。一定要正确理解这一特点。

转录是在 DNA 模板上的特定部位开始的。转录起始点之前有一段核苷酸序列组成的启动子，是 RNA 聚合酶的识别和结合部位。启动子在转录的调控中起着重要作用。在 DNA 模板上还有起停止转录作用的部位，称为终止信号。能转录出 mRNA 并指导蛋白质合成的基因，称为结构基因。而在模板上发生转录过程的范围则称为转录单位。在模板 DNA 上，还有一些可调节转录过程的区域，例如增强转录作用的增强子和减弱转录作用的抑制子等。

转录过程大体分为三个阶段：起始、延长和终止。与 DNA 复制不同，转录不需要引物。转录时 RNA 链的合成也有方向性，即从 5′端→3′端进行，这一点与复制类似。

值得注意的是，转录生成的只是 mRNA 初级产物，即 mRNA 的前体，不能马上用来翻译，必须经过修饰加工，才能成为具有生物功能的成熟 mRNA，这个过程称为转录后加工，转录后的加工过程包括：

①剪接，切去前体 RNA 中的内含子，将外显子拼接起来。

②戴帽：5′端加上 7－甲基鸟苷作为帽子结构。

③加尾：3′端加上一条长度为 150～200 个碱基的多聚腺苷酸（poly A）尾巴。

④碱基修饰：最常见的是碱基甲基化。

（3）翻译的过程　翻译的过程就是蛋白质的生物合成过程，是以 mRNA 作为模板，由氨基酸通过肽键结合，形成特定多肽链的过程。由此，遗传信息从 mRNA 的核苷酸排列顺序传递到蛋白质分子中相应的氨基酸排列顺序。

与 DNA 复制和转录过程相比，翻译的过程更为复杂。在这个过程中，mRNA、tRNA、氨基酸、氨基酰－tRNA 合成酶与核糖体共同组成复杂而又协同的功能系统。

翻译是基于遗传密码——三联体密码子完成的。mRNA 分子中每相邻的三个连续核苷酸编成一组，代表某一种氨基酸，称为密码子。密码子共有 64 组，其中 61 组编码氨基酸，另外还有起始密码子和终止密码子（表 2－1）。

表 2－1　　遗传密码表

第一核苷酸（5′端）	第二核苷酸 U	第二核苷酸 C	第二核苷酸 A	第二核苷酸 G	第三核苷酸（3′端）
U	UUU UUC } 苯丙 UUA UUG } 亮	UCU UCC UCA UCG } 丝	UAU UAC } 酪 UAA UAG } 终止	UGU UGC } 半胱 UGA 终止 UGG 色	U C A G

续表

第一核苷酸（5′端）	第二核苷酸				第三核苷酸（3′端）
	U	C	A	G	
C	CUU 亮	CCU 脯	CAU 组	CGU 精	U
	CUC 亮	CCC 脯	CAC 组	CGC 精	C
	CUA 亮	CCA 脯	CAA 谷酰	CGA 精	A
	CUG 亮	CCG 脯	CAG 谷酰	CGG 精	G
A	AUU 异亮	ACU 苏	AAU 天酰	AGU 丝	U
	AUC 异亮	ACC 苏	AAC 天酰	AGC 丝	C
	AUA 异亮	ACA 苏	AAA 赖	AGA 精	A
	AUG *甲硫	ACG 苏	AAG 赖	AGG 精	G
G	GUU 缬	GCU 丙	GAU 天冬	GGU 甘	U
	GUC 缬	GCC 丙	GAC 天冬	GGC 甘	C
	GUA 缬	GCA 丙	GAA 谷	GGA 甘	A
	GUG 缬	GCG 丙	GAG 谷	GGG 甘	G

注：* AUG 是以亮氨酸为底物合成肽链的启动信号，以哺乳动物为代表的真核生物中此密码代表甲硫氨酸，在以细菌为代表的原核生物中则代表甲酰甲硫氨酸。

遗传密码具有以下特性：

①简并性，两种或两种以上的密码子决定一种氨基酸。

②UAA、UAG 和 UGA 是终止密码子，不编码任何氨基酸。

③AUG 是翻译的起始密码子。

④通用性，几乎所有的生物体通用同一套密码子。

翻译在核糖体中进行。由 rRNA 参与组成的核蛋白体是蛋白质多肽链合成的场所，即“装配机”。在这里，tRNA 的作用在于专一性转运特定的氨基酸，使其和 mRNA 的密码子配对结合，使氨基酸准确地在 mRNA 的遗传密码上“对号入座”，mRNA 所包含的遗传密码转变成一个个对应的氨基酸，再连接成蛋白质，由此保证了遗传信息的传递。

在蛋白质合成过程中，上述三类 RNA 缺一不可。

技能要点

基因记录着遗传信息，存在于 DNA 分子上，其实质是以碱基排列顺序记载遗传信息的 DNA 片段。双螺旋结构的 DNA 分子以一定的空间结构包装成染色体。染色体是遗传物质的宏观载体。基因在 DNA 分子上是不连续的，可表达为蛋白质的部分称作外显子。一个生物体内全部基因的整体又称为基因组。

生物体内的基因组具有相对的稳定性、流动性和动态性，可确保遗传信息的稳定传递，同时能在某种条件下发生基因的转移，从而产生生物体遗传性状的改变。

遗传信息的传递通过 DNA 的复制来实现，并且主要遵循“复制 - 转录 - 翻译”的中心法则，反转录是中心法则的补充。DNA 的复制是半保留复制，采用碱基互补配对原则，确保了遗传信息传递的稳定性。遗传信息通过 mRNA 的传递，按照三联体密码指导特定氨基酸链的合成，最终表达为生命活动的体现者——蛋白质。所以，基因控制着蛋白质的合成，基因表达是基因操作成功的标志。

实践练习

1. 请简述染色体、DNA、基因、基因组之间的关系。
2. DNA 复制有哪些过程？
3. 请简述 mRNA 的转录后加工过程。
4. 请简述基因表达的基本过程。
5. 为什么说通过基因操作可以改变生物体内的生化过程？

项目二　工具酶——基因操作的“手术器械”

学习目标

【学习目的】

学习基因操作常用的工具酶。

【知识要求】

掌握常用工具酶的用途，熟悉这些酶的作用原理，了解其反应条件。

【能力要求】

掌握常用工具酶的选择依据，熟悉常用工具酶的特点及应用范围。

DNA 重组是在分子水平上，将目标基因按照要求设计在体外重新合成新的 DNA 分子的过程。利用 DNA 重组技术，可以获得某种新的功能，或者比原有 DNA 序列更为有效，从而使生物体产生新的性状。

进行 DNA 重组操作时，原有的 DNA 分子需要切断，经重新组合的序列需要再连接。而这些过程都离不开专有的“手术器械”——工具酶。这些工具酶主要用来进行 DNA 分子的制备、切割、修饰、扩增、核酸分子标记及核苷酸序列测定等。这些酶中的大多数来自于微生物和噬菌体，有少数则来自于动物和动物病毒。近年来，一些编码工具酶的基因被克隆出来，并可用大肠杆菌来进行生产。

一、限制性核酸内切酶

1. 限制性核酸内切酶的概念

这是一类能够在特殊核苷酸序列处水解双链 DNA 的核酸水解酶，即能够识别双链 DNA 分子中的某种特定核苷酸序列，并在识别位点或其周围切割 DNA 双链结构。

核酸酶分为外切酶和内切酶。前者是从核酸的一端开始，一个接一个地把核苷酸水解下来；后者则从核苷酸链的中间水解 3′,5′－磷酸二酯键，将核苷酸链切断。限制性核酸内切酶能够识别双链 DNA 分子（dsDNA）中的特定核苷酸序列并将其切断，因此也常常被称为限制酶，有基因操作的“分子剪刀”“分子手术刀”之称，是基因克隆过程中最常使用的断裂 DNA 的工具酶。可以说，没有限制性核酸内切酶，就不会有现代基因操作技术。有三位科学家因发现这类酶而获得 1978 年诺贝尔生理学或医学奖。

*Eco*R Ⅰ限制酶的修饰作用见图 2－8。

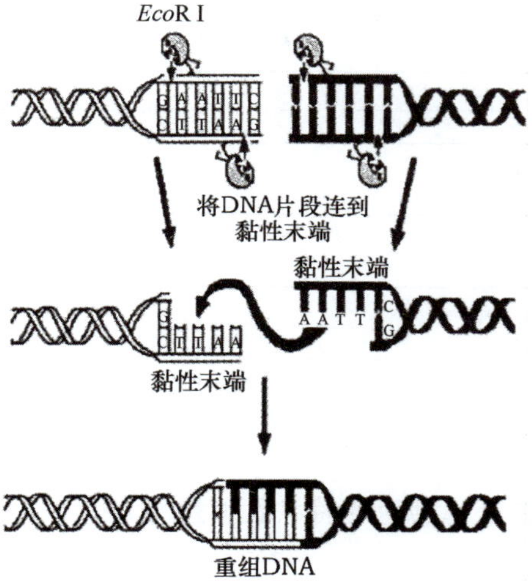

图 2－8 *Eco*R Ⅰ 限制酶的修饰作用

2. 限制性核酸内切酶的作用

限制性核酸内切酶称为限制酶，其实际作用就是降解外源 DNA，保护自身 DNA。某些类型的细菌可以通过限制酶的作用，破坏入侵的噬菌体 DNA，这是宿主维护自身遗传信息稳定的保护机制，称为限制作用。宿主自身的 DNA 由于各种保护机制不会被分解。甲基化修饰是常见的保护机制，通过甲基化酶的作用使得宿主细胞自身 DNA 碱基发生甲基化而受到保护，免遭自身限制性酶的破坏。这种甲基化修饰是作用于特定核酸序列上的腺嘌呤 A 和胞嘧啶 C 上，称为修饰作用。

限制性核酸内切酶最早于 1968 年在细菌中获得，迄今为止已经从近 300 多种不同的微生物中分离出约 4000 种限制酶，其中很多已经商品化，可根据其对不同 DNA 识别序列和切割特征来选用合适的酶。

限制性核酸内切酶切断核酸链时，因识别位点的不同，主要产生两种 DNA 片段末端（图 2－9）：黏性末端和平末端。黏性末端是交错切割，产生两端对应的切口，两条单链末端的核苷酸顺序是互补的；平末端的两端核苷酸序列没有互补，可以是任意的。

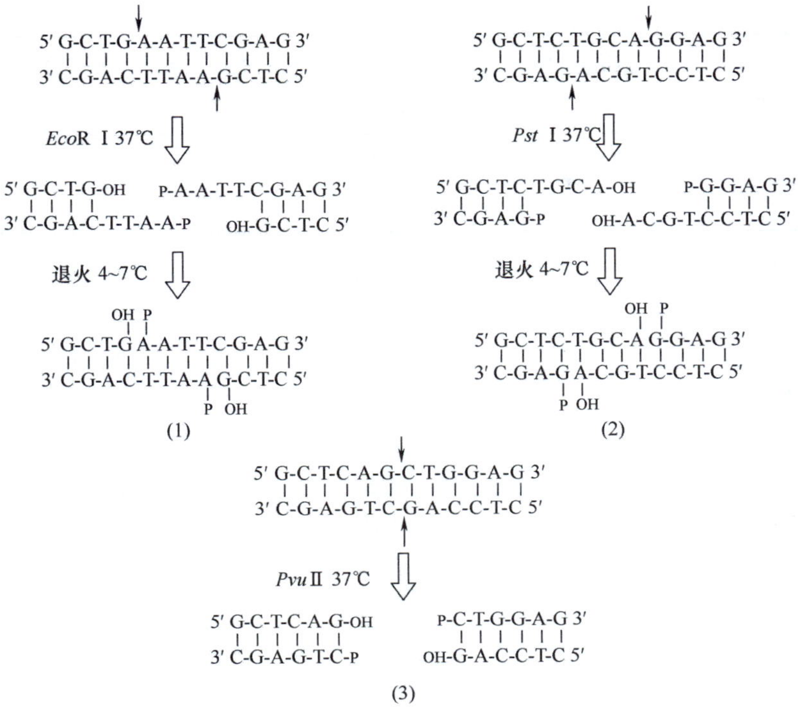

图 2－9　限制性核酸内切酶产生的不同片段末端

（1）*Eco*R Ⅰ等产生的5′黏性末端　（2）*Pst* Ⅰ等产生的3′黏性末端

（3）*Pvu* Ⅱ等产生的平末端

3. 限制性核酸内切酶的分类

根据酶的组成、与修饰酶活性关系、切断核酸的情况不同，限制性核酸内切酶可分为三类。

（1）Ⅰ型限制性核酸内切酶　这种酶由三种不同亚基构成（异源三聚体），兼有修饰酶活性和依赖 ATP 的限制酶活性，它能识别和结合于特异性的 DNA 序列位点，随机切断在识别位点以外的 DNA 序列。这类酶的作用需要 Mg^{2+}、*S*－腺苷甲硫氨酸（SAM）及 ATP 的参与。

（2）Ⅱ型限制性核酸内切酶　该酶只由一条肽链构成（同源三聚体），仅需 Mg^{2+}参与，特异性最强，只在特异性识别位点或其附近切断 DNA，是分子生物学中应用最广的限制酶。通常在 DNA 重组操作中所说的限制性核酸内切酶，主要指的是这种酶。

（3）Ⅲ型限制性核酸内切酶　这种酶与Ⅰ型酶相似，由 2 个不同亚基组成（异源二聚体），既有核酸内切酶活性，又有修饰酶活性，切断位点在识别序列周围 24～26bp 范围。除 Mg^{2+}外，反应还需要 ATP 供给能量。

4. 限制性核酸内切酶的活性

限制性核酸内切酶的酶活性单位定义为：一定 pH、37℃、0.05mL 反应混合物中，1h 分解 1μg 的 DNA 的酶量。DNA 纯度、缓冲液、温度条件及酶本身都会影响酶的活性。大部分限制性核酸内切酶不受 RNA 或单链 DNA 的影响。

与酶反应相同，影响限制性核酸内切酶活性的因素主要有：反应底物的性质、反应条件与酶本身性质。

（1）DNA 分子构型　这对酶活性有很大影响，例如，超螺旋构型 DNA 比其相应的线性分子的酶解作用要慢，所需要的酶量更大；很多限制酶在切割 DNA 时对识别序列两端的非识别序列有一定的长度要求，否则酶活性将受到限制；还有些限制酶对不同位置的同一个识别序列表现出不同的切割效率，这种现象称为位点偏爱。

（2）DNA 样品的纯度　样品中如果含有蛋白质、苯酚、氯仿、乙醇、乙二胺四乙酸（EDTA）、十二烷基磺酸钠（SDS）、NaCl 等，均会降低酶的活性，甚至使酶失活。当 DNA 样品的纯度和浓度均较低时，可采用以下措施提高反应效率：纯化 DNA、增加酶用量、增加酶反应体积（稀释弱化酶活性的抑制因素）、延长酶催化反应时间。

（3）酶切反应的温度和时间　这是影响酶活性的一个重要因素。不同的酶具有不同的最适反应温度。大多数限制性核酸内切酶的最适反应温度都是 37℃，反应温度过高或过低都会影响酶活性，甚至会导致酶失活。理论上讲，酶反应时间延长有利于发挥酶活性，节省酶用量，但长时间的酶促反应也受酶稳定性、杂酶影响等因素的制约。酶切反应时间一般控制在 1h，不宜超过 1.5h。许多酶可用热处理（65℃）10～15min 来终止酶反应，不能热终止的酶可用过量 EDTA 终止反应。

（4）限制性核酸内切酶的缓冲液　缓冲液的主要成分包括 $MgCl_2$、NaCl 或 KCl（保证酶活性的正常发挥）、Tris－HCl（维持恒定的 pH，绝大多数酶的最佳 pH 为 7.4）、巯基乙醇或二硫苏糖醇（DTT）（防止酶的氧化，保持酶的稳定性）以及牛血清蛋白（BSA，一种中性蛋白，可防止酶在低浓度蛋白质溶液中变性）。反应液中盐的浓度是至关重要的，因此要根据所使用的酶来确定盐的浓度。限制性酶对 Mg^{2+} 的要求并不严格，5～30mmol/L 均可作用。不同的酶对 NaCl 浓度的要求不同。高浓度的酶、高浓度的甘油、低离子强度、极端 pH 等，会使一些限制酶的识别和切割序列产生低特异性，出现所谓的“星活性”现象。

当酶切反应不是在标准反应条件下进行时，内切酶有可能切割与识别位点相似但不完全相同的序列，这时表现出来的酶活性称为星活性，又称星活性。产生星活性后，限制酶不但可以切断特异性的识别位点，还可以切断非特异性的位点，其结果是酶切条带增多。星活性除了与酶本身的性质有关外，与甘油浓度、pH 及离子浓度有关。

5. 同裂酶与同尾酶

有一些来源不同的限制性核酸内切酶，能识别并切割相同的核苷酸靶序列，这类酶称为同裂酶。同裂酶的切割位点可能相同，也可能不同。识别序列和切割位点都相同的称为同序同切酶，识别序列相同但切割位点不同的称为同序异切酶。同裂酶在基因工程的 DNA 重组中（尤其是在载体构建方面）有重要的应用。

如果来源各异、识别的靶序列也不相同的限制性核酸内切酶，在切割 DNA 片段时产生相同的黏性末端，这一类酶称为同尾酶。同尾酶是不同的酶，只是切割 DNA 产生的末端相同。同尾酶之间的识别序列可以相同也可以不同。由同尾酶产生的 DNA 片段，能够通过其黏性末端之间的互补作用彼此连接起来。当把同尾酶切割的 DNA 片段与原来的限制性内切酶切割的 DNA 片段连接后，原来的酶切位点将不存在，不能再被原来的限制性内切酶所识别。在基因操作过程中识别序列不同的同尾酶的应用性非常大，所以同尾酶是基因操作过程中十分重要的工具酶。

二、DNA 连接酶

DNA 连接酶也称 DNA 粘合酶，在基因操作中可将两条 DNA 粘合成一条。DNA 连接酶能利用 NAD^+ 或 ATP 中的能量，在 DNA 片段的 3′－OH 和 5′－P 之间催化形成 3′,5′－磷酸二酯键，将两个片段连接起来（图 2－10）。随着基因工程技术的普及，几乎大多数的基因操作都利用这种酶来进行重组 DNA 的实验。

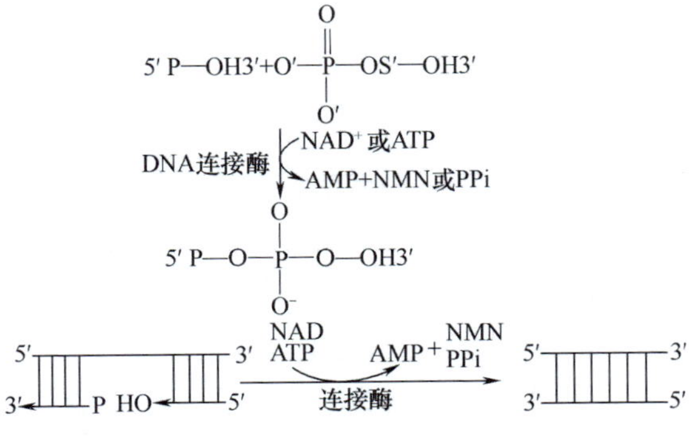

图 2－10　DNA 连接酶作用示意图

最早的 DNA 连接酶是 1967 年发现的、由大肠杆菌基因编码的 *E. coli* DNA 连接酶。它是一种封闭 DNA 链上缺口酶，所催化连接的两条链必须是与同一条互补链配对结合的，而且是两条紧邻 DNA 链。

三年后，人们又发现了由大肠杆菌 T4 噬菌体基因编码的 T4 DNA 连接酶。T4 DNA 连接酶是目前最为常用的，连接效率更高，既能连接两个黏性末端，也能连接两个平末端，还可以修补双链 DNA、双链 RNA 或 DNA/RNA 杂合物上的单链缺口，反应中需要 ATP 作为辅助因子。

T4 DNA 连接酶和 *E. coli* DNA 连接酶的作用机理类似，两者都不能催化两条游离的 DNA 链相连接。T4 DNA 连接酶的作用分为三步。

（1）酶与 ATP 形成酶 - AMP 复合物。

（2）酶 - AMP 复合物结合到具有 5′ - P 和 3′ - OH 切口的 DNA 上，使 DNA 腺苷化。

（3）产生新的磷酸二酯键，将缺口封起来。

一般来说，酶对黏性末端的连接效率比平末端高很多。平末端的连接通常需要在 10 ~ 20℃进行，需要较高浓度的 DNA 和 T4 DNA 连接酶。黏性末端的连接则一般在 16 ~ 26℃进行。

但是，具有平末端的 DNA 分子间的连接作用在分子克隆实验中却有着广泛的应用。这是因为该连接反应不需要 DNA 末端具有黏性，因而任何具有平末端的 DNA 片段均可连接起来。这对于一些不具有合适的限制位点的 DNA 片段尤为重要。

三、DNA 聚合酶

这是催化合成 DNA 的一类酶的总称。在基因工程操作中，常常需要以 DNA 或 RNA 作为模板合成新的 DNA 链。这些新合成的链可用于 DNA 标记、DNA 序列分析、DNA 重组，以及 DNA 片段的扩增等。DNA 聚合酶能在模板存在的情况下，催化四种脱氧核苷酸与模板链的碱基互补配对，合成新的对应 DNA 链。DNA 聚合酶的特点是不能自行从头合成 DNA 链，而必须有一个多核苷酸链作为引物。

1. 大肠杆菌 DNA 聚合酶

目前广泛使用的 DNA 聚合酶均从大肠杆菌中分离纯化而得，又称为大肠杆菌 DNA 聚合酶，包括三种，常简写为：*Pol* Ⅰ、*Pol* Ⅱ和 *Pol* Ⅲ。其中，*Pol* Ⅰ和 *Pol* Ⅱ主要参与 DNA 的修复过程，而 *Pol* Ⅲ则参与 DNA 的复制过程。*Pol* Ⅰ广泛用于分子克隆，是基因操作中主要使用的工具酶之一。

Pol Ⅰ有 5′→3′聚合酶活性，可在有引物和脱氧核苷酸存在时，以单链 DNA 作为模板按 5′→3′方向合成一条新链。此外，*Pol* Ⅰ还具有 3′→5′和 5′→3′的外切核酸酶活性，即从 DNA 分子链的末端开始逐步切除一个或几个核苷酸。这种外切核酸酶活性在 DNA 末端的选择性和切割的方向上存在着差异，如 5′→3′外切核酸酶只作用于双链区域内的磷酸二酯键，而 3′→5′外切核酸酶则只作用于单链 DNA。

Pol Ⅰ在枯草杆菌蛋白酶作用下可被切为两段，其中较大的片段称为 Klenow 片段，也称为 DNA 聚合酶Ⅰ大片段，具有 DNA 聚合酶活性和 5′→3′聚合酶活性

及3′→5′外切酶活性，失去了5′→3′外切酶活性。Klenow片段的3′→5′外切酶活性能保证DNA复制的准确性，即把DNA合成过程中错配的核苷酸去除，再把正确的核苷酸接上去，因此该活性又称为校对活性。

Klenow片段主要用于：补齐双链DNA的3′端，使其转变成平端，或通过补齐3′端而使3′端标记；在cDNA克隆中用于第二股链的合成；以及用于DNA序列分析。

2. T4 DNA聚合酶

由T4噬菌体感染后的大肠杆菌培养物中分离而来，具有与大肠杆菌DNA聚合酶*Pol* Ⅰ相似的多肽结构和相对分子质量，但氨基酸组成不同，作用也不同。T4 DNA聚合酶有5′→3′聚合酶活性和3′→5′外切酶活性，没有5′→3′外切酶活性。其中3′→5′外切酶的活性，对单链DNA作用更强；另外，这种酶需要一条有引物的单链DNA做模板。

3. T7 DNA聚合酶

这是由T7噬菌体感染后的大肠杆菌寄主细胞中分离得到的复合核酸酶，包括两种亚基，是目前已知的持续合成能力最强的DNA聚合酶，能连续合成数千个核苷酸。此外，还具有单链和双链的3′→5′外切酶活性，不具有5′→3′聚合酶活性。T7聚合酶常用于长模板DNA的引物延伸反应。

4. Taq DNA聚合酶

这是一种热稳定DNA聚合酶，因从生存在热泉水中的耐热水生嗜热菌（*Thermus aquaticus*）体内分离得到而命名，其最适反应温度是72℃，但能够耐受96℃。

Taq DNA聚合酶也是一种DNA聚合酶。不同的是，该酶具有很好的耐热性，在75℃下反应30min后仍可以保留80%左右的酶活性。这种独特的耐热特性使其在聚合酶链反应（PCR）中得到非常广泛的应用。

5. 反转录酶

反转录酶是以RNA为模板，催化合成出一条DNA链。这与由DNA分子到RNA分子的转录过程恰好相反，故称之为反转录。反转录产生的DNA分子称为cDNA。

反转录酶多用于体外cDNA的合成，均具有以下特性：依赖于RNA的DNA聚合酶活性；RNase H活性（即持续、特异地降解DNA－RNA杂交链中RNA链的活性）；依赖于DNA的DNA聚合酶活性。

反转录酶的主要作用是将mRNA转录成双链cDNA，并可用反转录的cDNA进行序列分析，再推导出RNA序列。

四、DNA修饰酶

1. 磷酸酶和T4多聚核苷酸激酶

磷酸酶可以将DNA末端中的5′－P除去，使其变成5′－OH。常用的主要有两种：细菌碱性磷酸酶（BAP）和牛小肠磷酸酶（CIP）。该酶有两个主要的用途：一是将载体末端的磷酸基除掉，避免在DNA重组时载体分子的自我连接；二是和T4多聚核苷酸激酶连用，用于DNA的末端标记。

T4多聚核苷酸激酶可将ATP中的磷酸基转移到具有5′-OH的DNA或RNA分子上，简称为T4激酶，其反应不受底物分子链长短的限制，广泛用于DNA和RNA的5′端标记。这种标记可用于核酸的序列分析、部分酶切法绘制限制酶图谱、DNA或RNA的指纹分析、分子杂交研究等。

2. DNA酶Ⅰ

实验室常用的DNA酶是DNA酶Ⅰ（DNase Ⅰ）。这是一种非特异性的DNA内切酶，能随机降解双链或单链DNA为5′-P的单核苷酸和低聚核苷酸的混合物。DNase Ⅰ的酶活性需要Ca^{2+}、Mg^{2+}和Mn^{2+}等二价阳离子作为辅助因子。该酶的作用方式和特异性都依赖于二价阳离子的类型。当Mg^{2+}存在时，DNase Ⅰ作用于DNA双链的反应是各自独立的，切点是随机分布的；当Mn^{2+}存在时，DNase Ⅰ作用于两条链的反应则是相关的，几乎是在同一位点形成切口，产生平末端。

DNase Ⅰ广泛用于切口移位过程中切口的形成。但在基因操作时，必须注意防止DNase的污染，否则制备的DNA样品将会被降解。因此，使用的器皿或试剂需要高温处理，样品中需加入EDTA，或者放置冰上以破坏或抑制酶的活性。

3. RNA酶

RNA酶（RNase）用来作用于RNA分子，常用的有三种：RNase A、RNase T1和RNase H。RNase A特异性地作用于嘧啶核苷酸，RNase T1特异性地作用于鸟嘌呤核苷酸，这两种酶主要用于除去DNA制备物中的RNA；而RNase H只能专一性地分解DNA/RNA杂交分子中的RNA分子，主要用于cDNA合成过程中除去cDNA-RNA中的RNA链。

人体分泌物如唾液、汗液中都含有RNA酶。因此，在操作RNA样品时，必须戴手套，实验用的玻璃器皿都要经过250℃烘烤4h（RNA酶耐热），或用RNA酶抑制剂处理。

4. 末端脱氧核苷酸转移酶

这种酶又简称末端转移酶（TDT），在二价阳离子的存在下，能逐个将脱氧核苷酸分子加到线性DNA分子的3′-OH末端，相当于在DNA分子末端加上了一个“尾巴”。

与DNA聚合酶不同，这种酶的反应不需要模板的存在，是一种非特异性酶，四种dNTP中的任何一种都可以作为其底物。当底物不同时，所需要的二价阳离子也不同：嘧啶核苷酸首选Co^{2+}为阳离子，嘌呤核苷酸则首选Mg^{2+}为阳离子。

末端转移酶主要用途是在建立体外重组DNA分子时，在DNA片段末端加上一个同聚物尾巴，两种不同的DNA分子加上不同的、互补的尾巴后，经过特定的反应，两种互补的尾巴可以连接在一起。这种加尾方法是使cDNA插入载体中的常用方法之一。如果在反应系统中加入同位素标记的核苷酸，便可得到3′端标记的DNA分子。

五、核酸外切酶

与核酸内切酶相对应，核酸外切酶是从核酸分子链的末端开始，顺次水解磷酸二酯键而生成单核苷酸的一类核酸水解酶。这类酶可大致分为水解磷酸二酯键的3′端生成5′-单核苷酸的酶，及水解5′端生成3′-单核苷酸的酶。前者有蛇毒磷酸二酯酶、大肠杆菌核酸外切酶Ⅰ、Ⅱ和Ⅲ等；后者有脾脏磷酸二酯酶、嗜酸乳杆菌核酸酶。这些酶中还可以区别出从分子链的3′末端或5′末端开始切断和对单链DNA或双链DNA具有特异作用的酶。可利用这些酶水解方式的差异来分析核酸结构。

技能要点

进行DNA重组操作，需要多种工具酶。常用的工具酶主要有限制性内切酶、DNA连接酶、DNA聚合酶和各种修饰酶等。

限制性内切酶可以在特定的位点上切断DNA，可分为Ⅰ型、Ⅱ型和Ⅲ型。其中，Ⅱ型限制性核酸内切酶的特异性最强，应用最广。DNA连接酶可将DNA片段连接起来，常用的是T4 DNA连接酶和大肠杆菌DNA连接酶。

DNA复制过程中，主要使用的是大肠杆菌DNA聚合酶，广泛使用的有*Pol* Ⅰ、*Pol* Ⅱ和*Pol* Ⅲ三种，其中*Pol* Ⅰ可沿两种方向聚合，而且还有外切核酸酶的活性。Taq DNA聚合酶有着很好的耐热性，在PCR反应中得到广泛应用。

DNA复制过程中还需要各种修饰酶参与，主要有T4多聚核苷酸酶、磷酸酶、DNase Ⅰ、RNA酶、末端脱氧核苷酸转移酶等。

实践练习

1. 限制性内切酶可划分为哪些类型，各有什么特点？
2. 哪些酶可以用于DNA片段的末端标记？
3. DNA聚合酶有哪些类型，各有什么活性？
4. 在操作RNA样品时特别需要注意哪些事项，为什么？

项目三　载体——基因操作的“运输工具”

学习目标

【学习目的】

学习基因操作常用的载体。

【知识要求】

掌握常用载体的类型与用途，熟悉常用载体的操作，了解其作用原理。

【能力要求】

会根据需要选择合适的载体，懂得载体的基本操作。

在基因操作中，虽然各种工具酶的发现和应用解决了 DNA 体外重组的技术问题，但是外源 DNA 不具备自我复制的能力，必须通过运载工具，将所克隆的外源基因送进生物细胞中进行复制和表达。携带目的基因进入宿主细胞进行扩增和表达的工具称为载体。

载体实际上就是具有运载能力的 DNA。依据功能，载体可分为两类：克隆载体和表达载体。前者用于在宿主细胞中克隆和扩增外源片段；后者则用于在宿主细胞中获得外源基因的表达产物。

载体由多种不同的部分组成，如复制区、启动子和抗性基因等。按照基本组成元件的来源不同，又可以将载体分为质粒载体、噬菌体载体、病毒载体、黏粒载体和人工染色体载体等多种类型。

一、载体的基本特征

载体通常具有以下三个基本结构。

1. 拥有复制子，至少有一个复制原点，能够自主复制

复制的起始位点称为原点。载体有复制原点才可以使位于其上的外源基因在宿主细胞中复制和增殖。所以，载体上至少应该有一个复制原点。拥有多个复制原点的又称为多拷贝形式，这种形式有利于大量地表达外源基因，从而获得大量的基因表达产物。

当一个载体有多个复制原点时，会有两种情况：一是两个复制原点适用的宿主细胞不一样。例如一个复制原点适用于大肠杆菌（大肠杆菌是基因工程中使用频率最高的宿主菌），另一个复制原点适用于另一种细菌或真核生物细胞，这样，载体就可以在两种生物内进行来回穿梭，进行基因的传递。这种载体称为穿梭载体。

二是同一个载体中的两个复制原点都适用于同一种细胞，但分别是在一定遗传背景条件下起作用，这种类型的载体多数是属于大肠杆菌的载体。

2. 至少有一个克隆位点，以供外源 DNA 插入

载体的作用是将外源基因转移到细胞中，载体应该有至少一个位点供外源 DNA 插入，这个位点称为克隆位点。克隆位点是限制酶识别的位点，但不是载体上所有限制酶位点都能作为克隆位点。可以说，克隆位点是特殊的限制性内切酶的酶切位点。

一般说来，载体中的克隆位点必须是唯一的，即同一种限制酶识别位点在一个载体中只能有一个，且这些酶切位点位于 DNA 片段的非必需区内，供外源 DNA 片段插入，同时不影响其复制。

由于不同基因的末端可以由不同的限制酶产生，为了减少工作量，人们构建了具有多个克隆位点的载体，而且将多个克隆位点集中在一个很短的序列内，这种序列又称为多克隆位点区。

3. 有一个或多个便于检测的遗传标记

遗传标记的基因的作用是赋予宿主细胞一种新的表型，使其可明显地区别于其他细胞，达到鉴别和分离的目的。

不同的标记基因可以适用于不同的生物。当载体可用于多种生物时，一个载体就可以有多个标记基因。比如植物的载体就可能有 3 ~ 4 个标记基因。绝大多数标记基因都是分离自原核生物，当把这些标记基因应用于其他生物，必须对这些基因进行改造，将基因的启动子和终止子换成另一种生物基因的启动子和终止子。

现有的标记基因的种类很多，可以划分为三大类。

（1）抗性标记基因　这类标记基因可赋予宿主细胞对某些物质的抗性，分为三类，抗生素抗性基因、重金属抗性基因和代谢抗性基因，其中，抗生素抗性基因使用最频繁，适用范围很广，包括动物、植物和微生物。抗除草剂基因在植物中使用较为广泛。

（2）营养标记基因　这类基因主要参与氨基酸、核苷酸及其他必需营养物的合成，可赋予细胞对某些特殊营养物质需求的敏感性。如果细胞内参与这种营养物质合成的基因缺失或者失活，那么在细胞生长时就必须有这种特殊营养物质的存在。将相应基因转入这些细胞中，转化成功的细胞因能自我合成相应的营养物质，可以在缺乏这些营养物质的环境中生长，而未被转化的细胞则不能生长。营养标记基因在酵母转化中使用最频繁。

（3）生化标记基因　这类基因的表达产物可催化某些易检测的生化反应，常用的有 β - 半乳糖苷酶基因（*lac Z*）、葡萄糖苷酸酶基因（*GUS*）、氯霉素乙酰转移酶基因（*CAT*）。

目前，已经有用于不同的研究目的和不同的生物种类的各种分子克隆载体。

二、质粒载体

质粒是细菌细胞中独立于核区之外的一种环状 DNA 分子。质粒的结构比病毒简单，没有蛋白质外壳，也没有细胞外生命周期，但能够在宿主细胞内独立增殖，并随宿主细胞分别被遗传下去，非常适合于在基因操作中作为外源 DNA 的载体，在相应的宿主细胞内复制并传递和表达遗传信息。

几乎所有质粒都带有一个或几个基因，这些基因的表达常常赋予宿主细胞一些有用的性状，比如抗生素抗性。抗生素抗性通常被作为一种选择性标记来确定培养物中的细菌是否含有特定的质粒。

1. 质粒的一般特性

质粒中含有至少一段可作为复制起点的 DNA 序列，因此能在细胞内独立于宿主细胞本身的复制周期而实现扩增。根据复制类型，质粒可分为两类：严紧型和松弛型。一般来说，一个有用的克隆载体需要有大量的拷贝存在于细胞中，以便获得大量的重组 DNA。质粒的大小和拷贝数对于基因克隆来说尤为重要。

质粒具有不相容性，即在没有选择压力的情况下，两种亲缘关系密切的质粒，不能长期稳定地共存于同一个宿主细胞中，只有亲缘关系较远的质粒才可以共存于同一个宿主细胞中。

2. 质粒载体的构建

天然质粒存在着不同程度的局限性，因此不能直接用作克隆载体，必须进行修饰和改造。现在通用的基因载体，大多数都是以天然质粒为基础所改造来的。下面以 pBR322 为例说明（图 2 - 11）。

pBR322 质粒是环型 DNA，由 4363bp 组成，具有一个复制起点（*Ori*）、一个抗氨苄青霉素基因（Amp^r）和一个抗四环素基因（Tet^r），非常便于筛选。*Eco*R Ⅰ、*Psb* Ⅰ、*Hind* Ⅲ、*Bam*H Ⅰ、*Sal* Ⅰ等限制性内切酶在 pBR322 上都只有一个切点，而且 *Hind* Ⅲ、*Bam*H Ⅰ、*Sal* Ⅰ的切点都位于抗四环素基因上，*Psb* Ⅰ切点位于抗氨苄青霉素基因上。若是在这些位点上插入外源 DNA 片段，会破坏相应的抗菌素抗性基因，宿主细胞会失去相应的抗药性后，在含有该种抗菌素的培养基上不能生长，这种现象称为插入失活。利用插入失活，很容易将含有外源 DNA 的重组体筛选出来。例如，在 *Psb* Ⅰ位点上插入外源 DNA 后，宿主细胞因失去对氨苄青霉素的抗性，不能在含有氨苄青霉素的培养基上生长，但仍能在含有四环素的培养基上生长；而不带外源 DNA 的野生型质粒的宿主细胞可以在含有两种药物的培养基上生长。

pBR322 属于松弛型质粒，在细胞内的拷贝数多。质粒在细胞内拷贝数的多少还与所带外源 DNA 的分子大小有关。外源 DNA 分子越长，拷贝数就越少。

在 pBR322 的基础上，人们还创建了许多衍生质粒载体，如 pAT153 和 pXF3。pAT153 的分子较小，具有较多的拷贝数；pXF3 更小，并缺少 *Bat* Ⅰ和 *Ava* Ⅰ两个切点。

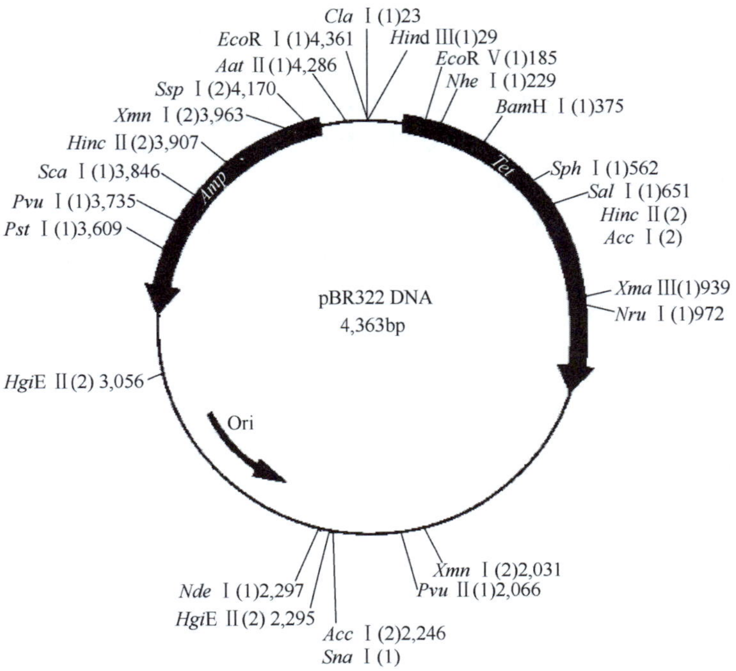

图 2－11　pBR322 质粒载体的物理图谱

常用的质粒载体还有 pUC18/pUC19 及其衍生载体，如 pGEM－3Z 和pEGM－4Z、pSP64 和 pSP65，等等。

三、噬菌体载体

λ 噬菌体是一类细菌病毒的总称，由遗传物质核酸和其外壳蛋白组成，其内部的核酸一般是双链线性 DNA 分子，也有双链环形、单链线性或单链环形等多种形式。大多数 λ 噬菌体可分为烈性 λ 噬菌体和温和 λ 噬菌体两种。前者仅仅有溶菌生长周期；后者则既能进入溶菌生长周期，又能在感染过程中不产生子代 λ 噬菌体颗粒。

1. λ 噬菌体的结构

λ 噬菌体为大肠杆菌温和性噬菌体（图 2－12），头壳内包裹一个线状双链 DNA 分子（46500bp），分子两端各有含 12 个核苷酸的黏性末端，可黏合成环状分子。有柔韧的管状长尾，末端有一根尾丝，呈蝌蚪状。λ 噬菌体感染时，通过尾管将基因组 DNA 注入大肠杆菌，

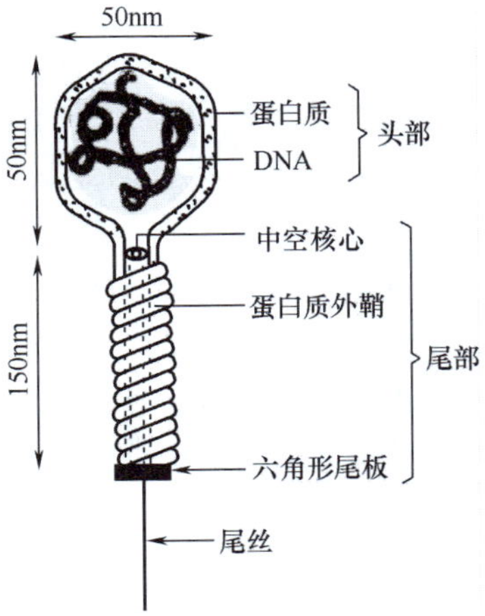

图 2－12　λ 噬菌体形态构造模型

而将其蛋白质外壳留在菌外。λDNA 进入大肠杆菌后，其两端 12bp 的互补单链黏性末端环化成环状双链，可以两种不同方式繁殖。

（1）溶菌性方式　在营养充足、条件适合细菌繁殖时，利用宿主菌中的酶类和原料，λDNA 上的基因经多次复制、合成、装配成许多子代的 λ 噬菌体，最后宿主菌裂解，释放出许多新的 λ 噬菌体。

（2）溶原性方式　进入细菌的 λDNA 整合入细菌的染色质 DNA 中，随细菌染色体 DNA 复制，传给细菌后代，这个稳定潜伏在细菌染色质 DNA 中的 λDNA 称为原噬菌体，含有原噬菌体的细菌称为溶原菌。

λDNA 整合是可逆的，原噬菌体可从宿主 DNA 中切出，进入溶菌性方式的繁殖。

λ 噬菌体是目前研究得最透彻的宿主为大肠杆菌的一种双链 DNA 病毒，其染色体是一条长达 50kb 的双链线性 DNA 分子，共 60 余个基因，其中近 40 个较为重要。这些基因的分布和排列与其功能有一定关系，可分为三个不同的功能区段（图 2－13）。

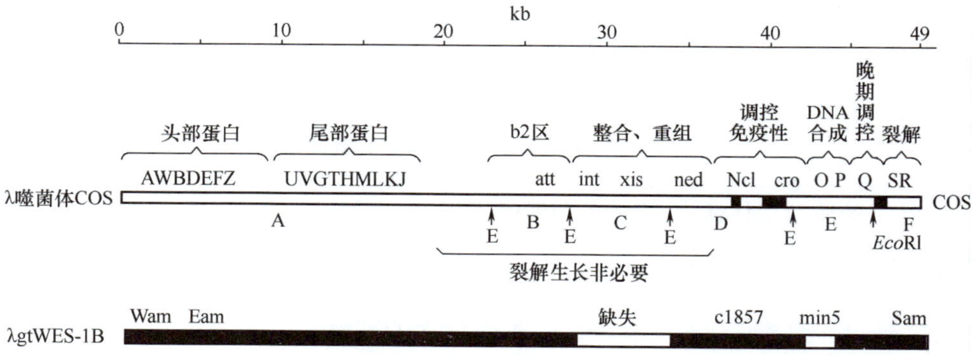

图 2－13　λ 噬菌体 DNA 线状图谱

在这三个区段中，左右两段包含着 λDNA 复制、噬菌体结构蛋白合成、组装成熟噬菌体、溶菌生长所需的全部序列。左段从 A 到 J 长约 20kb，包含用于编码构成头部、尾部、尾丝对组装完整噬菌体所需蛋白质的基因；右段长约 10kb，是调控区，包含噬菌体复制和裂解宿主菌所必需的基因，如控制溶菌和溶原生长最重要的调控基因以及 λDNA 复制起始序列等。

中段长约 20kb，包含 λDNA 整合、切出以及溶原生长所需的基因，其中许多基因对裂解生长是非必需的，在构建载体时可以去掉，用外源 DNA 片段替代。

λ 噬菌体基因组的最大特点是在双链线状 DNA 两端各有 12bp、彼此完全互补的单链序列（黏性末端），分别为 GGGCGGCGACCT、CCCGCCGCTGGA，称为 cos 区，可以环化（图 2－14），称为 cos 位点。

λ 噬菌体侵染大肠杆菌后，通过黏性末端配对，在 DNA 连接酶的作用下封闭切口，成为闭合的环状 DNA。环状 DNA 与寄主 DNA 在附着位点（att 位点）

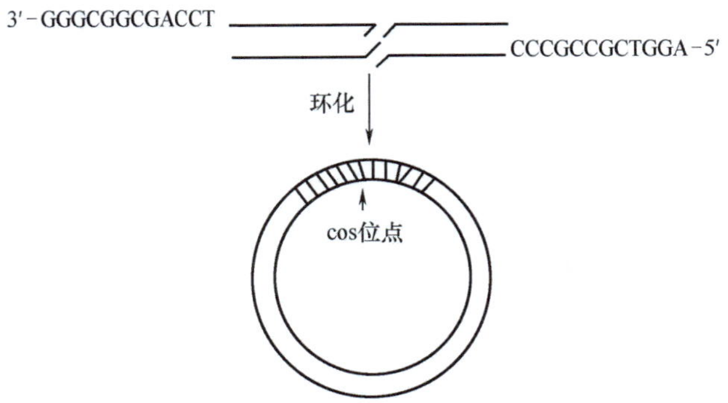

图 2-14　λ 噬菌体环状 DNA 的形成

上断开并重新整合后，整个 DNA 插入（整合）到寄主染色体中，随着寄主菌染色体一起复制。

λ 噬菌体是最早使用的克隆载体之一，克隆效率高于质粒载体，常用于构建基因组文库和 cDNA 文库，所获得的文库大而完整。

2. λ 噬菌体载体的构建

由于 λDNA 中段占 30% 的 DNA（包括重组和溶原化基因）并不是噬菌体裂解生长所必需的，裂解、生长所需的基因都在左段和右段，而且部分或全部非必需基因的两侧含有限制酶位点，这就使得 λ 载体具有克隆大片段 DNA 的能力。可以通过细胞体外的操作，将外源基因插入到限制酶位点之间，包装成噬菌体。所以，λ 噬菌体能作为外源基因的克隆载体，将外来 DNA 替代或插入到中段序列，使其与左右段一起包装成新的噬菌体（图 2-15），再去感染大肠杆菌，并随噬菌体的溶菌繁殖而繁殖。目前由 λ 噬菌体衍生的许多载体被广泛地应用于基因克隆中，尤其是在构建基因文库中的应用产生了非常好的效果。

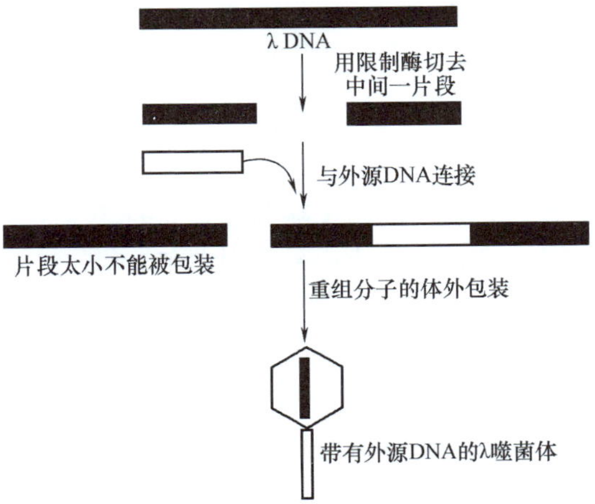

图 2-15　以 λ 噬菌体为载体进行 DNA 比较

对大多数目前在基因克隆中常用的限制性内切酶来说，野生型 λ 噬菌体 DNA 具有过多的限制位点，其本身并不适合作为基因克隆的载体。现在广泛使用的 λ 噬菌体载体都经过了许多的人工改造，这些改造主要表现在两个方面：一是设计去除 λDNA 上的一些限制性酶切点；二是在中段非必需区，替换插入某些标志基因，如用于某些筛选的序列和多克隆位点等。

λ 噬菌体基因组环状图谱及主要基因见图 2－16。

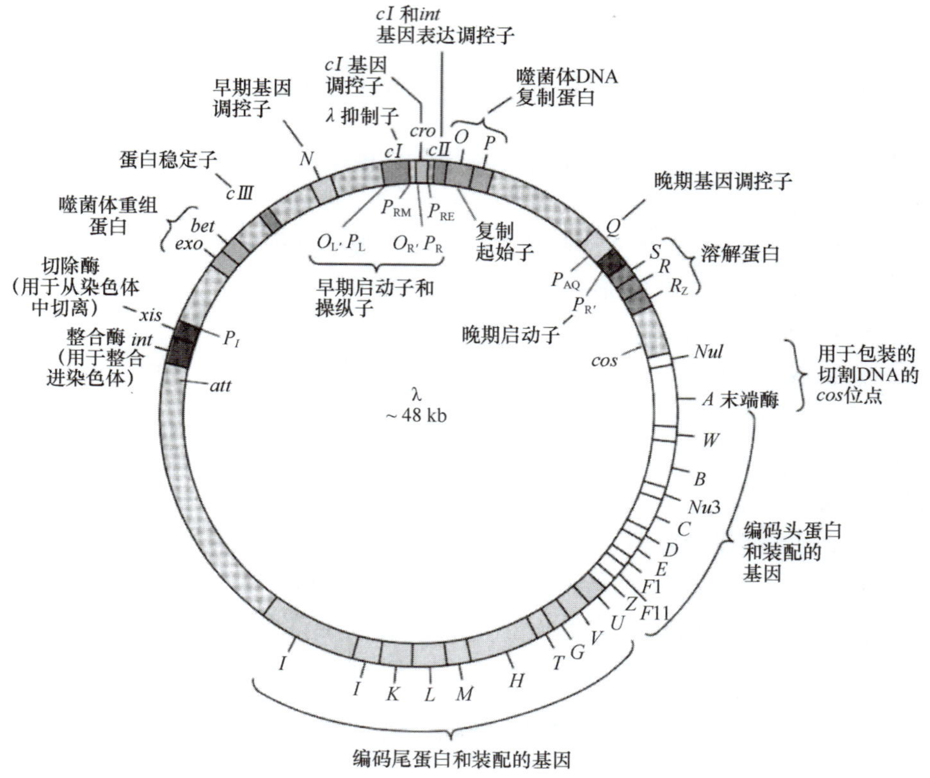

图 2－16　λ 噬菌体基因组环状图谱及主要基因

删除多余的限制位点，这是构建 λ 噬菌体载体的基本原理。按照这一基本原理构建的 λ 噬菌体载体，可以归纳成两种不同类型。

（1）插入型载体　只具有一个可供外源 DNA 插入的克隆位点。外源 DNA 克隆到插入型的载体分子上，会使 λ 噬菌体的某种生物功能丧失效力，即插入失活效应。根据插入失活效应的特异性，插入型的 λ 噬菌体又可进一步分为免疫功能失活型和大肠杆菌－半乳糖苷酶失活型两种亚型。

免疫功能失活插入型载体的基因组中有一段免疫区，其中带有一两种核酸内切限制酶的单切割位点。当外源 DNA 片段插入这种位点上时，就会使载体所具有的合成活性阻遏物的功能遭受破坏，而不能进入溶原周期。因此，凡带有外源DNA插入的λ重组噬菌体都能形成清晰的噬菌斑，而没有外源DNA插入的亲本噬菌体就会形成浑浊的噬菌斑。

β－半乳糖苷酶失活插入型载体的基因组中含有一个大肠杆菌的lac5区段，其中编码着β－半乳糖苷酶基因*lacZ*。由这种载体感染的大肠杆菌lac－指示菌，涂布在补加有IPTG和Xgal的培养基平板上，会形成蓝色的噬菌斑。如果外源DNA插入到lac5区段上，则会阻断β－半乳糖苷酶基因*lacZ*的编码序列，不能合成β－半乳糖苷酶，只能形成无色的噬菌斑。

常用的插入型λ噬菌体载体有λgt系列载体等。

λgt10载体（图2－17）是经典的插入型λ噬菌体载体之一，其大小为43340bp，主要用作cDNA克隆，允许插入的最大DNA片段为6kb。当外源DNA的量十分有限时常用此载体，克隆效率高。

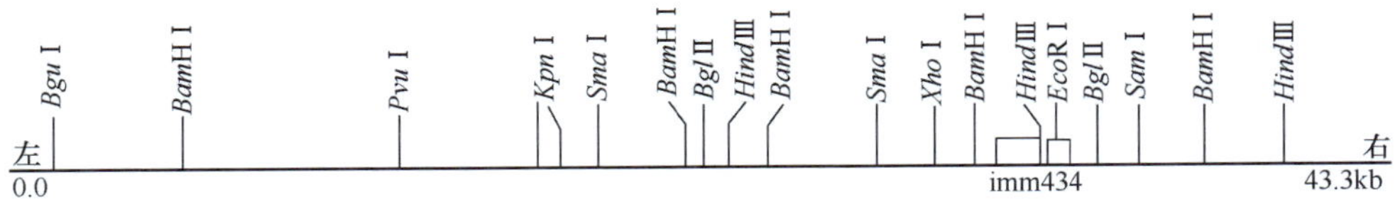

图2－17　λgt10载体的结构示意图

（2）置换型载体　又称为取代型载体，是在λ噬菌体基础上改建而成的。在置换型载体中央部位，有一个可以被插入的外源DNA分子所取代的DNA片段。此类载体构建时，其中央可取代片段两侧的多克隆位点是反向重复序列，当外源DNA插入时，一对克隆位点之间的DNA片段便会被置换掉，从而有效地提高了克隆外源DNA片段的能力。

λNM781便是其中的一个代表。在这个替换型载体中，可取代的*Eco*R Ⅰ片段编码有一个*supE*基因（大肠杆菌突变体tRNA基因），由于λNM781噬菌体的感染，宿主细胞*lacZ*基因的突变被抑制，能在乳糖麦康基琼脂培养基上产生出红色的噬菌斑，或是在Xgal琼脂培养基上产生出蓝色噬菌斑。如果这个具有*supE*基因的*Eco*R Ⅰ片段被外源DNA取代了，那么所形成的重组体噬菌体，在上述这两种指示培养基上都只能产生出无色的噬菌斑。

用替换型载体克隆外源DNA包括三个步骤：第一，应用适当的核酸内切限制酶消化λ载体，除去基因组中可取代的DNA区段；第二，将上述所得的重组λDNA同外源DNA片段连接；第三，对重组体的λDNA分子进行包装和增殖，以得到有感染性的λ重组噬菌体。

其他常用的噬菌体载体还有柯斯载体（cosmid，一种以λ噬菌体为基础，结合质粒特点专门为克隆大片段而设计的杂合载体，具有质粒和λ噬菌体的双重特性）、M13噬菌体等。

四、大分子 DNA 克隆载体

1. 细菌人工染色体

细菌人工染色体（BAC）是在 *E. coli* 的 F 因子基础上，发展起来的一种人工载体系统。这是一种“性质粒”，又称为 F 质粒，可以将宿主染色体基因转移到另一宿主细胞，其本身则转移到 F^- 细胞，使 F^- 细胞转变为 F^+ 细胞。

天然的 F 因子是超螺旋封闭 DNA 分子，约 100kb，编码近百种蛋白质。人工构建的 BAC 载体只有 7.4kb，但保留了 F 因子的自主复制、拷贝数控制以及质粒分配等基本功能相关的基因，如 *Ori*S、*Rep*E、*par*A、*par*B 和 *par*C。

2. 酵母人工染色体

酵母人工染色体（YAC）是用人工方法，由酵母染色体中必需的主要片段组建而成，用于在酵母细胞中克隆大片段的外源 DNA。这些片段主要包括两头末端的端粒、中间的着丝粒、酵母 ARS 序列和酵母选择标记。选择标记主要有氨苄青霉素标记、色氨酸和尿嘧啶核苷营养表性筛选标记等。

YAC 载体本身不大，100kb 左右，但可以接受 2Mb 的外源 DNA 的插入，是人类基因组计划中物理图谱绘制采用的主要载体。

五、病毒载体

1. CaMV 克隆载体

花椰菜花叶病毒组是已发现的唯一的一群以双链 DNA 作为遗传物质的植物病毒，共有 12 种病毒，每一种病毒都有比较窄的寄主范围。花椰菜花叶病毒组（CaMV）是花椰菜花叶病毒组中研究得最详尽的一种典型代表。

CaMV 在插入外源 DNA 后会失去病毒的感染性，不能直接感染植物，必须有一个正常的花椰菜花叶病毒基因组辅助，为其提供包装病毒外壳的基因。所以，CaMV 用作克隆载体时，常常采用与其他辅助病毒分子一起构建互补载体系统、混合载体系统或者 35S 启动子融合基因载体系统等方法。

2. 烟草花叶（TMV）克隆载体

TMV 病毒基因组是一种单链 RNA 分子，至少编码四种多肽：130ku、180ku、30ku 蛋白质和外壳蛋白。其中的外壳蛋白对于病毒增殖来说不是必需的，被认为是表达外源基因的理想位点，常常被用作植物表达克隆载体。

3. SV40 克隆载体

猿猴空泡病毒（simian vacuolating virus，SV40）是迄今为止研究得最为详尽的空泡病毒之一，也是第一个完成基因组 DNA 全序列分析的动物病毒。SV40 的基因组是一种环形双链的 DNA，其大小仅有 5234bp，很适用于基因操作。

SV40 病毒在感染 CV－1 和 AGMK 猿猴细胞之后，产生感染性的病毒颗粒，使寄主细胞裂解，这种效应称为裂解感染，而该猿猴细胞称为受纳细胞。但如果感染的是啮齿动物细胞，则不会产生感染性的病毒颗粒，此时的病毒基因组整合到寄主细胞的染色体上，细胞被转化，此时的啮齿动物细胞成为SV40病毒的非受纳细胞。

SV40病毒有3种外壳蛋白质：VP1、VP2和VP3。SV40病毒基因组的表达具有时间顺序，其早期表达产物是T抗原，T抗原与SV40基因的复制相关；晚期表达的产物是VP1、VP2和VP3三种病毒蛋白，其作用是装配病毒颗粒。SV40病毒基因组存在着一个增强子序列，可促进病毒DNA的早期转录，这一点在哺乳动物的基因操作中非常有用，可有效地激发基因的转录活性。

SV40载体有两种类型：取代型载体和穿梭质粒载体。

4. 反转录病毒克隆载体

反转录病毒是一类含单链RNA的病毒。作为动物基因克隆载体，反转录病毒有许多优点：第一，反转录病毒的导瘤基因能够在正常的细胞中转录，有利于动物基因的转移；第二，反转录病毒的寄主范围相当广泛，可以在各种动物细胞中表达；第三，反转录病毒有强启动子，可使所携带的外源基因高效表达；第四，反转录病毒感染效率高，不易导致寄主细胞死亡，可在保持正常生长和形成感染性病毒颗粒能力的情况下持续许多世代，因此，利用反转录病毒载体，可以改变动物细胞的基因型，并传到子代细胞。

反转录病毒载体基因组为两条相同的RNA，长8～10kb，包括的主要基因有：编码核心蛋白的*gag*基因，编码反转录酶、整合酶等的*pol*基因，以及编码病毒外壳蛋白的*env*基因。另外，许多反转录病毒还有一个*onc*基因，由它编码的转化蛋白在病毒转化细胞中起作用。在其基因组的两端还各有一个含有强启动子的长末端重复序列（LTR）。

目前已发展出来的反转录病毒载体主要有两种：辅助病毒互补的反转录病毒质粒载体和不需要辅助病毒互补的反转录病毒质粒载体。

5. 痘苗病毒克隆载体

这种病毒具有双链DNA基因组，分子质量很大，达180kb，能容纳25kb的外源DNA的插入，具有相当大的克隆能力。也正是由于这种病毒的相对分子质量很大，操作不方便，所以不适合直接用于基因克隆的载体，但由于其拥有很大的寄主范围，可以长期作为预防天花的疫苗。胸苷激酶（*TK*）是这种病毒早期基因表达产物中易于鉴定的标记。

技能要点

载体是基因操作的运输工具。载体的实质是具有运载能力的DNA，可分成两种功能类型：克隆型载体用于在宿主细胞中克隆和扩增外源片段，表达型载体用于在宿主细胞中获得外源基因的表达产物。至少拥有一个以上的复制原点、克隆位点和选择标记是载体的基本结构特征。

依据来源的不同，载体可分为质粒载体、噬菌体载体、大分子 DNA 克隆载体、病毒载体等。

实践练习

1. 为什么载体应该具有至少一个以上的复制原点？
2. 标记基因主要有哪几种类型？
3. 以 pBR322 质粒载体为例，说明如何利用标记基因筛选重组细胞？
4. λ 噬菌体载体有哪些主要类型？
5. 请简述反转录病毒载体的优点。

项目四　核酸提取——基因操作的“预处理”

学习目标

【学习目的】

学习核酸提取的操作技术。

【知识要求】

掌握核酸提取的原则与要求，熟悉常用的提取方法，了解新型的提取技术。

【能力要求】

掌握核酸提取的基本步骤，懂得核酸鉴定及含量测定。

基因操作的对象是核酸。能否提取出高质量的核酸分子，是开展基因操作的前提，提取方法的灵敏度、特异性等直接关系到后续操作的成败。可以这样认为，良好的核酸的提取操作，可以为后续的基因操作过程提供充足的、高质量的原材料，是基因操作的“预处理”过程。

无论是 DNA 还是 RNA，核酸在细胞中都是以与蛋白质结合的状态存在的，并呈现多种形态。真核生物的染色体 DNA 为双链线性分子，原核生物、质粒 DNA 为双链环状分子，有些嗜菌体 DNA 有时为单链环状分子。RNA 分子在大多数生物体内均是单链线性分子，不同类型的 RNA 分子有不同的结构特点；而病毒的 DNA、RNA 分子，其存在形式多种多样，有双链环状、单链环状、双链线状及单链线状等。

95% 的真核生物 DNA 主要存在于细胞核内，其他 5% 为细胞器 DNA，如线粒体、叶绿体等。RNA 分子则主要存在于细胞质中，约占 75%，另有 10% 在细胞核内，15% 在细胞器中，RNA 以 rRNA 的数量最多（80% ~85%），tRNA 及核内小分子 RNA 占 10% ~15%，而 mRNA 分子大小不一，序列各异。总的来说，

DNA 分子的总长度一般随着生物的进化程度而增大，而 RNA 的相对分子质量与生物进化无明显关系。

一、核酸提取的原则及要求

核酸提取的基本原则是：保证核酸一级结构的完整性，排除其他分子的污染。这是因为遗传信息全部贮存在一级结构之中，核酸的一级结构还决定其高级结构的形式以及和其他生物大分子结合的方式。因此，在提取核酸时，必须注意以下几点。

（1）尽量简化步骤，缩短提取时间，减少各种因素对核酸的破坏。

（2）减少化学因素对核酸的降解，通常 pH 控制在 4～10。

（3）消除细胞内外各种核酸酶的影响，防止核酸的生物降解。如一些器械和试剂需要高压灭菌，提取液中需添加核酸酶抑制剂，在低温（0～4℃）下操作。由于 DNA 酶需要金属离子 Mg^{2+}、Ca^{2+} 的激活，在缓冲体系中加入金属螯合剂（如 EDTA 或柠檬酸盐等）、阴离子表面活性剂 SDS 等，可避免激活 DNA 酶。RNA 酶分布广泛，极易污染样品，而且耐高温、耐酸碱、不易失活，生物降解是 RNA 提取过程中的主要危害因素，因此样品可用 0.1% 的 DEPC（二乙基焦碳酸酯，可灭活各种蛋白质，是 RNA 酶的强抑制剂）浸泡，器械则在 180℃ 下干烤 8h，以消除 RNA 酶的污染。

（4）减少物理因素对核酸的降解，主要是机械剪切力（包括强力高速的振荡、突然暴露于低渗溶液中，以及样品反复冻融等），其次是高温（如长时间的煮沸）。

经验表明，核酸提取的关键在于细胞的裂解和核酸纯化。对于核酸的纯化，则应达到以下要求：

（1）非核酸生物大分子（如蛋白质、多糖和脂类分子）的污染应降到最低程度。

（2）排除其他核酸分子的污染，如提取 DNA 分子时应去除 RNA，反之亦然。

（3）去除对后续操作有影响的物质，如对酶有抑制作用的有机溶剂和过高浓度的金属离子。

二、核酸提取的基本步骤

1. 材料准备

核酸提取所需要的样本，必须是新鲜的，并需采取适当的保鲜措施。例如，对于不超过 4h 的新鲜血液，应先进行红细胞裂解，得到白细胞后再加入一定量的 TRNzol 试剂，在 −70℃ 下可以保存较长的时间；对于新鲜的、生长旺盛的动物组织，推荐使用专门的 RNA 样品储存液；新鲜的幼嫩植物组织，宜放入液氮或加入 RNase 抑制剂中保存，避免反复冻融；而处于生长旺盛时期的微生物细胞，则应去掉培养基，加入一定量的 TRNzol 试剂，可于 -70℃下保存较长时间。

2. 破碎细胞

此步骤的目的在于释放细胞内容物。采取的措施通常是匀浆、超声振荡、酶解、液氮研磨等。因动物组织含有核酸酶，为避免其对核酸的水解，提取液中应加入适量螯合剂（如 EDTA、柠檬酸等）来除去这些离子。整个过程在低温(0～4℃）下进行。

3. 提取核蛋白

在生物体内核酸多以核蛋白的形式存在于组织中。可以根据核糖核蛋白（RNP）和脱氧核糖核蛋白（DNP）在不同浓度电解质溶液中溶解度的明显差别（表 2-2）进行分离。故用 0.14mol/L NaCl 溶解提取核糖核蛋白。

表 2-2　两种核糖核蛋白的溶解度比较

核蛋白	0.14mol/L NaCl	1.0mol/L NaCl
RNP	溶解度大	溶解度小
DNP	溶解度小（仅为水中 1%）	溶解度大（比在水中大 2 倍）

此外，两种核蛋白溶解度与 pH 有关，RNP 在 pH2.0～2.5 时最低，DNP 在 pH4.2 时溶解度最低。调节溶液 pH 可促使两者分离，将 0.14mol/L NaCl 的 pH 调节为 4，可使两者分开。

4. 去除蛋白质

核酸与蛋白质的结合主要依靠正负静电引力（核酸与碱性蛋白的结合）、氢键和非极性的范德华力。将与核酸紧密结合的蛋白质分开，同时避免核酸的降解，这是核酸分离最困难的步骤。通常采用的办法如下。

（1）加入蛋白质变性剂　SDS（十二烷基硫酸钠）是阳离子去污剂，可去除蛋白质电荷、解离蛋白质之间的氢键，消除蛋白分子内的疏水作用，除有破坏细胞膜、抑制核酸酶的作用外，还具有使核酸从蛋白质上游离出来的功能。

（2）加入浓盐溶液（如 NaCl）　NaCl 加入后，破坏了核酸-蛋白质之间的静电引力，使氢键破坏，核蛋白解聚。

（3）酚/氯仿抽提　加入蛋白质变性剂如氯仿、异戊醇、SDS、热酸等，使蛋白质变性沉淀，使核酸和蛋白质分离，经离心后溶液分为上、中、下三层，分别是核酸溶液、变性蛋白质凝胶和氯仿。酚/氯仿混合使用能增加去除蛋白质的效果，并对核酸酶有抑制作用。氯仿相对密度大，能加速有机相与水相的分层，减少残留在水相中的酚。用酚/氯仿抽提时需要振摇，为防止振摇时起泡和促使水相与有机相的分离，通常要加上一定量的异戊醇。

使用酚时应注意：酚是无色透明结晶，若酚结晶呈现粉红色或黄色，表明其中含有酚氧化物（如醌、二酸等），这些氧化物可破坏核酸的磷酸二酯键，所以变色的酚不能用于核酸的抽提；酚具有很强的腐蚀性，可引起严重的灼伤，操作时应佩戴手套。

5. 沉淀核酸

此步骤的目的是使核酸从裂解体系中沉淀下来，从而实现与其他杂质——主要是盐的分离，同时改变核酸的溶解缓冲液，重新调整核酸的浓度，起到浓缩核酸的作用。此步骤的原理是：在溶液 pH >4 时，核酸分子呈多聚阴离子状态，K^+、Na^+、Mg^{2+}、NH_4^+ 等阳离子形成的盐，通过屏蔽带负电的磷酸基团，使 DNA 分子聚集在一起而不溶于许多有机溶剂。

常用的核酸沉淀的盐类和有机溶剂见表 2 - 3 和表 2 - 4。需要指出的是，精胺虽然不是有机溶剂，但却能快速有效地沉淀 DNA。当精胺与 DNA 结合后，能使 DNA 在溶液中的结构凝缩而发生沉淀，并可使单核苷酸和蛋白质杂质与 DNA 分开，达到纯化 DNA 的目的。

表 2 - 3　　核酸沉淀的盐类及浓度

盐	贮存液浓度/（mol/L）	终浓度/（mol/L）
$MgCl_2$	1	0. 01
NaAc	3（pH5. 2）	0. 3
KAc	3（pH5. 2）	0. 3
NH_4Ac	10	2. 5
NaCl	5	0. 2
LiCl	8	0. 8

表 2 - 4　　核酸沉淀的常用有机溶剂

有机溶剂	优点	缺点或注意事项
乙醇	对盐类沉淀少，沉淀中所含的痕量乙醇易挥发除去，不影响后续操作	用量大，一般要求低温操作
异丙醇	用量小，速度快，适于浓度低、体积大的 DNA 样品沉淀。一般不需要低温长时间放置	易使盐类、蔗糖与 DNA 共沉淀，异丙醇难以挥发除去。所以，最后用 70% 乙醇漂洗数次
聚乙二醇（PEG）	可用不同浓度的 PEG 选择不同相对分子质量的 DNA 片段。应用相对分子质量为 6000 的 PEG 进行 DNA 沉淀时，使用浓度与 DNA 片段的大小成反比。	PEG 沉淀一般需加入 0. 5mol/L 的 NaCl 或 10mol/L 的 $MgCl_2$

一般来说，核酸沉淀操作需在低温下长时间进行。但时间过长，容易导致盐与 DNA 共同沉淀，影响以后的操作。通常情况下使用 0℃ 冰水，10 ~ 15min，

DNA 样品可以达到操作要求。

三、核酸提取的方法

自 1869 年首次发现核酸分为 DNA 和 RNA 后，核酸的提取技术和方法就一直在不断改进和发展：1948 年，人们使用柠檬酸钠和 RNA 酶获得具有天然性状的 DNA；1957 年，创建了酚－氯仿抽提及异丙醇沉淀提取 DNA 技术；1961 年，创建了十二烷基磺酸钠（SDS）法提取细菌质粒 DNA 方法；1979 年，人们又创立了硫抑制核酸酶作用的氰酸胍法提取技术，异硫氰酸胍是一种强蛋白质变性剂，既可以破裂细胞，也可以抑制核酸酶的活性，缺点是操作较为繁琐；随后，人们又陆续开发了一步法提取 RNA、微量移液体法提取 DNA，以及氯化锂法、蜗牛酶法、石英砂法、氯化苄法、反复冻融法、溶壁酶法等核酸提取方法。

以这些方法为基础，人们相继研发出了各种各样的核酸提取试剂盒，用于从不同的组织样本中分离和提取 DNA、RNA。然而，这些传统的核酸提取方法需要用到大量的样本，且步骤较为繁琐、费时、收率低，很难实现自动化操作。随着分子生物学和高分子材料学的快速发展，传统的液相系统中分离提取核酸的方式被以固相吸附载体为基础的新型方法所取代。目前，这些新型的方法主要有 CTAB 法、TRIzol 法、旋转离心柱法、磁珠法等。总的来说，这类方法的操作主要分成三个部分。

第一，利用裂解液促使细胞破碎，使细胞中的核酸释放出来。

第二，把释放出的核酸特异性地吸附在特定的载体上，并且这种载体只对该核酸有较强的亲和力和吸附力，对其他生化成分如蛋白质、多糖、脂类不吸附。

第三，把吸附在特异性载体上的核酸洗脱下来，从而得到纯化的核酸。

离心柱法曾经应用得很普及，市场上的多数质粒 DNA 提取试剂盒都是在离心柱法的基础上发展而来的。但该方法不便于实现高通量、自动化操作，特别是在基因诊断、突发疫情的监测和控制领域应用时，需要大量的操作人员和仪器设备。近年来，运用磁珠法提取核酸得到很大发展，能够适应高通量、高灵敏度和自动化操作的需要。目前已经有 96 孔核酸自动提取仪，实现智能化软件控制操作。

（一）核酸提取的传统方法

1. DNA 提取方法

酚－氯仿提取法（图 2－18）是 DNA 提取的经典方法。因为使用两种不同的有机溶剂交替抽提更容易将蛋白除去，提取次序为酚、酚/氯仿（1∶1）、氯仿，这种方法提取的 DNA 纯度高、片段大、效果好，缺点是较为繁琐。

回收上层水相时，一定不要接触两相的界面，以免将蛋白质等物质吸入新离心管。沉淀 DNA，无水乙醇是首选的有机溶剂。采用 70% 乙醇漂洗 DNA，是为了去除残余的盐类、过量 SDS 和酚等杂物。

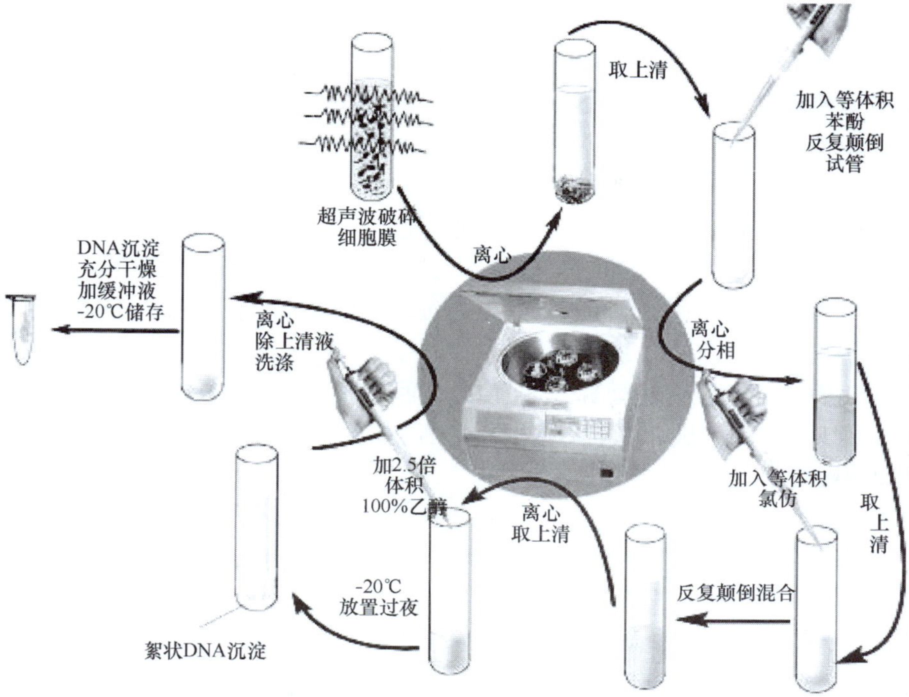

图 2－18　酚－氯仿法提取 DNA 的基本过程

2. RNA 提取方法

RNA 提取条件较 DNA 要求严格，主要是因为临床标本及实验室环境中，存在大量对 RNA 有强烈降解作用的 RNA 酶。RNA 酶是一类生物活性非常稳定的酶类。这种酶耐酸、耐碱、耐高温，如煮沸也不能使之完全失活。蛋白质变性剂可使之暂时失活，但变性剂去除后，又可恢复活性。除细胞内的 RNA 酶之外，环境中的灰尘、各种实验器皿和试剂、人体的汗液及唾液中均存在 RNA 酶，因此在提取 RNA 时，要避免 RNA 酶对标本的污染，防止其对提取的 RNA 的降解。

（1）提取 RNA 所用器皿的处理及溶液的准备

塑料制品：如试管、EP 管、Tip 头，使用灭菌的一次性用品。

玻璃用品：如烧杯、试管和其他用品，常被 RNA 酶污染，使用前必须在 180℃下干燥 8h 以上。

DEPC 是 RNA 酶的强抑制剂，通过与蛋白质中的组氨酸结合而使其变性。在 37℃浸泡 2h，再用灭菌水漂洗数次，于 100℃干烤 15min，可去除器皿上残余的 DEPC。

所需溶液的配制：必须用高压灭菌的水和 RNA 提取专用的化学试剂配制溶液，用干烤过的药匙称取试剂，把溶液装入无 RNA 酶的玻璃器皿。

严格来说，所有溶液均应于37℃处理12h以上，然后于100℃加热15min或高压灭菌15min，以去除残余DEPC。

（2）RNA提取中RNA酶污染的控制　最主要的潜在污染源是操作人员的手，手直接接触摸之处都会留下RNA酶，另外，唾液中富含RNA酶，故在涉及RNA的一切操作过程中，都应戴一次性手套和口罩。

实验中，如接触了“脏的”玻璃器皿和其他物品以后，手套就可能污染RNA酶，因此RNA提取实验中，应勤换手套。

（3）示例（异硫氰酸胍结合氯仿－酚提取RNA）　异硫氰酸胍是一种强力蛋白质变性剂，能迅速溶解蛋白质，导致细胞结构破碎，核蛋白由于其二级结构的破坏消失而迅速与核酸分离。

RNA酶虽可耐受多种处理（如煮沸）而不失活，但却会被4mol/L异硫氰酸胍和β－巯基乙醇（破坏RNase蛋白质中的二硫键）等还原剂所灭活，因此可以从组织中分离出完整的RNA分子。

异硫氰酸胍、β－巯基乙醇都是制备RNA的常规试剂。异硫氰酸胍结合氯仿－酚提取RNA的操作流程如图2－19所示。

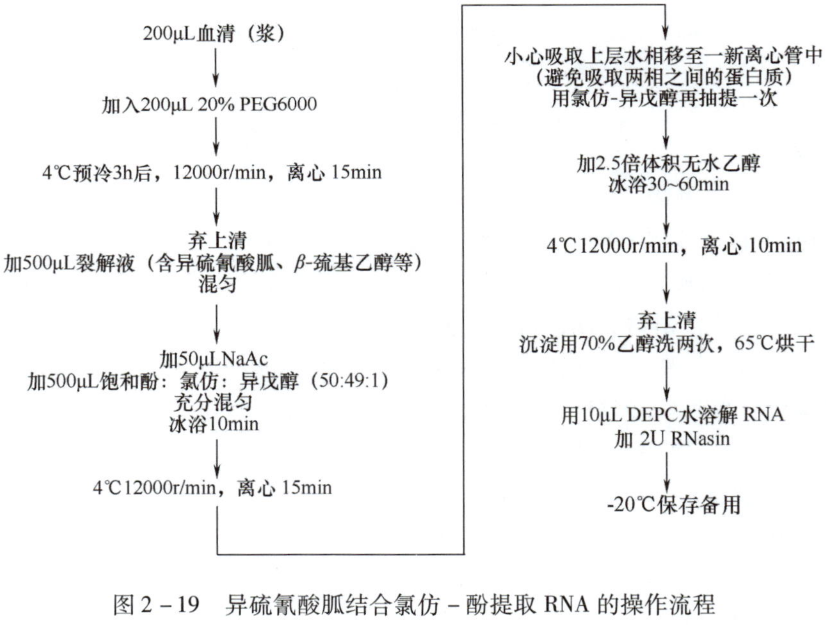

图2－19　异硫氰酸胍结合氯仿－酚提取RNA的操作流程

（二）核酸提取的新型方法

1. CTAB法

CTAB（十六烷基三甲基溴化铵）是一种阳离子去污剂，具有从低离子强度溶液中沉淀核酸与酸性多聚糖的特性。在高离子强度的溶液中（如＞0.7mol/L NaCl），CTAB可与蛋白质和多聚糖形成复合物，只是不能沉淀核酸。通过有机溶剂抽提，除去蛋白、多糖、酚类等杂质后加入乙醇沉淀，即可将核酸分离出来。

CTAB 适合于从产生大量多糖的生物体内提取核酸，如植物和某些革兰阴性菌，缺点是实验操作较繁琐。将 CTAB 与其他方法相结合，可以快速提取高纯度的动植物 DNA，如 SDS - CTAB 结合法，利用高浓度盐离子和 SDS 除去蛋白和多糖，再用低浓度盐离子和 CTAB 进一步纯化，最后得到高纯度的 DNA。

2. TRIzol 试剂提取 RNA 法

TRIzol 试剂适用于人、动植物、微生物的组织或培养细菌，样品量少（几十毫克至几克），所提取的总 RNA 没有蛋白和 DNA 污染，操作简便，1h 内即可完成。用 TRIzol 试剂裂解细胞，再加入氯仿，离心后可见三层，上层为透明的水相含有 RNA，中间层含 DNA，下层为红色的有机相，含蛋白质。

TRIzol 试剂的操作方法如下。

（1）制备样品　样品匀浆后在 2 ~ 8℃ 下离心 10min（12000 × *g*），移除不溶物（包含有细胞外膜、多糖、高相对分子质量 DNA）和最上层漂浮的脂肪，收集清液。

（2）分离　将匀浆清液在 15 ~ 30℃ 下静置 5min（使核蛋白体完全分解），加入氯仿（0.2mL/mL TRIzol），振荡 15s 后在 30℃ 下静置 2 ~ 3min，在 2 ~ 8℃ 下离心 15min（≤12000 × *g*）。

（3）RNA 沉淀　收集离心后的上层无色水样层（约占所加 TRIzol 试剂量的 60%，含 RNA），加入异丙醇（0.5mL 异丙醇/1mL TRIzol），将混合液在 15 ~ 30℃ 下静置 10min，在 2 ~ 8℃ 下离心 10min（≤12000 × *g*）。RNA 呈胶状片状沉淀附着于试管壁和管底。

（4）RNA 洗脱　移去上层悬液，用 75% 的乙醇洗涤 RNA 沉淀一次，（1mL 乙醇/mL TRIzol），振荡混合后，在 2 ~ 8℃ 下离心 5min（≤7500 × *g*）。

（5）RNA 的再溶解　简单干燥 RNA 沉淀（空气干燥或真空干燥 5 ~ 10min）。注意：不要在真空管里离心干燥 RNA；不能让 RNA 沉淀完全干燥（否则会降低其可溶性）。用移液管尖分几次移取无 RNA 酶的水或 0.5% SDS 溶液来溶解 RNA，并在 55 ~ 60℃ 下静置 10min（当 RNA 以后要用于酶切反应时，则避免使用 SDS），在 -70℃ 下保存。

3. 旋转离心柱法

旋转离心柱技术主要用于微量核酸的分离纯化，方法较为简便。

该方法提取核酸的过程如图 2 - 20 所示。采用特殊的硅基质材料，在一定的高盐缓冲液系统下高效、专一地吸附 DNA、RNA（高盐、低 pH 下吸附 DNA，低盐、高 pH 下释放 DNA，离心柱上含有硅基质材料，具有吸附 DNA 的功能），配备设计独特的离心吸附柱式结构，使用常规离心方法，在几分钟内高效分离核酸片段。

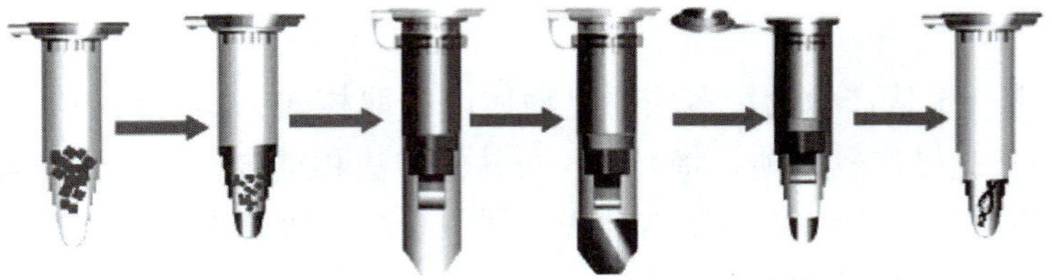

图 2-20 旋转离心柱法提取核酸

A—样本 B—裂解 C—过柱结合 D—洗涤 E—洗脱 F—纯化的核酸

此法也可用于 DNA 测序前核酸的纯化，又称过柱纯化。下面以离心柱型质粒 DNA 小量提取试剂盒为例，从细菌培养物中提取质粒 DNA，说明该方法的应用。

（1）操作原理　该试剂盒采用改进的 SDS 碱裂解法，结合硅基质膜选择性地吸附 DNA 的方法，适合 1~5mL 细菌培养物中提取多至 20μg 质粒 DNA。

正常情况下，核酸表面覆盖了一层由水分子组成的亲水薄膜，以维持其水溶性。高浓度盐离子的加入破坏了核酸表面亲水薄膜的相对有序排列，形成疏水环境。在此环境中，核酸与硅胶膜能有效结合，而蛋白质、代谢产物和其他污染物则不能结合。

在 pH12.0~12.6 的碱性环境中，线性的大相对分子质量细菌染色体 DNA 的氢键断裂，破坏了碱基配对，导致双螺旋结构解开而变性，但共价闭环的质粒 DNA 链由于处于拓扑缠绕状态而不能彼此分开，仍为自然状态。当 pH 调至中性并有高盐浓度存在时，质粒 DNA 链迅速恢复到原来构型，仍为可溶状态，被硅基质膜柱特异性地吸附。而变性的染色体 DNA 之间因交联形成不溶性网状结构，不能再复性。在去污剂 SDS 的作用下，随不稳定的大分子 RNA、蛋白质-SDS 复合物等一起沉淀下来，被离心除去。在低盐高 pH 下，吸附的 DNA 被洗脱下来，获得纯化的质粒 DNA。

（2）试剂盒的组成（表 2-5）

表 2-5　质粒 DNA 小量提取试剂盒

组成	含量（50 次）	注意事项
RNase A1	30μL	50mg/mL，-20℃长期保存； 第一次使用前将 RNase A1 全部加入 Buffer P1 中，于 4℃保存
缓冲液 BL	15mL	室温储存
缓冲液 P1	15mL	
缓冲液 P2	15mL	室温储存，含 NaOH，强碱性环境

续表

组成	含量（50 次）	注意事项
缓冲液 P3	20mL	室温储存
缓冲液 WA	19mL	使用前按试剂瓶所示体积加入无水乙醇或者 95% 乙醇，混合均匀
缓冲液 WB	16mL	使用前按试剂瓶所示体积加入无水乙醇或者 95% 乙醇，混合均匀
DNA 吸附柱 - B	50 套	室温储存
1.5mL 离心管	50 个	室温储存
TE	15mL	10mmol/L Tris - HCl，0.1mmol/L EDTA，pH8.0（25℃）
说明书	1 份	

（3）操作步骤

①平衡 DNA 吸附柱：在 DNA 吸附柱 - B（置于 2mL 离心管中）中加 250μL 缓冲液 BL，离心 1min（12000 ×g，室温），弃废液，将 DNA 吸附柱 - B 放回 2mL 离心管中。此操作可提高硅胶膜吸附 DNA 效率。

②确定菌量：培养含质粒细菌至 OD_{600}1 ~ 1.5（≈1.0×10^9细胞/1mL 菌液）

③破碎细胞，释放质粒 DNA：将菌悬液离心 1min（12000 ×g，室温），收集细菌（≤2×10^9）；弃尽上清后，加入 100μL 缓冲液 P1（含 RNase A1），漩涡振荡或用 Tips 充分悬浮菌液；再加入 100μL 缓冲液 P2，缓慢翻转离心管混合均匀，至溶液呈浅黄色透亮状；然后立即加入 140μL 缓冲液 P3，缓慢翻转离心管混合均匀，形成紧实的大团状凝集物后（约摇晃 15 次），再快速剧烈摇晃 3 次使凝集物呈松散状；离心 5min（12000 ×g，室温）。

④吸附 DNA：将上清转入 DNA 吸附柱 - B 中（勿转入管底沉淀），室温放置 1 ~ 2min（有助于提高 DNA 吸附效率，从而提高产量）后，离心 1min（12000 ×g，室温），弃废液，将 DNA 吸附柱 - B 放回 2mL 离心管中。

⑤洗涤：在 DNA 吸附柱 - B 中加入 500μL 缓冲液 WA，离心 1min（12000 ×g，室温），弃废液，将 DNA 吸附柱 - B 放回 2mL 离心管中；再向 DNA 吸附柱 - B 中加入 500μL 缓冲液 WB，离心 1min（12000 ×g，室温），弃废液，将 DNA 吸附柱 - B 放回 2mL 离心管中；重复此步骤，然后离心 2min（12000 ×g，室温）。

⑥洗脱：将 DNA 吸附柱 - B 转入试剂盒携带的 1.5mL 离心管中，向 DNA 吸附膜的中央加 50 ~ 200μL TE 或者去离子水，室温放置 1 ~ 2min，离心 1min（12000 ×g，室温），得到含质粒 DNA 的洗脱液。

4. 磁珠法

磁珠法中的细胞裂解液是一种蛋白变性剂，可使动植物的细胞裂解，并使与 DNA 结合的蛋白质变性，DNA 游离释放，磁珠可以特异性地吸附 DNA，通过洗涤，去除DNA以外的蛋白质、多糖等杂质，再用洗脱液解离吸附在磁珠上的DNA，得到纯度和浓度均很高的DNA。该方法提取核酸的过程如图2－21所示。

生物磁珠是一种新型的功能化固体载体，其表面包被有活性基团，可以偶联多种生物活性物质，兼有液体的流动性和固体磁性材料等特点，在外磁场的作用下可以定向移动和集中，当撤去外磁场后，稍加振荡或抽吸，又可均匀分散于液体中，从而使固液相的分离变得十分快捷方便，通过简单的洗脱可以得到纯度很高的靶向物质。

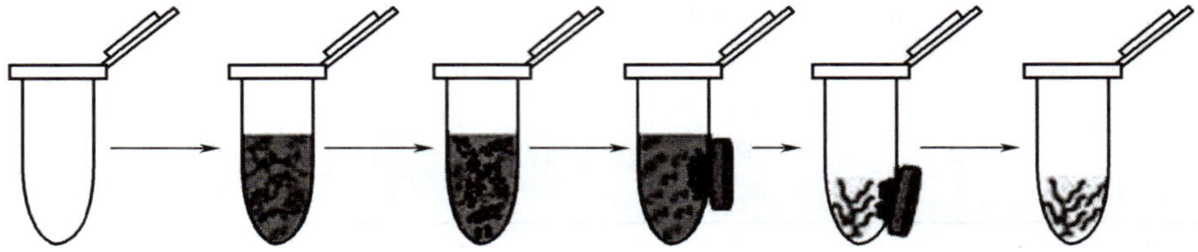

图2－21　磁珠法提取核酸

A—样本　B—裂解（加入裂解液）　C—结合（加入磁珠）
D—洗涤（加入洗涤液）　E—洗脱（加入洗脱液）　F—纯化的核酸

下面以提取细菌DNA为例，说明该方法的应用。

（1）操作原理　采用高度分散均一的纳米磁珠颗粒，表面修饰高效核酸结合基团，可吸附DNA和RNA。经过实验优化的裂解液可裂解细胞并灭活细胞内的核酸酶，使得基因组DNA在高离序盐（指一类能干扰分子间的非共价键相互作用、破坏大分子三维结构稳定性的盐，如硫氰酸胍、盐酸胍、硫氰酸钾、LiCl、$NaClO_4$等，可使疏水性的蛋白质更易溶于水）状态下选择性吸附于磁珠上，再通过一系列快速的漂洗、除杂操作，将细胞代谢物、蛋白质等杂质去除，最后用低盐高pH的洗脱缓冲液将纯净基因组DNA从磁珠上洗脱。

（2）试剂盒的组成（表2－6）

表2－6　细菌DNA提取试剂盒

组成	含量（50次）	注意事项
裂解缓冲液A	25mL	室温保存；低温下可能会析出沉淀，37℃水浴几分钟可重新溶解，恢复澄清透明后冷却到室温即可使用
溶液AB	12mL	室温保存
结合缓冲液PQ	25mL	室温保存
清洗缓冲液B	15mL	室温保存；第一次使用前按说明加指定量乙醇；低温下可能会析出沉淀，37℃水浴几分钟可重新溶解，恢复澄清透明后冷却到室温即可使用

续表

组成	含量（50次）	注意事项
清洗缓冲液 C	10mL	室温保存；第一次使用前按说明加指定量乙醇（3 倍）
清洗缓冲液 D	10mL	室温保存；第一次使用前按说明加指定量乙醇（3 倍）
洗脱缓冲液 E	10mL	室温保存
MagDNA 磁珠	1.2mL	室温保存；加入磁珠之前，菌悬液应漩涡混匀，以免影响浓度的均一性

（3）操作步骤　第一次使用前，先在清洗缓冲液 B/C/D 中加入指定量无水乙醇，充分混匀。

①收集 1mL 过夜培养的细菌液，加入 1.5mL 离心管中。

②9000r/min 离心 30s，使细胞沉淀，弃上清，轻弹打散细胞沉淀，漩涡振荡至细胞团充分重悬、分散。

③加入 350μL 裂解缓冲液 A 重悬的细胞，上下吹打裂解细胞，或者剧烈漩涡振荡 10s 帮助裂解细胞，70℃水浴 10min。

④在裂解物中加入 RNase A（10mg/mL）至终浓度 10μg/mL，颠倒 25 次混匀，37℃温育 15min 去除残留 RNA，然后冷却至室温。

⑤加入冰冷的 150μL 溶液 AB 后，再连续漩涡振荡混匀 25s。混匀后可见一些小的蛋白团块。

⑥12000r/min 离心 5min。此时应可见管底暗褐色或是白色的块状沉淀，也可能见到一些蛋白沉淀漂浮在液体表面。

⑦小心吸取上清（大约 400μL，不要吸到管底和漂浮在液体表面的蛋白沉淀）到新的 1.5mL 离心管中。

⑧加入等体积的室温结合缓冲液 PQ 400μL 和 20μL MagDNA 磁珠，立刻上下颠倒 20 次充分混匀，此时可能会出现絮状沉淀，也可能会形成一团或是类似双螺旋的丝状物质，故不要吸走黑色团块。

⑨将离心管放到磁性分离架上静置 1～2min，直至溶液变澄清，小心吸掉液体，不要吸到磁珠。

⑩取下离心管，加入 500μL 杂质去除缓冲液清洗缓冲液 B，颠倒混匀后，将离心管放到磁性分离架上静置 1～2min，直至溶液变澄清，小心吸掉液体。

⑪加入 600μL 漂洗液清洗缓冲液 C，颠倒混匀后，将离心管放到磁性分离架上静置 1～2min，直至溶液变澄清，小心吸掉液体。

⑫加入 500μL 漂洗液清洗缓冲液 D，颠倒混匀后，将离心管放到磁性分离架上静置 1～2min，直至溶液变澄清，小心吸掉液体（尽可能吸掉残余液体，以免影响后续操作）。

⑬取下离心管，将其放置在 37～65℃烘箱内晾干残余乙醇。也可用吹风机吹

2 ~ 3min，不要太干，以免 DNA 难以溶解。

⑭加入 50 ~ 100μL 漂洗液洗脱缓冲液 E，轻轻弹动管壁，将磁珠完全打散分散在洗脱缓冲液中，室温放置 1 ~ 2min。

⑮将离心管放到磁性分离架上静置 1 ~ 2min，直至溶液变澄清，小心转移溶液到新的离心管中，不要吸到磁珠，如果吸到磁珠，可重新放置在磁性分离架上分离。

⑯DNA 可以存放在 2 ~ 8℃，如果长时间存放，可以放置在 -20℃。

四、核酸的鉴定与含量测定

提取分离后的核酸，通常用紫外吸收法、电泳法、定磷法和定糖法进行鉴定，以及纯度、含量的测定。

1. 紫外吸收法

（1）原理　核酸中的碱基含有共轭双键，均具有一定的紫外吸收特性。所以核酸在紫外光谱区（240 ~ 290nm）有一条典型的吸收曲线，在 260nm 处有最大吸收值，在 230nm 处为吸收低谷。RNA 的吸收曲线与 DNA 无明显区别，蛋白质在 280nm 处有最大的吸收峰，盐和小分子则集中在 230nm 处。核酸的紫外吸收光谱数据是鉴定核酸的重要依据之一。所以，可以依据该方法来鉴定核酸的纯度，即测定在 230nm、260nm 和 280nm 处的紫外吸收值。核酸的纯度用 OD_{260}/OD_{280} 表示，其经验数据见表 2 -7。

表 2 -7　　紫外吸收法鉴定核酸纯度的经验数据

	OD_{260}/OD_{280} 值	OD_{260}/OD_{230} 值	结果
DNA 样品	=1.8 ~ 1.9	>2.0	DNA 纯度高
	<1.8 ~ 1.9		含酚或蛋白杂质
	>1.8 ~ 1.9		含 RNA，或 DNA 部分降解
		<2.0	有残存的盐或小分子杂质污染
RNA 样品	=1.9 ~ 2.0	>2.0	RNA 纯度高
	<1.8 ~ 1.9		含酚或蛋白杂质
	>2.0		RNA 出现降解
		<2.0	有残存的盐或小分子杂质污染

对于纯核酸溶液，测定 OD_{260} 值，可以利用核酸的比吸光系数计算溶液中核酸含量。核酸的比吸光系数是指浓度为 1μg/mL 的核酸水溶液在 260nm 处的 OD 值，天然状态的双链 DNA 的比吸光系数为 0.020，变性 DNA 和 RNA 的比吸光系数为 0.022。由于普遍使用的比色杯为 1cm，所以，可按下式计算核酸含量：

$$DNA\ (\mu g/mL) = OD_{260} \times 50$$

$$RNA\ (\mu g/mL) = OD_{260} \times 40$$

不同形式的DNA，其紫外吸收强度不同。当过量的酸、碱或加热使双螺旋DNA变性时，由于双螺旋结构被破坏，碱基充分暴露，导致紫外吸收强度增加，称为增色效应；当变性DNA复性后，紫外吸收强度又会降低，称为减色效应。在核苷酸量相同的情况下，紫外吸收强度增加的程度不同：单核苷酸 > 单链DNA > 双链DNA。因此，还可以根据这个特点，通过OD_{260}值的变化来监测DNA的变性情况。

（2）注意事项　这种比值测定方法仅适用于核酸浓度大于0.25μL/mL的情况，当浓度小于0.25μL/mL时，测量误差较大。检测时应使OD_{260}值在0.15～1.0，数值比较准确。

若待测的核酸制品中混有大量的具有紫外吸收的杂质，则测定误差较大，应设法除去。不纯的样品不能用紫外吸收值做定量测定。

pH对核酸紫外吸收性有影响，所以在测定时要固定溶液的pH。否则，OD_{260}/OD_{280}的值可能与实际差别很大。建议在10mmol/L Tris－Cl（pH 8.5）中检测，此时纯净DNA的OD_{260}/OD_{280}值应为1.8～2.0（注意应使用同样缓冲液作为对照）。

蛋白质由于含有芳香氨基酸，也有紫外吸收，通常蛋白质吸收高峰在280nm波长处，在260nm处的吸收值仅为核酸的1/10或更低，因此，当核酸样品中含微量蛋白质时，对核酸的紫外测定影响不大。当蛋白质含量较高时，OD_{260}/OD_{280}值会下降。

当样品液既含有RNA又含有蛋白质时，也可能使比值维持在1.8，这个时候要根据电泳情况鉴定是不是含有RNA，或者测定一下是不是含有蛋白质。

（3）操作步骤　取甲、乙两支洁净离心管，分别准确加入1.0mL DNA/RNA样液，然后向甲管加入1.0mL蒸馏水，向乙管加入1.0mL过氯酸－钼酸铵沉淀剂（沉淀除去大分子核酸），摇匀后置冰箱内30min，使沉淀完全。3000r/min离心10min，各吸取上清0.5mL转入相应的甲、乙两容量瓶内，定容至50mL。以蒸馏水作空白对照，用紫外光度计分别测定上述甲、乙两稀释液的OD_{260}值。

试液中DNA/RNA总含量按下式计算：

$$DNA\ (\mu g) = \frac{甲OD_{260} - 乙OD_{260}}{0.020} \times V_{总} \times D$$

$$RNA\ (\mu g) = \frac{甲OD_{260} - 乙OD_{260}}{0.022} \times V_{总} \times D$$

式中　　甲OD_{260}——被测稀释液在260nm处的总光密度值

乙OD_{260}——加沉淀剂除去大分子核酸后被测稀释液在260nm处的光密度值

两者之差（甲OD_{260}－乙OD_{260}）——被测稀释液的光密度值

$V_{总}$——被测试液总体积，mL

D——样液的稀释倍数

0.020——脱氧核糖核酸的比消光系数，即每毫升含 1μg DNA 钠盐的水溶液（pH 为中性）在 260nm 波长处，通过光径为 1cm 时的光密度值

0.022——核糖核酸的比消光系数，即浓度为 1mg/L 的核糖核酸水溶液（pH 为中性）在 260nm 波长处，通过光径为 1cm 时的光密度值

由于大分子核酸易发生变性，此值也随变性程度不同而异，因此一般采用比消光系数计算得到的 DNA 或 RNA 量是一个近似值。

2. 电泳法

带电荷的物质在电场中向与自身电荷相反的电极移动的现象称为电泳。将带有电荷的供试品（如蛋白质、核苷酸等）样液展开在惰性支持介质（如纸、醋酸纤维素、琼脂糖凝胶、聚丙烯酰胺凝胶等）中，在电场作用下，带电粒子按各自速度向极性相反的电极方向移动，各组分分离成狭窄的区带，再用适宜的检测方法记录其电泳区带图谱，或计算其含量，这种检测方法称为电泳测定。按照支持介质的不同，电泳测定可分为纸电泳、醋酸纤维素薄膜电泳、聚丙烯酰胺凝胶电泳和琼脂糖凝胶电泳；按照操作时凝胶形状的不同，又有水平平板电泳、圆盘柱状电泳和垂直平板电泳等。电泳装置见图 2-22。

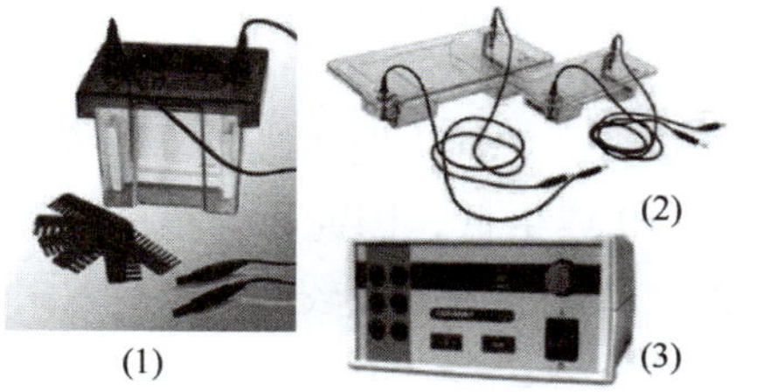

图 2-22 电泳装置

（1）垂直电泳槽 （2）水平电泳槽 （3）电泳仪

将电泳现象用于核酸研究的实验技术称为核酸电泳。核酸电泳通常在琼脂糖凝胶或聚丙烯酰胺凝胶中进行，通常称为凝胶电泳。浓度不同的琼脂糖和聚丙烯酰胺可形成分子筛网孔大小不同的凝胶，可用于分离不同相对分子质量的核酸片段，操作简便、快速，可以分辨用其他方法（如密度梯度离心）所无法分离的核酸片段，是分离、鉴定和纯化核酸的常用方法。

（1）琼脂糖凝胶电泳　琼脂糖是一种从海藻中提取出来的线性多糖聚合物。将琼脂糖在所需缓冲液中加热至 90℃左右，可熔化成清澈、透明的溶胶液体，倒入胶模中，冷却至 40～45℃时可固化成凝胶固体，形成良好的电泳介质。凝胶含刚性滤孔，孔径大小取决于琼脂糖的浓度。低浓度的琼脂糖形成较大的孔径，高浓度的琼脂糖则形成较小的孔径。

将凝胶置电场中，在中性 pH 下带电荷的核酸通过凝胶网孔向阳极迁移，迁移速率受到核酸分子的大小、构象、琼脂糖浓度、所加电压、电场、电泳缓冲液、嵌入染料的量等因素影响。在不同条件下电泳适当时间后，大小、构象不同

的核酸片段将处于凝胶的不同位置上，从而达到分离的目的。

琼脂糖凝胶分离DNA片段大小范围较广，用各种浓度的琼脂糖凝胶可分离长度为200bp至50kb的DNA片段（表2－8）。凝胶浓度的选择取决于DNA分子的大小。

表2－8　　琼脂糖凝胶浓度与分离DNA的有效范围

琼脂糖凝胶浓度/%	0.3	0.6	0.7	0.9	1.2	1.5	2.0
分离DNA的有效范围/kb	5～60	1～20	0.8～10	0.5～7	0.4～6	0.2～3	0.1～2

琼脂糖凝胶电泳是分离鉴定和纯化DNA片段的标准方法，常采用水平平板电泳装置。通过提高琼脂糖浓度，可减少凝胶孔径，提高电泳分辨率。

溴化乙锭（EB）是一种荧光染料，可以嵌入核酸双链的配对碱基之间，在电泳过程中随核酸片段同步迁移。插入核酸链中的EB可以在紫外线的激发下产生红色荧光。如果将电泳后的凝胶放在紫外光下，则可以清楚显示迁移后的各核酸片段。EB插入碱基对后，增加了线性及开环DNA的长度，电泳时也降低了DNA的迁移速度。EB不稳定，见光易分解，应存棕色试剂瓶中并于4℃下保存。由于EB是一种强诱变剂并有中度毒性，使用时必须戴手套操作。

琼脂糖凝胶电泳试剂包括琼脂糖、电泳缓冲液（表2－9）、溴化乙锭溶液和加样缓冲液（表2－10）。

表2－9　　常用的电泳缓冲液

缓冲液	使用液	浓贮存液/L
Tris－乙酸（TAE）	1×：0.04moL/L Tris－乙酸 0.001moL/L EDTA	50×：242g Tris碱 57.7mL 冰乙酸 100mL 0.5moL/L EDTA（pH8.0）
Tris－磷酸（TPE）	1×：0.09moL/L Tris－磷酸 0.002moL/L EDTA	10×：108g Tris碱 15.5mL 85%磷酸 40mL 0.5moL/L EDTA（pH8.0）
Tris－硼酸（TBE）	0.5×：0.045moL/L Tris－硼酸 0.001moL/L EDTA	5×：54g Tris碱 27.5mL 85%磷酸 20mL 0.5moL/L EDTA（pH8.0）

注：Tris为三羟甲基氨基甲烷。

二甲苯腈蓝FF是用于琼脂糖聚丙烯酰胺凝胶电泳的示踪染料，与溴酚蓝一起，可使样品呈现颜色，从而使加样操作更为便利。聚蔗糖则是由蔗糖和环氧氯丙烷共聚合成的一种水溶性高聚物，可作为惰性介质，增大样品密度，确保DNA样品均匀进入凝胶孔内。

一般凝胶制备和电泳的操作过程如下。

①用透明胶将制备凝胶床的玻璃板边缘圈封，制成胶模，置水平工作台上。

②称取适量琼脂糖，置电泳缓冲液中，加热使琼脂糖溶解。

③待溶液冷至60℃，加入10mg/mL EB贮存液，使终浓度达0.5mg/mL。

④在距离胶模底板0.5～1mm处放置电泳梳，将琼脂糖溶液倒入胶模中，厚度3～5mm，注意避免产生气泡。

⑤凝胶完全凝固后，移去梳子和透明胶，将凝胶放入电泳槽。加入TBE缓冲液使恰好没过胶面约1mm。

⑥将DNA样品与1/6体积加样缓冲液混合后，加入样品槽中。

⑦接通电源，使样品槽在负极端，用1～5V/cm的电压，电泳适当时间。

⑧电泳结束后，可将含EB的凝胶直接放在紫外线检测仪上观察，并拍照记录，也可将不含EB的凝胶在0.5μg/mL的EB溶液中染色30～45min，再如上观察和拍照，记录结果。

表2-10　凝胶加样缓冲液

缓冲液类型	6×使用液	贮存温度/℃
Ⅰ	0.25%溴酚蓝 0.25%二甲苯青FF 0.4kg/L蔗糖水溶液	4
Ⅱ	0.25%溴酚蓝 0.25%二甲苯青FF 15%聚蔗糖水溶液	室温
Ⅲ	0.25%溴酚蓝 0.25%二甲苯青FF 30%甘油水溶液	4
Ⅳ	0.25%溴酚蓝 0.4kg/L蔗糖水溶液	4
Ⅴ（碱性加样缓冲液）	300mmol/L NaOH 6mmol/L EDTA 18%聚蔗糖水溶液 0.15%溴甲酚绿 0.25%二甲苯青FF	4

EB具有一定的毒性，实验结束后，应对含EB的溶液进行净化处理后再弃置，以避免污染环境和危害人体健康。EB溶液的净化处理程序如下：

①将EB溶液用水稀释至浓度低于0.5μg/mL。

②加入一倍体积的0.5mol/L $KMnO_4$，混匀，再加入等量的25mol/L HCl，混

匀，置室温数小时。

③加入一倍体积的2.5mol/L NaOH，混匀并废弃。

（2）聚丙烯酰胺凝胶电泳　聚丙烯酰胺凝胶电泳（PAGE），是以聚丙烯酰胺凝胶作为支持介质的一种常用电泳技术。聚丙烯酰胺凝胶是一种人工合成凝胶，是以丙烯酰胺为单位，由甲叉双丙烯酰胺交联而成的，凝胶的孔径大小由聚合物的链长和交联度决定。调节丙烯酰胺和交联剂的浓度比例，可以改变聚合物的交联度。

聚丙烯酰胺凝胶兼具分子筛效应和静电效应，以其为电泳介质时，样品粒子的迁移受到样品的电荷、分子大小及形状差别的影响，从而达到分离的目的，分辨力高于琼脂糖凝胶电泳，可分离只相差1个核苷酸的DNA片段，能用于分析和制备长度小于1kb的DNA片段。可根据所要分离的核酸片段大小，来制备不同浓度的凝胶。

常用的聚丙烯酰胺凝胶有两种：变性聚丙烯酰胺凝胶和非变性聚丙烯酰胺凝胶，前者用于分离纯化单链DNA片段和RNA片段，后者用于分离纯化双链DNA片段。

双链DNA分子在一般的聚丙烯酰胺凝胶电泳时，其迁移行为决定于分子大小和电荷，相同长度的DNA片段在凝胶中的迁移行为一样，不能被区分。变性凝胶（DGGE）是在聚丙烯酰胺凝胶基础上，加入了变性剂（尿素和甲酰胺）浓度梯度，从而把同样长度但序列不同的DNA片段区分开来。其原理在于：特定DNA片段有特定的解链区域（一个几百个碱基对的DNA片段通常有几个解链区域），每个解链区域都有一段连续的碱基对组成；随着电泳的进行，DNA片段在凝胶中迁移的同时，也在沿着变性剂浓度梯度的方向移动；当某个解链区域移动到合适的变性剂浓度位置时，该解链区域发生解链；解链后的DNA片段，其迁移速率会明显降低，从而被区分开来。但是，当DNA片段完全解链后，这种迁移速率的差异就变得很小了。富含GC的DNA片段又称为GC夹子（一般含30～50个碱基对），解链浓度很高，如果在DNA片段中加入GC夹子，可以防止DNA片段在DGGE中完全解链，几乎能将DNA片段中每个碱基处的序列差异都区分开。

不加入变性剂的凝胶即为非变性聚丙烯酰胺凝胶。这里，我们仅介绍非变性聚丙烯酰胺凝胶电泳。

聚丙烯酰胺凝胶电泳一般采用垂直装置。由于氧能抑制丙烯酰胺的聚合反应，灌制聚丙烯酰胺凝胶常在两块封闭的玻璃平板所形成的夹层间进行。在这种装置形式下，仅有顶层的凝胶与空气中的氧气相接触，从而大大减少氧对聚合的抑制作用。

凝胶制备和电泳操作的一般程序如下。

①配制试剂：包括30%丙烯酰胺（100mL双蒸水中含29g丙烯酰胺和1g

N,N' - 亚甲双丙烯酰胺)、5 × TBE［每升溶液含 54g Tris - HCl、27.5g 硼酸和 20mL 0.5mol/L EDTA（pH8.0）］和 10% 过硫酸铵（10mL 双蒸水中含 1g 过硫酸铵）。

②装配胶模：将玻璃板和垫条事先用去污剂刷洗，用自来水和无离子水冲洗干净，晾干。装配时，先将较大的玻璃板平放在工作台上，两个垫条放在玻璃板两侧，涂抹少量凡士林；再将上层玻璃板置于垫条上，用夹子将玻璃板连同垫条夹紧，底部用 1% 琼脂糖密封。为防止漏胶，除放梳子一边外，其余三边应用防水胶带密封。

③配制胶液：根据玻璃板大小及夹层厚薄计算所需凝胶溶液量，按表 2 - 11 配制溶液（100mL）。

表 2 - 11　　聚丙烯酰胺凝胶溶液的配制

浓度/%	3.5	5.0	8.0	12.0	20.0
30% 聚丙烯酰胺/mL	11.6	16.6	26.6	40.0	66.6
水/mL	67.7	62.7	52.7	39.3	12.7
5 × TBE/mL	20.0	20.0	20.0	20.0	20.0
TEMED（四甲基乙二胺）/μL	35.0	35.0	35.0	35.0	35.0
10% APS（过硫酸铵）/mL	0.7	0.7	0.7	0.7	0.7

将表 2 - 11 中的溶液混匀后，连续、均匀地注入两玻璃板空隙中。这里，APS 起引发凝胶反应的作用，TEMED 则能催化 APS 产生自由基，加速聚丙烯酰胺凝胶的聚合。加入 APS 后，凝胶反应便立即开始，温度低时反应较慢，温度高时反应较快。因此最好先加入 TEMED，后加入 APS。

④立即插入电泳梳，勿使梳齿下形成气泡。

⑤室温下聚合 1h，待梳齿下出现折光带时，表明聚合反应已经完成。若凝胶不立即使用，可用纱布或滤纸（用 1 × TBE 浸泡）包盖于凝胶顶部，可置 4℃ 保存 1 ~ 2d。

⑥拔去梳子，立即用水冲洗加样孔。除去底部胶带，将凝胶直立放入电泳槽。在上下两槽中灌好 1 × TBE 溶液，驱尽凝胶底部气泡，用 1 × TBE 溶液冲洗加样孔。

⑦将核酸样品与适量 6 × 凝胶加样缓冲液（表 2 - 10）混合，加入凝胶加样孔中。

⑧接通电源，正极与下槽连接。电压一般控制在 1.8V/cm。电压过高时凝胶产生的热量可造成 DNA 区带弯曲，甚至引起小 DNA 片段的解链。

⑨电泳结束后，取下玻板和凝胶，放在工作台上，从夹层一角轻撬，将上面的玻板轻轻移开，小心揭下凝胶，置染色液中染色并进行结果观察。

聚丙烯酰胺凝胶中核酸带的染色，常用溴化乙锭法和银染法。前者与琼脂糖凝胶的染色方法相同。后者的灵敏度较高，其操作过程如下：

①将凝胶置于固定液（10% 乙醇，0.5% 冰醋酸）中固定 10min。

②双蒸水洗 1 ~ 2 次后，置 0.01mol/L $AgNO_3$溶液中，室温反应 15 ~ 30min。

③充分水洗后，置 NaOH – 甲醛混合液（200mL 3% NaOH，含 1mL 甲醛）中反应至条带显色清晰、本底适宜后，用 5% 冰醋酸终止显色反应。

（3）两种电泳的应用范围　琼脂糖凝胶电泳适合分离、纯化 200bp 至 50kb 长度的核酸片段，广泛应用于基因组提取与分析、载体构建、质粒提取等方面，分辨率较低，相差 100bp 以内的核酸片段较难分离。

聚丙烯酰胺凝胶电泳适合分离 1kb 以下的小核酸片段，适用于序列分析与比对、核酶分析与鉴定、小片段核酸的提取与分析等方面，分辨率较高，可以精确分离相差十几至几十 bp 的小片段核酸分子。

RNA 电泳的基本过程同 DNA 电泳一样，但应明确：由于 RNA 分子对 RNA 酶的作用非常敏感，必须用对 RNA 酶有抑制作用的 DEPC 水来配制所有溶液，所有与 RNA 接触的仪器和装置都要严格处理以尽量减少 RNA 酶对样品的降解；另外，RNA 分子的二、三级结构可以影响其电泳结果，所以电泳时应在变性剂存在下进行。常用的变性剂为甲醛和戊二醛。

3. 定磷法

磷的测定方法很多，定磷法是经典的但至今仍被采用的方法。各种含磷有机物经硫酸或过氯酸水解，使有机磷消化成为无机磷。无机磷在酸性条件下，与钼酸盐（常用钼酸铵或钼酸钠）反应生成磷钼酸盐络合物。用还原剂处理，磷钼酸盐络合物被还原生成钼蓝，在 660nm 处有最大光吸收峰。在一定浓度范围内，颜色的深浅与磷含量成正比关系。因此可应用分光光度法进行磷的定量测定。该过程的化学反应式如下：

$$(NH_4)_2MoO_4 + H_2SO_4 \longrightarrow H_2MoO_4 + (NH_4)_2SO_4$$

$$H_3PO_4 + 12H_2MoO_4 \longrightarrow H_3P(Mo_3O_{10})_4 + 12H_2O$$

$$H_3P(Mo_3O_{10})_4 \longrightarrow Mo_2O_3 \cdot MoO_3\ \text{（钼蓝）}$$

核酸是一类含磷化合物，其分子含有一定比例的磷。一般纯 RNA 及其核苷酸的含磷质量分数为 9.0%，DNA 及其核苷酸的含磷质量分数为 9.2%，即每 100g 核酸含磷 9.0 ~ 9.2g，也就是核酸量是含磷量的 11 倍左右，故测得磷的量，即可求得核酸量。这就是定磷法的理论依据，磷的定量测定是测定核酸含量常用手段之一。

生物有机磷材料中有时含有无机磷杂质，故用定磷法来测定该有机磷物质的量时，必须分别测定该样品的总磷量，即样品经过消化以后所测得的含磷量，以及该样品的无机磷含量，即样品未经消化直接测得的含磷量。再将总磷量减去无机磷量，即得有机磷物质的含磷量。

定磷法的操作步骤如下。

（1）制作标准曲线　取7只试管，依次编号后按表2－12加入各试剂，注意每加一种试剂都应立即摇匀。各反应液加完后，于30℃下保温20min后，测定OD_{660}值，以磷含量为横坐标，OD_{660}值为纵坐标作图，即得定磷标准曲线。

表2－12　定磷标准曲线的制作

试管	0	1	2	3	4	5	6
标准磷溶液/mL	0	0.5	1.0	1.5	2.0	2.5	3.0
6mol/L 硫酸/mL	0.5	0.5	0.5	0.5	0.5	0.5	0.5
25g/L 钼酸铵/mL	0.5	0.5	0.5	0.5	0.5	0.5	0.5
还原剂/mL	0.1	0.1	0.1	0.1	0.1	0.1	0.1
蒸馏水/mL	3.9	3.4	2.9	2.4	1.9	1.4	0.9

（2）总磷量的测定　取30mL凯氏烧瓶2只，编号；I号瓶为空白，加入蒸馏水1.0mL，不加样液；II号瓶用刻度吸管准确加入1.0mL核糖核酸样液。两瓶均加入6mol/L硫酸1.0mL，置于消化架上用小火加热消化。待溶液呈褐色后，稍加冷却，加入2 mol/L硝酸2滴，再继续加热，直至逸出白色烟雾、溶液无色透明为止，表示消化完成。待凯氏烧瓶冷却后，分别加入1.0mL蒸馏水，置沸水浴蒸煮5min，使焦磷酸分解。从沸水浴中取出烧瓶，待其冷却，将两个瓶内的消化液分别移入两只10mL容量瓶中，分别用少量蒸馏水洗涤烧瓶两次，将两次洗涤液合并，倒入两个容量瓶内，再各加蒸馏水稀释至刻度。

取试管3支，编号（含空白），准确从I号瓶中吸取1.0mL液体加入空白试管中，再分别准确吸取II号瓶中经过消化的核糖核酸样液1.0mL，置于另2只试样管内。以下操作与磷标准曲线绘制相同。测出光密度值，即可由绘制的标准曲线查得核糖核酸经消化稀释后的总磷量。

（3）无机磷的测定　取试管3支，编号（含空白），分别准确吸取未经消化的核糖核酸液1.0mL，作为无机磷测定样液，以蒸馏水代替RNA液作为空白，以下操作与磷标准曲线绘制相同，测出OD_{660}值后，即可由标准曲线查得无机磷含量。若溶液浑浊，影响测定，可在加入试剂摇匀后，过滤或离心（3000r/min，15min），取清液再测定。

（4）有机磷的计算　按下式计算有机磷的OD_{660}值，由标准曲线查得有机磷含量。

$$\text{有机磷 }OD_{660} = \text{总磷 }OD_{660} - \frac{\text{无机磷 }OD_{660}}{10}$$

$$\text{核酸含量（\%）} = \frac{\dfrac{\text{有机磷质量（}\mu g\text{）}}{\text{测定时取样体积（mL）数}} \times \text{稀释倍数} \times 11}{\text{样品质量（}\mu g\text{）}} \times 100$$

4. 定糖法

核酸含有三种独特的成分：嘌呤和嘧啶碱基、D－核糖或2－脱氧－D－核糖和磷，所以可根据碱基的紫外吸收、戊糖的特殊反应或磷含量测定的方法，来测定核酸含量。应用D－核糖或2－脱氧－D－核糖各自的特殊颜色反应，可鉴别RNA和DNA。

（1）地衣酚法　RNA在强酸环境中加热可水解产生核糖，核糖在浓酸作用下脱水形成糠醛，糠醛能与3,5－二羟基甲苯（地衣酚）反应，在Fe^{3+}或Cu^{2+}催化下缩合，生成绿色化合物，在670nm处有最大吸收峰波长。RNA浓度在20～250μg/mL范围内，其OD_{670}值与RNA浓度成正比。如果与同样处理的核糖标准液进行比色，可测定出RNA的含量。这种方法称为地衣酚法。地衣酚反应的特异性差，凡戊糖均有此反应，DNA和其他杂质也能与地衣酚反应产生类似颜色。因此，测定RNA时可先测得DNA含量，再计算RNA含量。

地衣酚法的操作步骤如下。

①取7支试管，按表2－13顺序分别精确加入各试剂。

表2－13　　地衣酚法测定RNA含量

试管	0	1	2	3	4	5	6
RNA待测溶液/mL	—	—	—	—	—	—	3.0
RNA标准液（100μg/mL）/mL	0.0	0.6	1.2	1.8	2.4	3.0	—
蒸馏水/mL	3.0	2.4	1.8	1.2	0.6	0.0	—
地衣酚－Fe^{3+}/mL	3.0	3.0	3.0	3.0	3.0	3.0	3.0

—RNA标准液：经定磷法确定浓度的酵母RNA配成100μg/mL。

—样品待测液：50～100μg干燥RNA/mL。

—地衣酚－Fe^{3+}：用0.1% $FeCl_3$作为溶剂，配成0.1%地衣酚溶液。

②将试管内溶液立即摇匀，置沸水浴内25～30min，取出冷却至室温，于670nm处测定OD值。

③以0～5号管RNA浓度为横坐标，对应OD_{670}值为纵坐标，绘出标准曲线。

④根据6号管测得的OD_{670}值，从标准曲线求出RNA待测液浓度。

⑤RNA的含量按下式计算。

$$\text{RNA含量（\%）}=\frac{\text{待测液中测得的RNA质量（g）}}{\text{待测液中制品的质量（g）}}\times 100$$

样品中蛋白质含量较高时，应先用5%三氯乙酸溶液沉淀蛋白质后再测定。较多DNA存在时，对该反应有干扰作用。如果在试剂中加入适量$CuCl_2\cdot 2H_2O$，可减少DNA的干扰。甚至某些已糖在持续加热后生成的羟甲基糖醛也能与地衣酚反应，产生显色化合物。此外，还可以利用RNA与DNA显色化合物在不同的时间显示出的最大光吸收不同的特点，来进行区分。如反应2min后，DNA在

600nm 处呈现最大光吸收，而 RNA 则在反应 15min 后，在 670nm 下呈现最大光吸收。

（2）二苯胺法　DNA 中的 2 - 脱氧核糖在酸性环境中与二苯胺试剂一起加热产生蓝色反应，在 595nm 处有最大吸收。DNA 在 40 ~ 400μg 范围内，OD_{595} 值与 DNA 浓度成正比。在反应液中加入少量乙醛，可以提高反应灵敏度。除 DNA 外，脱氧木糖、阿拉伯糖也有同样反应。其他多数糖类，包括核糖在内，一般无此反应。

DNA 分子中的脱氧核糖基，在酸性溶液中变成 ω - 羟基 - γ - 酮基戊醛，与二苯胺试剂作用生成蓝色化合物，其最大吸收峰波长为 595nm，可用比色法测定。

$$\text{DNA（脱氧核糖基）} \xrightarrow{[H^+]} HO{-}CH_2{-}\underset{\underset{O}{\|}}{C}{-}CH_2{-}CH_2{-}CHO \xrightarrow{\text{二苯胺}} \text{蓝色化合物}$$

二苯胺法的操作步骤如下。

①取 7 支试管，按表 2 - 14 顺序分别精确加入各试剂。

②将试管内溶液立即摇匀，70℃ 水浴保温 1h，取出冷却至室温，于 595nm 处测定 OD 值。

③以 0 ~ 5 号管 DNA 浓度为横坐标，对应 OD_{595} 值为纵坐标，绘出标准曲线。

④根据 6 号管测得的 OD_{595} 值，从标准曲线求出 DNA 待测液浓度。

⑤DNA 的含量按下式计算。

$$\text{DNA 含量（\%）} = \frac{\text{待测液中测得的 DNA 质量（g）}}{\text{待测液中制品的质量（g）}} \times 100$$

表 2 - 14　　二苯胺法测定 DNA 含量

试管	0	1	2	3	4	5	6
DNA 待测溶液/mL	—	—	—	—	—	—	2.0
DNA 标准液（200μg/mL）/mL	0.0	0.4	0.8	1.2	1.6	2.0	—
蒸馏水/mL	2.0	1.6	1.2	0.8	0.4	0.0	—
二苯胺试剂/mL	4.0	4.0	4.0	4.0	4.0	4.0	4.0

—DNA 标准液：经定磷法确定浓度的小牛胸腺 DNA 钠盐以 5mmol/L NaOH 溶液配成 200μg/mL；

—样品待测液：以 5mmol/L NaOH 溶液配成 50 ~ 200μg 干燥 DNA/mL；

在测定 RNA 制品中的 DNA 含量时，要求待测液中 DNA 含量应≥20μg/mL；

—二苯胺试剂：A 液为 1g 结晶二苯胺，溶于 100mL 冰乙酸，再加入 10mL 过氧酸（ > 60%），混匀置于棕色瓶中；B 液为 1.6% 的乙醛液，临用前配制；临用时，将 A 液 20mL 与 B 液 0.1mL 混合。

技能要点

核酸在机体生命活动中具有重要意义。DNA 是遗传信息的携带者，与生物的生长、繁殖、遗传和变异有密切关系，RNA 参与蛋白质的生物过程，由于核酸具有如此重要的生物学功能，对核酸的结果与功能的研究已成为当前生物科学的重要课题之一。

核酸提取的主要步骤，无外乎破碎细胞，去除与核酸结合的蛋白质以及多糖、脂类等生物大分子，去除其他不需要的核酸分子，沉淀核酸，去除盐类、有机溶剂等杂质，纯化核酸等。核酸提取的方案，应根据具体生物材料和待提取的核酸分子的特点而定，对于某特定细胞器中富集的核酸分子，事先提取该细胞器，然后提取目的核酸分子的方案，可获得完整性和纯度两方面质量均高的核酸分子。

因此掌握由不同原材料中提取核酸的方法及操作要点，成为基因操作后续技术的基础。

实践练习

1. 核酸提取的基本原则是什么？在 RNA 提取过程中应该注意哪些事项？

2. 进行核酸的分离和鉴定时，经常使用哪种电泳方法？其原理和装置有何不同？

3. 紫外吸收法测定时，若样品中含有蛋白质，应如何排除干扰？

4. 定磷法操作中，为什么所用水的质量、消化时间、钼酸铵的质量和显色时的浓度对测定结果影响很大？操作中应如何控制？

5. 利用二苯胺法测定 DNA 含量时，若 DNA 样品中混有 DNA 或蛋白质、糖类时，是否会有干扰？

项目五　分子杂交与核酸探针——基因操作的“工程监理”

学习目标

【学习目的】

学习分子杂交提取与核酸探针的操作技术。

【知识要求】

掌握分子杂交操作与探针制备的基本原理，熟悉常用的分子杂交技术和探针的常见种类，了解分子杂交与核酸探针的应用意义。

【能力要求】

懂得常用分子杂交的基本操作，懂得核酸探针的制备与应用。

不同的 DNA 片段之间，DNA 片段与 RNA 片段之间，如果彼此间的核苷酸排列顺序互补，也可以通过复性形成新的双螺旋结构。这种按照互补碱基配对原

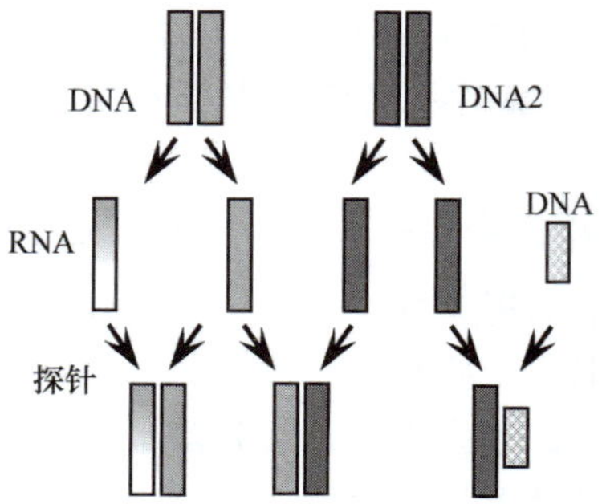

图 2－23　分子杂交示意图

则、经过退火处理，使不完全互补的两条多核酸单链相互结合的过程称为分子杂交。分子杂交示意图见图 2－23。

分子杂交是基因操作中最常用的操作技术之一。分子杂交的过程具有高度的特异性，这是受核酸分子的高度特异性所决定的。如果将已知序列的单链核酸作为探针，与待测单链核酸进行分子杂交，通过碱基配对形成可检出的双螺旋片段，就可以测定待测单链核酸的碱基序列，从而查找各种不同来源的基因组 DNA 分子中的同源基因或同源序列；再综合凝胶电泳和核酸内切限制酶分析的结果，便可绘制出 DNA 分子的限制图谱。这种检测方法具有极高的灵敏性。如果进一步掌握 DNA 分子中基因编码区的大小和位置，就能够构建 DNA 分子遗传图，或进行目的基因序列的测定，以完成基因克隆等的特殊要求。

分子杂交技术可在 DNA 与 DNA、RNA 与 RNA，或 DNA 与 RNA 之间进行，形成 DNA－DNA、RNA－RNA 或 RNA－DNA 等不同类型的杂交分子。

一、分子杂交的基本原理

1. DNA 变性

DNA 变性是指双螺旋之间氢键断裂，双螺旋解开，形成单链无规则线团，因而发生性质改变，如黏度下降、沉降速度增加、浮力上升、紫外吸收增加等。DNA 变性的方法有如下几种。

（1）热变性　温度升高到 90～100℃ 时，双链核酸分子链间的氢键完全断裂。

（2）酸碱变性　pH 低于 3 或高于 10 时，双链核酸分子链间的氢键断裂。

（3）化学试剂变性　如尿素、甲酰胺、甲醛等使双链核酸分子链间的氢键断裂。

DNA 在 260nm 处有最大吸收值，这是由于 DNA 分子中含有碱基。在 DNA 双螺旋结构中，碱基藏于内侧，变性时因双链解开、碱基外露而使得 260nm 紫外吸收值增加，这一现象称为增色效应。利用 DNA 的这一特性，可以追踪其变性过程。

如果升高温度使 DNA 变性，以温度对紫外吸收作图，可得到一条曲线，称为溶解曲线（图 2－24）。可以看到，OD_{260} 值的曲线变化不是平缓的，而是陡然升高。也就是说，从开始解链到完全解链，DNA 的变性过程是在一个相当窄的温度内完成的。使 50% 的 DNA 发生变性时的温度称为变性温度（解链温度），由于这一现象和结晶的溶解相类似，故又称为熔点或溶解温度（melting temperature，T_m）。因此 T_m 是 OD_{260}值上升到最大值一半时的温度。

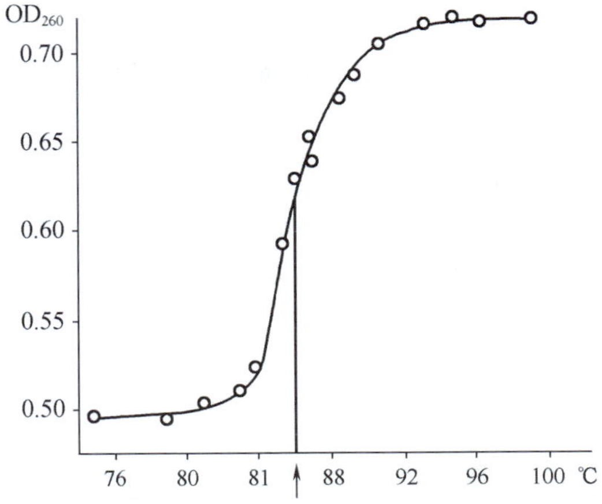

图 2－24　T_m 示意图

T_m 不是一个固定的数值，与很多因素有关。

（1）DNA 的碱基　G－C 间由三个氢键连接，而 A－T 间只有两个氢键相连。相同条件下，G－C 含量越多，T_m 值越高；A－T 含量越多，T_m 值越低。

（2）离子强度　溶液的离子强度低时，T_m 值较低，而且解链的温度范围较宽；在高离子强度中，T_m 值较高，解链的温度范围较窄。

（3）pH　溶液的 pH 在 5～9 范围内时，T_m 值变化不明显；当 pH＞11 或＜4 时，T_m 值变化比较明显。

（4）变性剂　各种变性剂主要是干扰碱基堆积力和氢键的形成而降低 T_m 值。

（5）DNA 双链本身的长度。

实验表明，DNA 中的 G－C 含量与 T_m 值的高低呈线性关系，可按下式计算：

$$T_m = 69.3 + 0.41 \times \% \ (G+C)$$

对于小于 20bp 的寡核苷酸，$T_m = 4\ (G+C)\ + 2\ (A+T)$。

2. DNA 复性

在一定条件下，变性的单链核酸分子还可以按照碱基互补原则，恢复为原来的双螺旋结构，这个过程称为复性或杂交。通常情况下，DNA 热变性后，将温度缓慢冷却，并维持在比 T_m 低 25～30℃时，变性后的单链 DNA 可恢复双螺旋结构，因此，这个过程又称为退火。具有互补序列的两条单链核酸都可互补形成双链：DNA/DNA、RNA/DNA、RNA/RNA。

复性后的 DNA，理化性质都能得到恢复。但倘若 DNA 热变性后快速冷却，则不能复性。

影响复性速度的因素如下。

（1）DNA 浓度　DNA 浓度越高，复性速度越快。

（2）DNA 片段大小　DNA 片段越大，扩散速度越低，使 DNA 片段线状单链相互发现互补的机会就越少。因此，有时将 DNA 片段切成小片段，再进行复性。

（3）温度　温度过高不利于复性。

（4）DNA 顺序的复杂性　简单的分子复性很快，如 polyd［T］和 polyd［A］由于彼此互补识别很快，能迅速复性，但顺序较复杂的 DNA 分子复性则较慢，因此，通过变性速率的研究，可以了解 DNA 顺序的复杂性。

DNA 的变性和复性如图 2－25 所示。

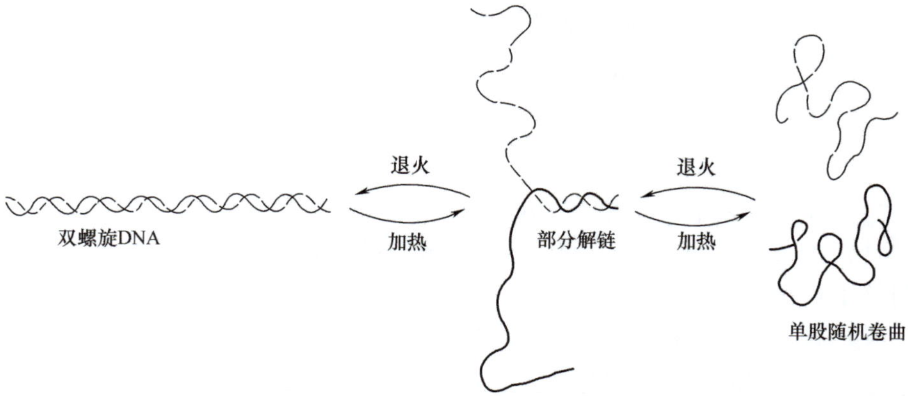

图 2－25　DNA 变性和复性

二、核酸探针的概念与种类

化学及生物学意义上的探针，是指能与特异靶分子之间发生特异性反应并带有供反应后检测的合适标记物的分子。抗体－抗原、生物素－抗生物素蛋白、生长因子－受体的相互作用都可以看作是探针与靶分子间的特异性反应。核酸探针，就是用放射性同位素、生物素或荧光染料进行标记的已知序列的核酸片段，可用于分子杂交，杂交后通过放射自显影、荧光检测或显色技术，使杂交区带显现出来。

根据标记物的不同，核酸探针可以简单分为放射性探针和非放射性探针两大类。根据探针的来源及核酸性质不同，又可分为 DNA 探针、RNA 探针、cDNA 探针及寡核苷酸探针等。

1. DNA 探针

DNA 探针是指长度在几百碱基对以上的双链 DNA 或单链 DNA 探针，是最常用的核酸探针，包括细菌、病毒、原虫、真菌、动物和人类细胞的 DNA 探针。这类探针多为某一基因的全部或部分序列，或者某一非编码序列。

DNA 探针（包括 cDNA 探针）的优点如下。

（1）这类探针多克隆在质粒载体中，可以无限繁殖，取之不尽，制备方法简便。

（2）不易降解（相对 RNA 而言），一般能有效抑制 DNA 酶活性。

（3）DNA 探针的标记方法较为成熟，有多种方法可供选择，如缺口平移、随机引物法等，能用于同位素和非同位素标记。

2. cDNA 探针

cDNA 是指互补于 mRNA 的 DNA 分子，以此制作的 DNA 探针称为 cDNA 探针。

cDNA 是由逆转录酶催化而产生的。该酶以 RNA 为模板，根据碱基配对原则，按照 RNA 的核苷酸顺序合成 DNA（其中 U 与 A 配对）。这一途径与一般遗传信息流的方向相反，称为反向转录或逆转录。

逆转录酶普遍存在于 RNA 病毒中，也存在于哺乳动物的胚胎细胞和正在分裂的淋巴细胞中。逆转录酶的作用是以 dNTP 为底物，RNA 为模板，tRNA（主要是色氨酸 tRNA）为引物，在 tRNA 的 3′端上，沿 5′→3′方向，合成与 RNA 互补的 DNA 单链，称为互补 DNA（cDNA）。单链 cDNA 与模板 RNA 形成 RNA－DNA 杂交体，随后在 RNase H 活性作用下水解 RNA 链，cDNA 单链的 3′末端回折形成一个小引物末端，再以第一条 cDNA 链为模板合成第二条 DNA 链，完成逆转录全过程。

逆转录现在已成为一项重要的分子生物学技术，广泛用于基因的克隆和表达。从逆转录病毒中提取的逆转录酶已经商品化，最常用的有 AMV 逆转录酶。利用真核 mRNA 的 3′端存在一段聚腺苷酸尾，可以合成一段寡聚胸苷酸［oligo（dT）］用作引物，在逆转录酶催化下合成互补于 mRNA 的 cRNA 链，然后再用 RNase H 将 mRNA 消化掉，再加入大肠杆菌的 DNA 聚合酶 Ⅰ 催化合成另一条 DNA 链，即完成了从 mRNA 到双链 DNA 的逆转录过程。

cDNA 探针是目前应用最为广泛的一种探针。

3. RNA 探针

RNA 探针是一类很有前途的核酸探针，由于 RNA 是单链分子，所以它与靶序列的杂交反应效率极高。早期采用的 RNA 探针是细胞 mRNA 探针和病毒 RNA 探针，这些 RNA 是在细胞基因转录或病毒复制过程中得到标记的，标记效率往往不高，且受到多种因素的制约。

目前，RNA 探针主要用于研究，而不是用于检测。例如，在筛选逆转录病毒人类免疫缺陷病毒（HIV）的基因组 DNA 克隆时，因无 DNA 探针可利用，就利用 HIV 的全套标记 mRNA 作为探针，成功地筛选到多株 HIV 基因组 DNA 克隆。又如进行中的转录分析时，在体外将细胞核分离出来，然后在 $\alpha-{}^{32}P-ATP$ 的存在下进行转录，所合成的 mRNA 均掺入同位素而得到标记，此混合 mRNA 与固定于硝酸纤维素滤膜上的某一特定基因的 DNA 进行杂交，便可反映出该基因的转录状态，这是一种反向探针实验技术。

值得一提的是，通过改变外源基因的插入方向或选用不同的 RNA 聚合酶，可以控制 RNA 的转录方向，即以哪条 DNA 链为模板转录 RNA，可以得到同义 RNA 探针（与 mRNA 同序列）和反义 RNA 探针（与 mRNA 互补），反义 RNA 又称 cRNA。cRNA 除可用于反义核酸研究外，还可用于检测 mRNA 的表达水平。在这种情况下，因为探针和靶序列均为单链，所以杂交的效率要比 DNA - DNA 杂交高几个数量级。

RNA 探针除可用于检测 DNA 和 mRNA 外，还有一个重要用途。在研究基因表达时，常常需要观察该基因的转录状况。在原核表达系统中外源基因不仅进行正向转录，有时还存在反向转录（即生成反义 RNA），这种现象往往是外源基因表达不高的重要原因。另外，在真核系统中，某些基因也存在反向转录，产生反义 RNA，参与自身表达的调控。在这些情况下，要准确测定正向和反向转录水平就不能用双链 DNA 探针，而只能用 RNA 探针或单链 DNA 探针。

上述三种探针均是可克隆的，又可称为克隆探针。一般情况下，只要有克隆探针，就不用寡核苷酸探针。在 DNA 序列位置而必须首先进行克隆以便绘制酶谱和测序时，也常应用克隆。与寡核苷酸探针相比，克隆探针由于其较长的序列、复杂度高、随机碰撞互补序列的机会少而表现出特异性强的优点，且因为可掺入的检测标记基团更多而能获得更强的杂交信号。

4. 寡核苷酸探针

寡核苷酸探针是人工合成的、与已知基因互补的、十几个到几十个核苷酸的片段。若不知核酸序列，可根据蛋白质的氨基酸顺序倒推出核酸顺序，但要考虑到密码子的简并性。常用的寡核苷酸探针有三种：特定序列的单一寡核苷酸探针，较短而简并性较高的成套寡核苷酸探针，较长而简并性较低的成套寡核苷酸探针。

人工合成的寡核苷酸探针有下述优点。

（1）短的探针比长探针杂交速度快，可以在短时间内大量制备。

（2）能在合成中进行标记，制成探针。

（3）可合成单链探针，避免了双链 DNA 探针在杂交中的自我复制，提高杂交效率。

（4）能检测小 DNA 片段，可用于严格杂交条件下序列中错配单碱基对的检测。

寡核苷酸探针的使用原则如下。

（1）长度　多为 18 ~ 50bp，过长会延长杂交时间，合成量低；过短会降低特异性。

（2）碱基成分　G + C 含量为 40% ~ 60%，超出此范围会增加非特异性杂交。

（3）结构　分子内不应存在互补区，否则会出现抑制杂交的“发夹”结构。

(4) 避免单一碱基的重复出现(不能多于4个),如—CCCC—。

(5) 如果有选定的序列更符合上述标准,最好将序列与核酸库中的核酸序列比较,探针序列应与含靶序列的核酸杂交,而与非靶序列的同源性不能超过70%或有连续8个或更多的碱基的同源,否则,不能使用该探针。

三、探针标记

探针的标记方式有放射性标记和非放射性标记。标记物质有放射性元素(如^{32}P、^{35}S等)和非放射性物质(如生物素、地高辛等)。采用放射性标记的探针灵敏度高,但由于放射性污染、半衰期短、需要特别的安全防护条件等,限制了这种标记探针的广泛应用。因此,非放射性标记的探针越来越引起关注。

1. 放射性标记

传统的放射性标记物是同位素,常用的有^{32}P dNTP、^{3}H dNTP、^{35}S dNTP。其优点是灵敏性高、特异性好。^{32}P是最常用的核苷酸标记同位素,具有比活性高、发射的β射线强、自显影时间短,灵敏度高的特点,一般可达到0.5~5pg或更低浓度核酸的检测水平,能检测极少量或拷贝数少的基因组。采用放射性自显影,样品中存在的无关核酸或非核酸成分不会干扰检测结果,准确率高,假阳性率低。^{32}P的半寿期短,虽使用不方便,但为废弃物的处理减轻了压力。

放射性标记的缺点也十分突出,表现为如下。

(1) 半衰期短,必须经常标记探针。如^{32}P的半衰期只有14.3d,放射强度逐日变化;^{35}S的半衰期虽然有88d,但衰变能量只有^{32}P的1/10,灵敏度较低,只能用于多拷贝基因的检测。^{3}H的半衰期虽然长达12.26年,但衰变能量低,灵敏度太低。

(2) 费用高、检测时间长。

(3) 其他 放射性同位素对人体有害,实验室和环境易被污染,放射性废物处理困难,推广使用受到限制。

2. 非放射性标记

非放射性标记法优点在于无放射性污染、稳定性好、探针可长时间保存,缺点是灵敏度和特异性不高。目前应用较多的非放射性标记物是生物素和地高辛,也有酶类、荧光素等。

(1) 生物素标记探针 生物素是一种小分子水溶性维生素,又名辅酶R或维生素H,对亲和素有独特的亲和力。亲和素是一种碱性的四聚体糖蛋白,其每个亚基都能结合一个生物素分子。生物素能与亲和素形成专一、稳定的复合物,这种结合非常迅速,而且能通过连接在亲和素上的显色物质(如酶、荧光素等)进行检测,并能放大检测信号。

使用生物素标记的核酸探针时,需注意不能用酚法纯化探针,因为结合在探针上的生物素能使DNA进入酚相。

血凝素与生物素也有非常高的亲和性，当血凝素标记上过氧化物酶或碱性磷酸酶后，经杂交反应最终形成探针－生物素－血凝素酶复合物（ABC 法），酶催化底物显色生成不溶物，以便观测结果。

（2）地高辛标记探针　地高辛（Digoxigenin，Dig－）又称异羟基洋地黄毒苷配基，是一种类固醇半抗原分子，可利用其抗体进行免疫检测。但这种类固醇半抗原仅限于洋地黄类植物，其抗体与其他任何固醇类似物如人体中的性激素等无交叉反应，避免了采用其他半抗原做标记可能带来的背景问题。地高辛可通过一个含 11 个碳原子组成的连接臂，与 dUTP 嘧啶环上的第 5 个碳原子相连，形成带有标记的尿嘧啶核苷酸（Dig－11－dUTP）。再利用末端转移酶在单链 3′端直接添加 Dig－11－dUTP，从而使地高辛掺入到序列末端，达到标记的目的。

地高辛标记核酸探针的检测灵敏度可与放射性同位素标记的相当，而特异性优于生物素标记，是目前应用最广泛的非放射性标记探针。

（3）酶类探针　主要有辣根过氧化物酶（HRP）和碱性磷酸酶（AP），也有使用酸性磷酸酶和 β－半乳糖苷酶。可将辣根过氧化物酶或碱性磷酸酶直接标记在探针上，利用酶的化学反应显色或光化学反应进行自显影。

（4）荧光素探针　荧光素标记物有异硫氰酸荧光素（FITC）、羟基香豆素、罗丹明等。它是一类能在激发光作用下发射出荧光的物质，荧光素与核苷酸结合后即可作为探针标记物，主要用于原位杂交检测。荧光素标记探针可通过荧光显微镜观察检出，或通过免疫组织化学法来检测，如荧光原位杂交技术（FISH）。

（5）光密度或电子密度标记物　利用重金属（如 Au、Ag）的高电子密度，可在电子显微镜下进行检测。

3. 探针标记方法

（1）切口平移标记法　利用 DNA 聚合酶 Ⅰ 能修复 DNA 链的功能，先由 DNase Ⅰ 在 DNA 双链上随机切出切口，然后用 DNA 聚合酶 Ⅰ 沿切口水解 5′端核苷酸，将旧链从切口处逐步切除，同时在 3′端修补上核苷酸，合成新链，从而使切口沿 DNA 链平行推移，反应液中含有标记物的核苷酸被修补插入新合成的 DNA 链中，得到标记的 DNA 探针（图 2－26）。

切口平移法适合于放射性探针和非放射性探针的标记，具有快速、简便、成本相对较低、比活性相对较高、标记均匀的特点，多用于大分子 DNA 标记（＞1000bp），DNase Ⅰ 的用量和 DNA 聚合酶 Ⅰ 的质量会影响产物片段的大小，但单链 DNA、RNA 不能用该法标记。

（2）随机引物法　随机引物是指含有各种可能排列顺序的寡聚核苷酸片段的混合物，可以与任意核苷酸序列杂交，起到聚合酶反应的引物作用。其原理是使 6～8bp 的寡核苷酸片段与变性的 DNA 或 RNA 模板退火，在 DNA 聚合酶或反转录酶的作用下，以每一个退火到模板上的寡核苷酸片段为引物引发 DNA 链的合成，在反应体系中时将 $\alpha-{}^{32}P-dNTP$ 掺入合成链，即得到标记。变性处理后，新合成链（探针片段）与模板解离，即形成放射性同位素标记的 DNA 探针（图 2－27）。因为所用的寡核苷酸链片段很短，在低温下可与模板 DNA 随机发生退火反应，故称为随机引物。

随机引物法可代替切口平移法，无论大小、单双的 DNA 均可以标记，标记均匀，标记率高，但不能标记环状 DNA。随机引物法标记的探针一般长 400～600bp。

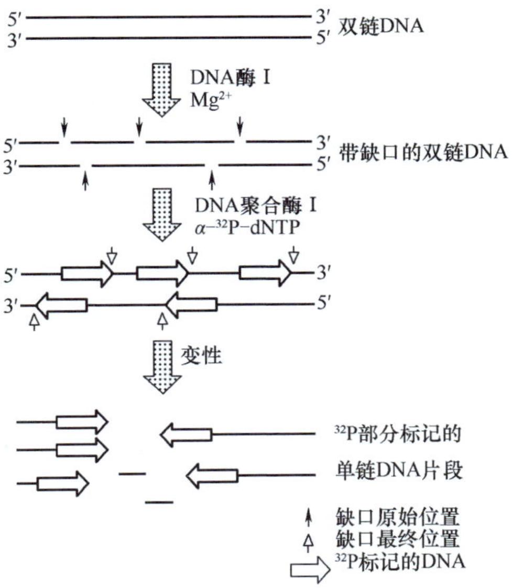

图 2－26　切口平移标记法原理

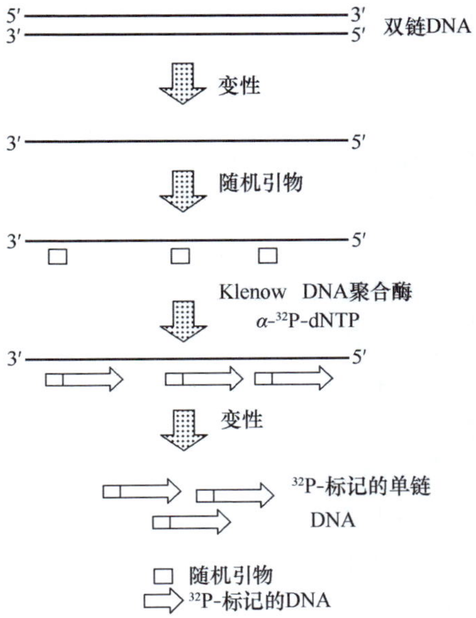

图 2－27　随机引物标记法原理

（3）末端标记法　又称为尾标法，利用末端转移酶来进行，标记在 3′端或 5′端上。如，在大肠杆菌 T4 噬菌体多聚核苷酸激酶（T4PNK）的催化下，将 $\gamma-{}^{32}P-ATP$ 上的磷酸连接到寡核苷酸带有羟基的 5′端上；也可利用 Klenow 片段（DNA 聚合酶 I 大片段，保留有 DNA 聚合酶 I 的 5′→3′聚合酶和 3′→5′外切酶活性，缺少 5′→3′外切酶活性）可以填补由限制酶消解 DNA 所产生的凹陷 3′端。因此，用这种方法可以标记双链 DNA 的凹陷 3′端。用 Klenow 片段标记末端一般只用一种 $\alpha-{}^{32}P-dNTP$，加入反应的 $\alpha-{}^{32}P-dNTP$ 取决于 DNA 末端延伸的 5′端序列。

尾标适用于寡核苷酸探针标记，而寡核苷酸探针多用于核酸“点”突变的检测，该探针可用核酸合成仪人工合成，克隆出的探针一般较长，特异性好，标记量大，杂交的检出信号强。

（4）酶直接标记法　以辣根过氧化物酶为例，其先与对苯醌（PBQ）结合，再利用对苯醌的活化基团与聚乙烯亚胺（PEI）结合，形成带大量正电荷的

HRP－PBQ－PEI 复合物。复合物再与带负电荷的 DNA 片段结合，再利用交联剂戊二醛的酰胺键，共价结合交联在一起，形成稳定的酶－DNA 复合物探针。标记后一个 DNA 探针分子上可以带有多个酶分子。一般情况下，利用酶法标记的探针杂交后，往往还需要结合化学发光法获得杂交信号。

除上述标记法外，探针的制备和标记还可通过 PCR 反应直接完成。

四、分子杂交的基本方法

按照作用环境的不同，分子杂交作用可大致分为液相杂交和固相杂交两种类型。

液相杂交是指所参加反应的两条核苷酸链都游离在溶液中，这种杂交类型研究最早，操作较复杂，杂交反应后溶液中存在过量的未杂交探针，较难除去，且杂交误差较高。近年来液相杂交技术有所发展，杂交步骤有所简化，杂交速度有所提高，增加了特异性和敏感性，但与临床诊断所要求的特异性和敏感性还有一定的距离，不如固相杂交的应用那样普遍。

固相杂交是将参加反应的一条核酸链先固定在固体支持物上，另一条核酸链游离在溶液中，杂交反应后，未杂交的游离片段可容易地漂洗除去，固相（膜）上留下的杂交物容易被检测，且能防止靶 DNA 自我复性。这些优点使得固相杂交技术发展很快，成为目前最为常用的分子杂交技术。固相支持物常用硝酸纤维素膜（NC 膜）或尼龙膜，依此不同又可分为膜上印迹杂交和原位杂交。

膜上印迹杂交包括三个基本过程：第一，通过印迹技术将核酸片段转移到固相支持物上；第二，用标记探针与支持物上的核酸片段进行杂交；第三，杂交信号的检测。

用探针对细胞或组织切片中的核酸进行杂交并检测的方法称为核酸原位杂交，其特点是：靶分子固定在细胞中，细胞固定在载玻片上，以固定的细胞代替纯化的核酸，然后将载玻片浸入溶有探针的溶液里，探针进入组织细胞与靶分子杂交，而靶分子仍固定在细胞内。例如，可用特异性的细菌、病毒的核酸作为探针对组织、细胞进行原位杂交，以确定有无该病原体的感染等。原位杂交不需从组织中提取核酸，对于组织中含量极低的靶序列有极高的敏感性，在临床应用上有独特的意义。

各种杂交技术中，膜上印迹杂交技术应用最为广泛，又分成 Southern 印迹、Northern 印迹、虹吸印迹、电转移、真空印迹和斑点印迹等方法。原位杂交也分为菌落原位杂交和组织原位杂交等。

五、印迹杂交

1. Southern 印迹杂交

1975 年，英国人 E. M. Southern 首先提出印迹杂交的原理，Southern 印迹杂交（Southern blot）法由此而得名。Southern 印迹杂交的基本方法是：先用限制性内切酶对 DNA 样品进行酶切处理，经琼脂糖凝胶电泳将所得 DNA 片段按相对分子质量大小分离，接着对凝胶进行变性处理，使双链 DNA 解离成单链，并将其转移到 NC 膜或其他固相支持物上，转移后各 DNA 片段的相对位置保持不变，附着在滤膜上的 DNA 与标记的探针杂交，再通过相应的方法检测与探针互补的每一条 DNA 带的位置，从而可以确定在众多消化产物中含某一特定序列的 DNA 片段的位置和大小。

由上可知，Southern 印迹杂交技术包括两个主要过程：一是将待测定核酸分子通过一定的方法转移并结合到一定的固相支持物（如 NC 膜或尼龙膜）上，即印迹；二是固定于膜上的核酸同位素标记的探针在一定的温度和离子强度下退火，即分子杂交过程。早期的 Southern 印迹是将凝胶中的 DNA 变性后，经毛细管的虹吸作用，转移到 NC 膜上。近年来，在印迹方法和固定支持滤膜等方面都有了很大的改进。印迹方法有电转移法、真空印迹法等，滤膜则发展了尼龙膜、化学活化膜（如 APT、ABM 纤维素膜）等。

Southern 印迹杂交是研究 DNA 图谱的基本技术，可鉴定待测 DNA 的大小，进行克隆基因的酶切图谱分析、基因组中某一基因的定性及定量分析、基因突变分析及限制性片段长度多态性分析（RFLP）等，在遗传病诊断、DNA 图谱分析及 PCR 产物分析等方面有重要价值。

依据将凝胶中的核酸片段印迹到滤膜的方法的不同，印迹转移的方法有三种：虹吸印迹法、电转移印迹法和真空印迹法。

（1）虹吸印迹法　这是传统的印迹转移方法，根据毛细管虹吸作用的原理由转移缓冲液带动使在电泳凝胶中分离的 DNA 片段转移到固相支持物表面（结合在适当的滤膜上）。如图 2－28 所示，转移槽中央平台上由下到上依次叠放变性凝胶、滤膜、一叠干的吸水纸巾；凝胶与转移缓冲液通过一纸桥连接；依靠纸巾吸水而产生的毛细管作用，液体通过凝胶，携带的 DNA 片段聚集在滤膜上。再通过与已标记的单链 DNA 或 RNA 探针的杂交作用，来检测被转移的 DNA 片段。

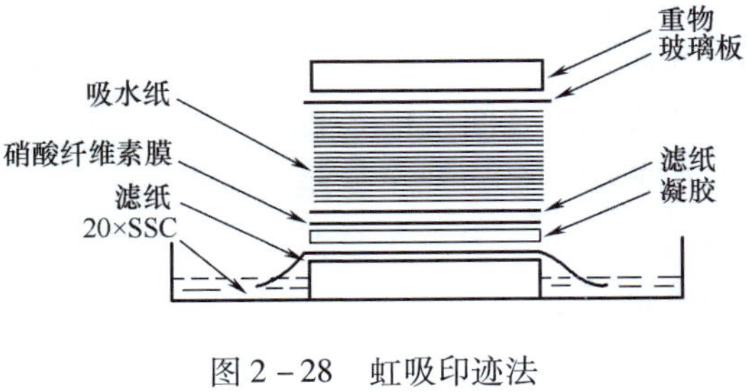

图 2－28　虹吸印迹法

虹吸印迹的基本操作步骤是：提取 DNA 片段→琼脂糖凝胶电泳分离→碱变性液浸泡→中和液漂洗→室温下 DNA 印迹转移→80℃下烘烤 1～2h（或短波紫外线交联法）固定 DNA→与标记探针杂交→显影分析。这一过程需要注意以下几点。

①平铺的滤纸需事先用 20×SSC（氯化钠和柠檬酸钠混合液）饱和，下层滤

纸比凝胶稍大，上层滤纸与凝胶一般大小即可，而且与凝胶接触的层面不能留有任何气泡，否则会严重影响 DNA 转移效果。

②重物的质量不可过大，否则会将凝胶压碎，一般在 400 ~ 500g。

③转移过程中需更换 2 ~ 3 次吸水纸，以保证 DNA 转移得充分。

④此膜转移后即可用于下一步的杂交反应，如果不马上使用，可用保鲜膜包好，室温下置真空中保存备用。如果时间较长，则置于 20℃。

⑤该方法对于相对分子质量较大的片段效果不是很理想，为保证转移效果，分子质量超过 10kb 的片段转移的时间需更长些。

由于经典的利用毛细管虹吸作用的转移法转移效率不高，特别是对于相对分子质量较大的 DNA 片段，需要长时间转移。目前大多数实验室采用电转移法和真空转移法。

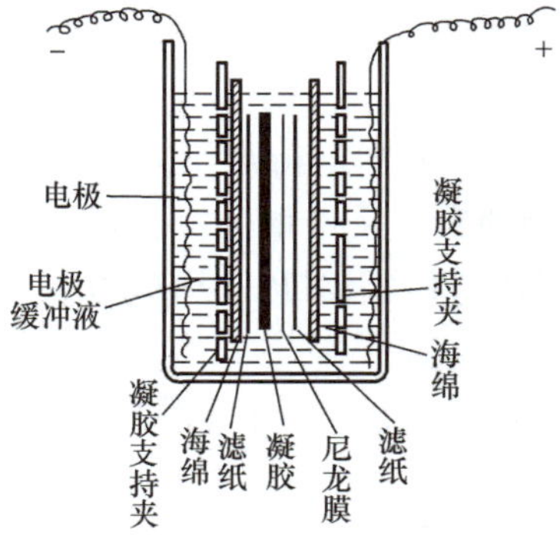

图 2 – 29　电转移印迹法

（2）电转移印迹法　电转移印迹法的原理是利用电场的电泳作用将凝胶中的 DNA 转移到固相支持物上，可达到简单、迅速、高效的目的（图 2 – 29），一般只需 2 ~ 3h 即可完成转移过程，特别适用于虹吸法不理想的大片段 DNA 的转移。电转移法对使用的滤膜有一定的限制，不宜采用 NC 膜。这是因为 NC 膜结合 DNA 依赖于高浓度的盐溶液，而高盐溶液的导电性极强，产生的强大电流会使转移体系的温度急剧升高，破坏 DNA。一般使用化学活化膜和正电荷修饰的尼龙膜。此外，电转过程中转移体系温度会升高，必须使用循环冷却水。商业化的电转仪一般附有冷却设备，也可在冷室中进行。具体操作时，按仪器使用说明安装电转移装置，将变性凝胶夹在转移膜内平行电极内侧的多孔板之间，排除夹层间气泡，加入转移缓冲液并通电进行电转移。

（3）真空印迹法　这是近年来发展起来的一种简单、快速、高效的 DNA 和 RNA 印迹法。其基本原理是利用真空作用将转膜缓冲液从凝胶上层的容器抽到下层真空室中，凝胶中的核酸片段将随缓冲液移置到凝胶下面的固相支持物（尼龙膜或硝酸纤维素膜）上，如图 2 – 30 所示。这一方法的最大优点是快速、高效，可在转膜的同时进行 DNA 的变性与中和，整个过程只需 0.5 ~ 1h，适合检疫工作的要求。市场上已经有商业化的

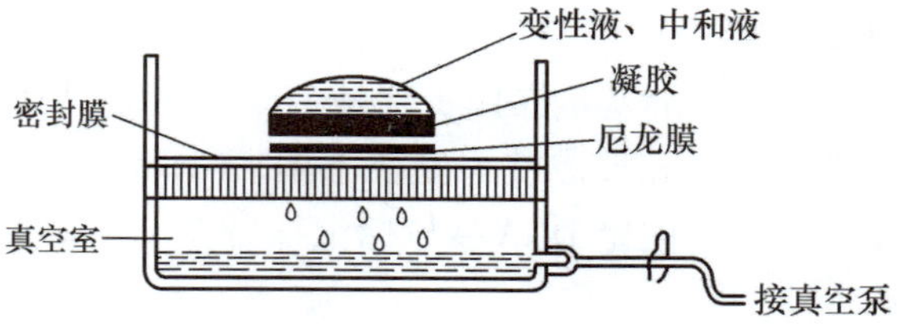

图 2 – 30　真空印迹法

真空转移仪提供，可按商品使用说明进行操作。

Southern 印迹后的滤膜仍需进行固定处理，对 NC 膜可用 80℃ 真空烘烤 2h，对尼龙膜还可用短波紫外线（波长 254nm）照射几分钟。

2. Northern 印迹杂交

Southern 印迹杂交主要用于 DNA 的印迹，RNA 印迹技术正好与之相对应，称为 Northern 印迹杂交。与此相似的蛋白质印迹技术，则被称为 Western 印迹杂交。

Northern 印迹的方法与 Southern 印迹基本相同，可参照进行，但 RNA 的变性方法与 DNA 不同。DNA 样品可先通过凝胶电泳进行分离，再用碱处理凝胶使 DNA 变性。而 RNA 不能用碱变性，因为碱会导致 RNA 水解。因此，在 Northern 印迹前，需先进行 RNA 变性电泳，在电泳过程中使 RNA 解离形成单链分布在凝胶上，再进行印迹转移。

RNA 变性电泳的原理是：用一定剂量的乙二醛 - 二甲基亚砜、甲醛或甲基氧化汞等处理 RNA 样品和凝胶，使双链 RNA 在电泳过程中变性而完全解离形成单链。

还有以下几点需注意。

（1）RNA 分子较小，不需进行限制性内切酶切割。

（2）转印后不能用低盐缓冲液洗膜，否则 RNA 会被洗脱。

（3）胶中不能加入 EB，因为其影响 RNA 与 NC 膜的结合。

（4）操作中应避免 RNase 的污染。

RNA 样品经 Northern 印迹杂交反应，可鉴定其中特异 mRNA 分子的量与大小。

3. 斑点印迹杂交

这是检测核酸片段的另一种方法，是在 Southern 印迹杂交的基础上衍生出来的（图 2 - 31）。根据杂交点形状的不同，可分为斑点杂交与狭缝杂交，前者印迹为圆形，后者印迹为线状（图 2 - 32）。两种方法的基本原理和操作步骤相同，即直接点样于 NC 膜或尼龙膜上，或者通过特殊的加样器将变性的 DNA 或 RNA 核酸样品转移到适当的杂交滤膜上。为使核酸牢固结合在膜上，通常还将点样后的膜置于 80℃ 真空烘烤 2h，然后再与核酸探针分子进行杂交以检测核酸样品中是否存在目的基因。一般来说，斑点法更清晰，定量更为准确。

斑点印迹杂交不需要电泳和转移，具有简单、快速、经济的优点，可在一张杂交膜上同时进行多个样品的检测，适用于检测粗提核酸样品，多用于基因组中特定基因及其表达情况的定性和定量研究，但不能鉴定所测基因的相对分子质量，且特异性不高，有一定比例的假阳性。

也可将序列特异的探针先点到膜上，再用带上标记的待测 DNA 片段进行斑点杂交分析，这种方法称为反向斑点杂交（reverse dot blot，RDB），其好处在于可以同时进行多行、多个序列的分析，批量较正向杂交大。

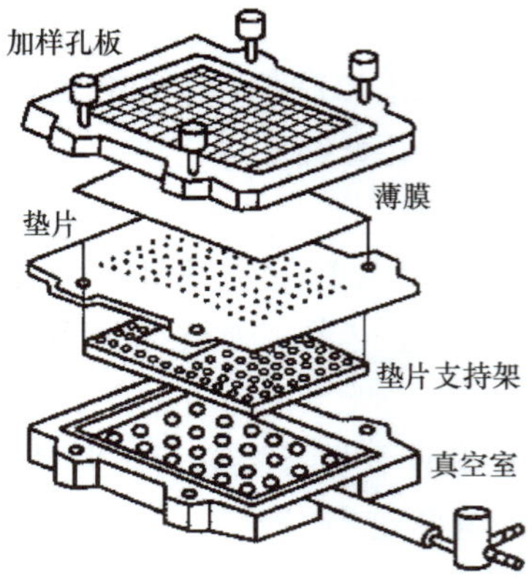

图 2-31　斑点印迹示意图

图 2-32　斑点及狭缝杂交示意图

4. 预杂交与杂交信号检测

完整的印迹杂交反应还需要有预杂交、杂交、漂洗和信号检测等几步操作。

（1）预杂交　预杂交的目的是用非特异性 DNA 分子（如鲑精 DNA 或小牛胸腺 DNA）及其他高分子化合物（如 Denhardt's 溶液），将待测核酸分子中的非特异性位点封闭，以避免这些位点与探针的非特异性结合。

杂交反应是使单链核酸探针与固定在膜上的待测核酸单链，在一定温度和条件下进行复性反应的过程。

杂交反应结束后，应进行洗膜处理以洗去非特异性杂交以及未杂交的标记探针，以避免干扰特异性杂交信号的检测。待膜洗净后，再继续进行杂交信号的检测。

下面以放射性标记探针与固定在 NC 膜上的核酸进行杂交为例，说明杂交反应的操作过程。

（1）配制试剂：包括 20 × SSC 溶液（3mol/L NaCl、0.3mol/L 柠檬酸钠），50 × Denhardt's 溶液（聚蔗糖 5g、聚乙烯吡咯烷酮 5g、牛血清白蛋白 5g，加水至 500mL），预杂交液（6 × SSC，5 × Denhardt's 溶液，0.5% SDS，100mg/mL 经变性或断裂成片段的鲑精 DNA）。

（2）将含靶核酸的 NC 膜漂浮于 6 × SSC 液面，使其由下至上完全湿润后，再继续浸泡 2min。

（3）将湿润 NC 膜装入塑料袋中，按 0.2mL/cm^2的量加入预杂交液，尽可能挤出气泡，将袋封口，置 68℃水浴 1 ~ 2h 或过夜。

（4）将双链探针做变性处理使之成为单链，于 100℃加热 5min 后，立即置冰浴骤冷。

（5）取出杂交袋，剪去一角，将单链探针加入后，尽可能挤出袋内空气，重新封口；再将杂交袋装入另一个干净的袋内封闭（防止放射性污染）后，浸入 68℃水浴。

（6）温育8～16h后，取出杂交袋，剪开，将滤膜迅速浸泡于大量2×SSC和0.5%SDS中，室温振荡5min，注意勿使滤膜干燥。

（7）将NC膜移入盛有大量2×SSC和0.1%SDS的容器中，室温漂洗15min。

（8）将NC膜移入盛有大量0.1×SSC和0.5%SDS的容器中，37℃漂洗0.5～1h。

（9）将NC膜移入盛有新配0.1×SSC和0.5%SDS的容器中，68℃漂洗0.5～1h。

（10）取出滤膜，用0.1×SSC室温稍稍漂洗，然后置滤纸上吸去大部分液体，待做杂交信号的检测。

（2）杂交信号检测　当探针是放射性标记时，杂交信号的检测通过放射自显影进行，即利用放射线在X光片上的成影作用来检测杂交信号。操作时，在暗室内将滤膜与增感屏、X光片依序放置于暗盒中，再将暗盒置－70℃曝光适当时间，取出X光片，进行显影和定影处理。

对于非放射性标记的探针，则需将非放射性标记物与检测系统偶联，再经检测系统的显色反应来检测杂交信号。以地高辛的碱性磷酸酶检测反应为例，杂交反应结束后，地高辛与加入的碱性磷酸酶标记的抗Dig抗体，在膜上的杂交位点处形成酶标抗体Dig复合物，此时再加入酶底物如氮蓝四唑盐（NBT）和5－溴－4－氯－3－吲哚酚磷酸甲苯胺盐（BCIP），在酶促作用下，底物开始显蓝紫色。通过底物显色程度的深浅、有无来确定杂交反应的结果。

六、原位杂交

原位杂交是指将特定标记的已知顺序核酸作为探针，与细胞或组织切片中的核酸进行杂交，从而对特定核酸顺序进行精确定量定位的过程。原位杂交可以在细胞标本或组织标本上进行。换句话说，原位杂交就是使用DNA或者RNA探针，来检测与其互补的另一条链在细菌或其他真核细胞中的位置。

1. 菌落原位杂交

菌落原位杂交最早于1975年被提出，其制样方法与Southern印迹完全不同，利用DNA探针与菌落中的相应DNA进行复性杂交而加以检测。这是一种将分子杂交与组织化学相结合的技术，也称杂交组织化学、细胞杂交或原位组织化学。

菌落原位杂交技术是直接把菌落或噬菌斑印迹转移到NC膜或尼龙膜上，不必进行核酸分离纯化、限制性核酸内切酶酶切及凝胶电泳分离等操作，经溶菌和变性处理后使DNA暴露出来并与滤膜原位结合（如裂解滤膜上的菌落以释放出DNA，再将DNA烘干固定于膜上），再与^{32}P标记的特异性DNA或RNA探针杂交，放射自显影检测菌落杂交信号，并与平板上的菌落对位。

这种方法具有以下特点：特异性高，可以精确定位；能在成分复杂的组织中进行单一细胞的杂交。而不受同一组织其他成分的影响；不需要从组织中提取DNA，可完整地保持组织与细胞的形态，对于组织中低含量的靶序列有极高的敏感性。

2. 组织原位杂交

通常所简称的原位杂交，指的是组织原位杂交。与需裂解细菌释出 DNA 的菌落原位杂交方法不同，这指的是组织或细胞内的原位杂交，即将组织或细胞经适当处理后，使细胞通透性增加，让探针进入细胞内与 DNA 或 RNA 杂交，可以确定探针的互补序列在胞内的空间位置，这一点具有重要的生物学和病理学意义。

例如，对致密染色体 DNA 的原位杂交可用于显示按规定序列的位置，对分裂期间核 DNA 的杂交可研究特定序列在染色质内的功能排布，与细胞 RNA 的杂交可精确分析任何一种 RNA 在细胞中和组织中的分布。此外，原位杂交还是显示细胞亚群分布和动向及病原微生物存在方式和部位的一种重要技术。

用于原位杂交的探针可以是单链或双链 DNA，也可以是 RNA 探针。通常探针操作的长度以 100 ~ 400nt 为宜，过长则杂交率减低。最近研究结果表明，寡核苷酸探针（16 ~ 30nt）能自由出入细菌和组织细胞壁，杂交效率明显高于长探针，因此，寡核苷酸探针和不对称 PCR 标记的小 DNA 探针或体外转录标记的 RNA 探针是组织原位杂交优选探针。

探针的标记物可以是放射性同位素，也可以是非放射性生物素和半抗原等，放射性同位素中，^{3}H 和 ^{35}S 最为常用。^{3}H 标记的探针半衰期长，成像分辨率高，便于定位，缺点是能量低；^{35}S 标记探针活性较高，影像分辨率也较好；而 ^{32}P 能量过高，致使产生的影像模糊，不利于确定杂交位点。

原位杂交中，标本的固定条件是影响杂交效率的重要因素。标本组织蛋白质的消化程度对探针进入细胞极为重要，去除蛋白质的方法是，用 0.2mol/L HCl 处理载玻片，用蛋白酶 K 消化，然后用不同浓度的乙醇脱水。

组织原位杂交还是一种新技术，发展很快，在敏感性、特异性、稳定性上还需进一步完善和提高。

3. RNA 原位杂交

运用 cRNA 或寡核苷酸等探针来检测细胞和组织内 RNA 表达的组织原位杂交技术，称为 RNA 原位杂交组织化学或 RNA 原位杂交。其基本原理是：在细胞或组织结构保持不变的条件下，用标记的已知 RNA 核苷酸片段，按照碱基配对原则，与待测细胞或组织中相应的基因片段相结合（杂交），所形成的杂交体经显色反应后，在光学显微镜或电子显微镜下，观察其细胞内相应的 mRNA、rRNA 和 tRNA 分子。

RNA 原位杂交不同于 DNA 原位杂交，其主要区别如下。

（1）使用的探针不同　RNA 原位杂交中多采用 RNA 或寡核苷酸探针，避免了应用双链 DNA 探针在杂交反应中存在的两条链之间的复性和第二条链的竞争性杂交问题。cRNA - RNA 之间形成的杂交体要比 DNA - DNA、cDNA - RNA 杂交体性能稳定，在杂交反应后可用 RNA 酶洗脱，以除去未结合的探针，因此特异性更强。

（2）检测的目的不同　RNA 原位杂交检测和分析的对象主要是内源性基因，包括细胞内固有基因、异常基因和变异基因，以便正确反映组织与细胞之间的相互关系，以及功能和代谢状态，探索疾病发病机理，观察治疗的疗效和评估疾病的预后等；其次是检测外源性基因，以便获得病毒和细菌类型等病原学诊断。而 DNA 原位杂交主要是检测外源性基因。

（3）有较高的灵敏度　在检出细胞和组织内的低拷贝核苷酸时，RNA 原位杂交能获得较好定位，而 DNA 原位杂交则难以胜任。

RNA 原位杂交也存在某些不足之处，进行 RNA 原位杂交时，必须注意：选择、制备和标记探针应适合靶核酸和组织的特点，操作过程中必须有效防止组织和细胞内 RNA 的降解，并且操作中严防 RNA 酶的污染，判别杂交结果时不仅需要阳性和阴性对照，通常还需要通过 Northern 杂交和免疫组化来观测同一组织的冰冻切片和石蜡切片中基因及其产物两者表达之间的联系。

近年来，RNA 原位杂交技术经不断改进，得到了稳步发展，其应用领域已经远超出 DNA 原位杂交技术，尤其在基因分析和诊断方面能做定性、定位和定量分析，已成为最有效的分子病理学技术，同时在分析低丰度和罕见的 mRNA 表达方面已展示了分子生物学的一个重要方向。

4. 荧光原位杂交

荧光原位杂交（fluorescence in situ hybridization，FISH）是在放射性原位杂交技术的基础上发展起来的一种非放射性分子细胞遗传技术，也是原位杂交技术大家族中的一员，因其所用探针被荧光物质标记（间接或直接）而得名，该方法在 20 世纪 80 年代末被发明，现已从实验室逐步进入临床诊断领域。

FISH 的基本原理是用荧光标记取代同位素标记，荧光标记的核酸探针在变性后与已变性的靶核酸在退火温度下复性，将探针直接杂交到染色体或 DNA 纤维切片上，再用与荧光素分子偶联的单克隆抗体与探针分子特异性结合来进行 DNA 序列在染色体或 DNA 纤维切片上的定性、定位、相对定量分析，整个过程无需改变被分析对象（即维持其原位），即可对靶核酸进行分析，是一种新的原位杂交方法。

DNA 荧光标记探针是 FISH 最常用的一类核酸探针。利用此探针可对组织、细胞或染色体中的 DNA 进行染色体及基因水平的分析。荧光标记探针不对环境构成污染，灵敏度能得到保障，可进行多色观察分析，因而能同时使用多个探针，缩短因单个探针分开使用导致的周期过程和技术障碍。

FISH 具有安全、快速、灵敏度高的优点，探针能长期保存，探针标记物也越来越多，已经从单一荧光发展到多色荧光检测，不仅可以用于分裂相细胞，而且可以用于间期细胞检测，其临床应用前景越来越广阔。

技能要点

不完全互补的 DNA 片段之间（以及 DNA 片段与 RNA 片段之间）按照互补

碱基配对原则相互结合的过程称为分子杂交。这种基因操作技术具有高度的特异性，可利用已知序列的单链核酸（探针）与待测单链核酸进行分子杂交，测定出未知DNA片段的碱基序列，绘制出DNA分子的限制图谱，具有极高的灵敏性。DNA分子的变性与复性是分子杂交的基本原理。探针可以根据标记物的不同简单分为放射性探针和非放射性探针，也可根据来源及性质不同而分为DNA探针、RNA探针、cDNA探针及寡核苷酸探针等。探针的标记方式有放射性标记和非放射性标记。

按照作用环境的不同，分子杂交可大致分为液相杂交和固相杂交两种类型。固相杂交是目前普遍应用的分子杂交技术，常用硝酸纤维素膜（NC膜）或尼龙膜作为固相，包括膜上印迹杂交和原位杂交。膜上印迹杂交技术应用最为广泛，又分成Southern印迹、Northern印迹、虹吸印迹、电转移印迹、真空印迹和斑点印迹等方法。原位杂交也分为菌落原位杂交和组织原位杂交等。

实践练习

1. 要探知细胞内某一蛋白质的表达水平，可以通过哪种技术实现（　　）

   A　Southern印迹　　B　Northern印迹

   C　Western印迹　　D　原位分子杂交

2. cDNA探针是指（　　）

   A　互补于DNA的RNA分子　　B　互补于mRNA的DNA分子

   C　互补于tRNA的DNA分子　　D　互补于rRNA的DNA分子

3. 分子杂交技术的作用与意义是什么？
4. 常用的探针标记方法有哪些？
5. 膜上印迹杂交包括的基本过程有哪些？

项目六　基因扩增——基因操作的“通用技术”

学习目标

【学习目的】

学习基因扩增的操作技术，掌握PCR的原理和基本操作技能。

【知识要求】

掌握PCR操作的基本原理，熟悉PCR的反应体系和基本操作，了解PCR的结果分析和技术应用。

【能力要求】

熟悉PCR的反应特点，能实施PCR的基本操作。

基因是遗传的物质基础，储存着生物体生长、凋亡过程的全部信息。基因通过复制把遗传信息传递给下一代。基因操作的目的，就是将这些基因片段按照一定的规则进行人为地交换或重新组合。进行这种操作，首先需要大量的基因，然后才能进行后续操作。在自然条件下，生物体的自我繁殖过程，就是基因不断复制、传递的过程。显然，仅仅依靠生物体的自然繁育，或是从生物体内提取核酸物质，显然是无法满足基因操作需求的，还需要一个十分重要的“前奏曲”，这就是——基因扩增。

基因扩增是通过聚合酶链式反应（Polymerase Chain Reaction，PCR）来实现的，用于放大特定的DNA片段，可看作生物体外的特殊DNA复制。

1971年，Khorana等最早提出核酸体外扩增的设想：“经DNA变性，与合适的引物杂交，用DNA聚合酶延伸引物，并不断重复该过程便可合成tRNA基因。”但由于当时基因序列分析方法尚未成熟，热稳定DNA聚合酶尚未报道，以及引物合成的困难，这种想法没有得到落实。Khorana的设想被人们逐渐遗忘了。现今所发展出来的PCR是由Dr. Kary B. Mullis（图2－33）于1983提出的。1987年，PCR得到美国的专利权，PCR技术在生命科学中掀起了一场革命，并形成了巨大的市场。本节介绍PCR的原理、常用的各种PCR方法及主要应用范围。

图2－33　Kary B. Mullis

一、PCR的基本原理

DNA的半保留复制是生物进化和传代的重要途径。双链DNA在多种酶的作用下可以变性解旋成单链，在DNA聚合酶的参与下，根据碱基互补配对原则复制成同样的两个分子的拷贝。在实验中发现，DNA在高温时也可以发生变性解链，当温度降低后又可以复性成为双链。因此，可以通过温度变化来控制DNA的变性和复性，如果再加入设计引物、DNA聚合酶和dNTP，就可以完成特定基因的体外复制。

但是，DNA聚合酶在高温时会失活，因此，每次循环都得加入新的DNA聚合酶，不仅操作烦琐，而且价格昂贵，这使得这项技术的应用和发展受到很大制约。

耐热DNA聚合酶——Taq酶的发现，对PCR的应用有里程碑的意义。该酶可以耐受90℃以上的高温而不失活，不需要在每个循环中加酶，使PCR技术变得非常简捷，同时也大大降低了成本，PCR 技术得以大量应用。

DNA 在细胞中的复制过程比较复杂。参与复制的基本因素有：DNA 聚合酶、DNA 连接酶、DNA 模板、由引发酶合成的 RNA 引物、核苷酸原料、无机离子、合适的 pH，还有解开 DNA 的超螺旋及双螺旋等结构的若干酶与蛋白质因子等。

PCR 技术的基本原理类似于 DNA 的天然复制过程。可以认为，PCR 是在试管中进行的 DNA 复制反应，即，以单链 DNA 为模板，4 种 dNTP 为底物，在模板 3′末端有引物存在的情况下，用酶进行互补链的延伸，通过多次反复的循环，使微量的模板 DNA 得到极大程度的扩增。

PCR 与细胞内天然复制的不同之处在于：用耐热 Taq 酶取代 DNA 聚合酶，用合成的 DNA 引物替代 RNA 引物，用加热（变性）、冷却（退火）、保温（延伸）等方法改变温度来复制 DNA，反复进行变性、退火、延伸循环，就可使 DNA 无限扩增。“变性－退火－延伸”，这三个反应步骤构成了 PCR 的基本过程。

（1）变性　模板 DNA 经加热至≈95℃，其双链解离成为两条单链，以便于同引物结合，为后续反应做准备。

（2）退火　又称复性，模板 DNA 经加热变性成单链后，温度降至 55℃左右，引物与模板 DNA 单链的互补序列配对结合，形成 DNA 模板－引物结合物，即部分双链。

（3）延伸　在 72℃、DNA 聚合酶（如 Taq 酶）的作用下，DNA 模板－引物结合物以 dNTP 为反应原料，靶序列为模板，按碱基互补配对与半保留复制原理，沿 5′→3′方向延伸，合成一条新的与模板 DNA 链互补的半保留复制链。

重复循环“变性－退火－延伸”过程，就可获得更多的“半保留复制链”，而且这种新链又可成为下次循环的模板。每完成一个循环需 2～4min，2～3h 就能将待扩增目的基因扩增几百万倍。

二、PCR 的反应体系

PCR 反应过程需要 DNA 模板、4 种核苷酸、引物和 DNA 聚合酶的参与。此外，反应需要在适量的缓冲溶液中进行，必须有 Mg^{2+} 的参与，以及合适的温度。引物、模板、dNTP、酶和 Mg^{2+} 是 PCR 反应的五个要素。标准的 PCR 反应体系如表 2－15 所示。

表 2－15　标准的 PCR 反应体系

项目	引物	模板 DNA	4 种 dNTP	Taq 酶	Mg^{2+}	10×缓冲液	水
含量	各 10～100pmol（100μL）	0.1～2μg（100μL）	各 200μmol/L	2.5U（100μL）	1.5mmol/L	10μL（100μL）	定容

1. 引物

引物决定了 PCR 扩增产物的特异性和长度，是 PCR 特异性反应的关键。

PCR 产物的特异性取决于引物与模板 DNA 互补的程度。理论上，只要知道任何一段模板 DNA 序列，就能按其设计互补的寡核苷酸链做引物，利用 PCR 就可将模板 DNA 在体外大量扩增。

引物的选择将决定 PCR 产物的大小、位置以及扩增区域的 T_m 值。

引物 T_m 值与退火温度有关，可通过以下公式选择合适的温度：

$$T_m\text{ 值（解链温度）}=4(G+C)+2(A+T)$$

$$\text{复性温度}=T_m\text{ 值}-(5\sim10^{\circ}C)$$

PCR 反应中有两种引物，5′端引物与 3′端引物。5′端引物是指与模板 5′端序列相同的寡核苷酸，3′端引物是指与模板 3′端序列互补的寡核苷酸。

好的引物设计可以避免背景和非特异产物的产生，甚至在 RNA - PCR 中也能识别 cDNA 或基因组模板。引物设计也极大地影响扩增产量，合理的引物设计所得到的产物量可接近于理论产量值。引物设计应遵循以下原则。

（1）引物长度　要求有 16 ~ 30bp，一般为 20bp 左右。过短会影响 PCR 的特异性；引物过长则使延伸温度超过 Taq 酶的最适温度（74℃），亦会影响产物的特异性。

（2）引物扩增跨度　以 200 ~ 500bp 为宜，特定条件下可扩增长至 10kb 的片段。

（3）引物碱基分布　G + C 含量以 40% ~ 60% 为宜，太少扩增效果不佳，过多易出现非特异条带。四种碱基应随机分布，避免 3 个以上相同嘌呤或嘧啶核苷酸的连续排列。

（4）引物 3′端碱基　引物 3′端是引发延伸的点，不能错配。由于 ATCG 引起错配有一定规律，以 3′端 A 影响最大，因此，应避免在引物 3′端第一位碱基是 A；不应有连续 3 个 G 或 C，否则会使引物与核酸的 G 或 C 富集区错误互补，影响 PCR 特异性；也不要是编码密码子的第三个碱基，以免因为密码子第 3 位简并性而影响扩增特异性。

（5）引物内部结构　应避免出现二级结构和两条引物之间的互补（连续互补碱基不应多于 4 个，特别是 3′端），以免形成引物二聚体，产生非特异的扩增条带。

（6）引物特异性　引物应与核酸序列数据库的其他序列无明显同源性，一般来说，不要超过 70% 或连续 8 个互补碱基同源，否则导致非特异性扩增。

（7）引物修饰　引物中可以加上合适的酶切位点，这对酶切分析或分子克隆很有帮助。引物 5′端可以修饰，包括加酶切位点，用生物素、荧光物质、地高辛等标记，引入突变位点、启动子序列、蛋白质结合 DNA 序列等。

（8）引物量　引物浓度一般要求在 0.1 ~ 0.5μmol，以最低引物量得到所需结果为好，引物浓度偏高会引起错配和非特异性扩增，增加引物之间形成二聚体的机会。

选择好引物后，还需要对反应条件进行优化，比如调整 Mg^{2+} 浓度，使用特殊溶剂如二甲基亚砜、甲酰胺和甘油。在引物的设计上，不可能仅靠一种包罗万象的规则来确保 PCR 的成功，但遵循某些原则，有助于引物的设计。

2. 模板核酸

模板核酸的量与纯化程度，是 PCR 成败与否的关键环节之一。用于 PCR 的模板核酸可以是 DNA，也可以是 RNA。当用 RNA 作模板时，首先要进行反转录生成 cDNA，然后再进行正常的 PCR 循环。

核酸模板来源广泛，可以从培养细胞、细菌、病毒、组织、病理标本、法医学标本及考古标本等中提取。用作 PCR 反应的标本应进行纯化，除去杂质。

模板 DNA 投入量对于细菌基因组 DNA 一般在 1 ~ 10ng/μL，实验中模板浓度常常需要优化，一般可选择几个浓度梯度（浓度差以 10 倍为一个梯度）。在 PCR 反应中，过高的模板投入量往往会导致 PCR 实验的失败。

通常模板 DNA 使用线性 DNA 分子，若为环状质粒，最好先用酶将其切开成线状分子，因为环状 DNA 复性太快。

3. dNTP

dNTP 为 PCR 反应的合成原料，其质量与浓度和 PCR 扩增效率有密切关系。dNTP 粉呈颗粒状，如保存不当易变性，失去生物学活性。dNTP 溶液呈酸性，使用时应配成高浓度后，以 1mol/L NaOH 或 1mol/L Tris - HCl 缓冲液将 pH 调节到 7.0 ~ 7.5，小量分装，-20℃冰冻保存，多次冻融会使 dNTP 降解。

在 PCR 反应中，dNTP 应为 50 ~ 200μmol/L，4 种 dNTP 的浓度应相等（等摩尔配制）。如果其中任何一种浓度不同于其他几种时（偏高或偏低），就会引起错配；浓度过低又会降低 PCR 产物产量。dNTP 能与 Mg^{2+} 结合，使游离的 Mg^{2+} 浓度降低。

4. Taq DNA 聚合酶

DNA 聚合酶最早于 1955 年发现，现今所使用的酶（简称 Taq 酶）是于 1976 年从温泉中的栖热水生杆菌（*Thermus aquaticus*）分离出来的，其特性就在于耐高温，现已能够用基因工程重组大肠杆菌生产。目前，可用于 PCR 的聚合酶有多种，以 Taq 酶的应用最为广泛。

Taq 酶分子质量为 94ku，具有 5′→3′的聚合酶活性，5′→3′的外切核酸酶活性，无 5′→3′的外切核酸酶活性，会在 3′末端不依赖模板加入 1 个脱氧核苷酸（通常为 A，故 PCR 产物克隆中有与之匹配的 T 载体），在体外实验中，Taq 酶的出错率为 10^{-4} ~ 10^{-5}。此酶的发现使 PCR 被广泛应用。

Taq 酶具有以下特点。

（1）耐高温　在 70℃下反应 2h 后残留活性在 90% 以上，在 93℃下反应 2h

后残留活性仍能保持60%，在95℃下反应2h后活性为原来的40%。

（2）在热变性时不会被钝化，故不必在扩增反应的每轮循环完成后再加新酶。

（3）一般扩增的PCR产物长度可达2.0kb，且特异性也较高。

目前各试剂公司中开发了多种类型的Taq酶，有用于长片段扩增的酶，扩增长度极端可达40kb；有在常温条件下即可应用的常温PCR聚合酶；还有针对不同实验对象的酶等。

一典型的PCR反应约需的酶量为2.5U（总反应体积为50μL时），浓度过高可引起非特异性扩增，浓度过低则合成产物量减少。

5. Mg^{2+}

Mg^{2+}对PCR扩增的特异性和产量有显著影响。在一般的PCR反应中，各种dNTP浓度为200mmol/L时，Mg^{2+}浓度为1.5～2.0mmol/L为宜。Mg^{2+}浓度过高，反应特异性降低，出现非特异扩增；浓度过低会降低Taq酶活性，使反应产物减少。一般厂商提供的Taq酶均有相应的缓冲液，而Mg^{2+}也已添加。如果特殊实验应采用无Mg^{2+}的缓冲液，在PCR反应体系中添加一定量的Mg^{2+}。

为了获得Mg^{2+}的最佳浓度，可用下面的优化法。首先在PCR缓冲液中加入Mg^{2+}，从配制的10mmol/L的Mg^{2+}储存液中取一定量加入到各反应管中，开始以0.5mmol/L的浓度梯度递增（0.5，1.0，1.5，2.0，2.5，……，5.0mmol/L），由PCR反应后的电泳结果可确定Mg^{2+}大概浓度范围，再在该浓度的上下以0.2mmol/L递增与递减几个浓度来精确确定Mg^{2+}最适浓度。

6. 缓冲液

缓冲液提供PCR反应合适的酸碱度与某些离子，常用10～50mmol/L的Tris－HCl（pH8.3～8.8）缓冲液。缓冲液中含有50mmol/L KCl有利于引物的退火。有人加入小牛血清白蛋白（100μg/L）或Tween20（0.05%～0.1%）或二硫基苏糖醇（DDT，5mmol/L）等，认为这些物质可以保护Taq酶。

三、PCR的反应特点

PCR反应具有以下特点。

（1）强特异性　PCR反应的特异性决定因素为：引物与模板DNA特异性的结合，碱基配对原则，Taq酶合成反应的忠实性，以及靶基因的特异性与保守性。其中引物与模板的正确结合是关键，引物与模板的结合及引物链的延伸是遵循碱基配对原则的。聚合酶合成反应的忠实性及Taq酶的耐高温性，使反应中模板与引物的结合（复性）可以在较高温度下进行，结合特异性大大增加，被扩增的靶基因片段能保持很高的正确度。再通过选择特异性和保守性高的靶基因区，特异性程度就更高。

（2）高灵敏度　PCR产物的生成量是以指数方式增加的，能将皮克（1pg =

$10^{-12}g$）量级的起始待测模板扩增到微克（$1\mu g = 10^{-6}g$）水平，相当于从 100 万个细胞中检出一个靶细胞；在病毒检测中，PCR 灵敏度可达 3 个 RFU（空斑形成单位）；在细菌学中最小检出率为 3 个细菌。

（3）快速简便　PCR 反应用耐高温的 Taq DNA 聚合酶，一次性地将反应液加好后，即在 PCR 仪上进行变性 - 退火 - 延伸反应，反应一般在 2 ~ 4h 完成。扩增产物常用电泳分析，操作简单易推广，如采用特殊 PCR 仪（荧光实时定量 PCR 仪）则可全程监测 PCR 反应的结果，故耗时将更短。

（4）低纯度模板　不需要分离病毒或细菌及培养细胞，DNA 粗制品及总 RNA 等均可作为扩增模板。可直接用临床标本如血液、体腔液、洗漱液、毛发、细胞、活组织等粗制的 DNA 扩增检测。

四、PCR 反应的实施

PCR 反应的条件为温度、时间和循环次数。

1. 温度与时间的设置

PCR 反应温度是基于 PCR 原理三步骤而设置的，分为变性 - 退火 - 延伸三个温度点。在标准反应中采用三温度点法，双链 DNA 在 90 ~ 95℃ 变性，再迅速冷却至 40 ~ 60℃，引物退火并结合到靶序列上，然后快速升温至 70 ~ 75℃，在 Taq DNA 聚合酶的作用下，使引物链沿模板延伸。对于较短靶基因（长度为 100 ~ 300bp 时）可采用二温度点法，除变性温度外，退火与延伸温度可合二为一，一般采用 94℃ 变性，65℃ 左右退火与延伸（此温度 Taq 酶仍有较高的催化活力）。

（1）变性温度与时间　PCR 反应中变性这一步很重要，若不能使模板 DNA 和 PCR 产物完全变性，PCR 反应就不能成功，DNA 分子中 G + C 含量越多，要求的变性温度越高。太高的变性温度和时间又会影响 Taq 酶活性，通常的变性温度和时间分别为 95℃、30s，有时用 97℃、15s。虽然 DNA 链在变性温度时的两链分离只需几秒钟，但反应管内部达到所需温度还需要一定时间，因此要适当延长时间。为保证模板 DNA 能彻底变性，最好为 7 ~ 10min，并在以后的循环中，将变性步骤设为 95℃/min。

为防止在变性温度时反应液的蒸发，可在反应管内加入 1 ~ 2 滴液体石蜡。

（2）退火温度和时间　退火温度是影响 PCR 特异性的较重要因素。变性后温度快速冷却至 40 ~ 60℃，可使引物和模板发生结合。由于模板 DNA 比引物复杂得多，引物和模板之间的碰撞结合机会远远高于模板互补链之间的碰撞。退火温度与时间，取决于引物的长度、碱基组成及其浓度（一般要求高于模板 DNA 浓度），还有靶基因序列的长度。

引物 T_m 值最好在 55 ~ 80℃，以接近 72℃ 为最好。合适的复性温度应低于引物 T_m 值的 5℃。退火温度过低，会引起非特异性扩增。在 T_m 值允许范围内，选择较高的复性温度可大大减少引物和模板间的非特异性结合，提高 PCR 反应的特异性。因此，必须严格控制退火温度。

在 PCR 开始的头一次循环时，反应从远低于 T_m 值的温度开始，由于 Taq 酶在低温时仍具有活性，这就可能因引物与模板的非特异性配对而出现非特异性产物，或出现引物二聚体，然后在以后整个 PCR 反应中，非特异性产物反复扩增，最终使 PCR 严重失败。为消除这种非特异性扩增，可以使用热启动的方式。热启动方法有两种：一种方法是在 PCR 系统中加入抗 Taq 酶抗体，使之与 Taq 酶结合，抑制 Taq 酶活性。在反应开始时，虽然温度低，引物可与模板错配，但因 Taq 酶没有活性，不会引起非特异性扩增；当进行热变性时，抗体在高温时失活，Taq 酶被释放而发挥作用，在以后的延伸步骤发挥特异的 DNA 聚合反应。

另一种方法是用石蜡将 Taq 酶与 PCR 反应系统分隔。在反应开始时，室温条件下没有非特异性扩增；当升温到热变性温度时，石蜡熔化，Taq 酶与 PCR 反应系统混合而发挥作用。

退火反应时间一般为 1min，以便使引物与模板之间完全结合。

（3）延伸温度与时间　Taq 酶的生物学活性是：70～80℃，150 核苷酸/S/酶分子；70℃，60 核苷酸/S/酶分子；55℃，24 核苷酸/S/酶分子；高于 90℃ 时，DNA 合成几乎不能进行。所以，PCR 反应的延伸温度一般选择在 70～75℃，常用温度为 72℃。过高的延伸温度不利于引物和模板的结合。

PCR 延伸反应的时间，可根据待扩增片段的长度而定，一般 1kb 以内的 DNA 片段，延伸时间 1min 即可；3～4kb 需 3～4min；扩增 10kb 需延伸至 15min。

72℃ 下，Taq 酶活性为每秒钟掺入核苷酸 35～100 个，2kb 的片段用 1min 即足够。对低浓度模板的扩增，延伸时间要稍长些。若 DNA 片段较长，扩增时间可适当延长。延伸时间过长又可引起非特异性扩增。

2. 循环次数的设置

循环次数决定 PCR 扩增程度。PCR 循环次数主要取决于模板 DNA 的浓度，一般的循环次数选在 30～40 次，循环次数越多，非特异性产物的量亦随之增多。例如在初始靶分子为 3×10^5、1.5×10^4、1×10^3 和 50 拷贝数时，循环数可分别为 25～30、30～35、35～40 和 40～45。过多的循环次数会增加非特异性产物量及碱基错配数。在 PCR 反应的后期，扩增产物并不以指数方式增加，这种现象称为平台效应。平台效应可能与下列因素有关：dNTP 与引物浓度降低，酶对模板的比例相对降低，多次循环后酶活性降低，产物浓度增高后变性不完全而影响引物延伸。

3. PCR 反应的过程

标准的 PCR 反应过程如图 2－34 所示。

（1）准备　通常情况下，打开试剂产品（引物、酶等）之前，要注意以下方面：保存温度、保质期、做适当离心，并做试剂（高浓度）分装，可防止污染浪费、反复冻融，并易稀释成其他浓度。分装过程注意防止污染（如，采用双蒸水灭菌后，分成小管单独保存于冰箱，作为 PCR 专用水；或进行无 RNase 和 RNase 处理等）。

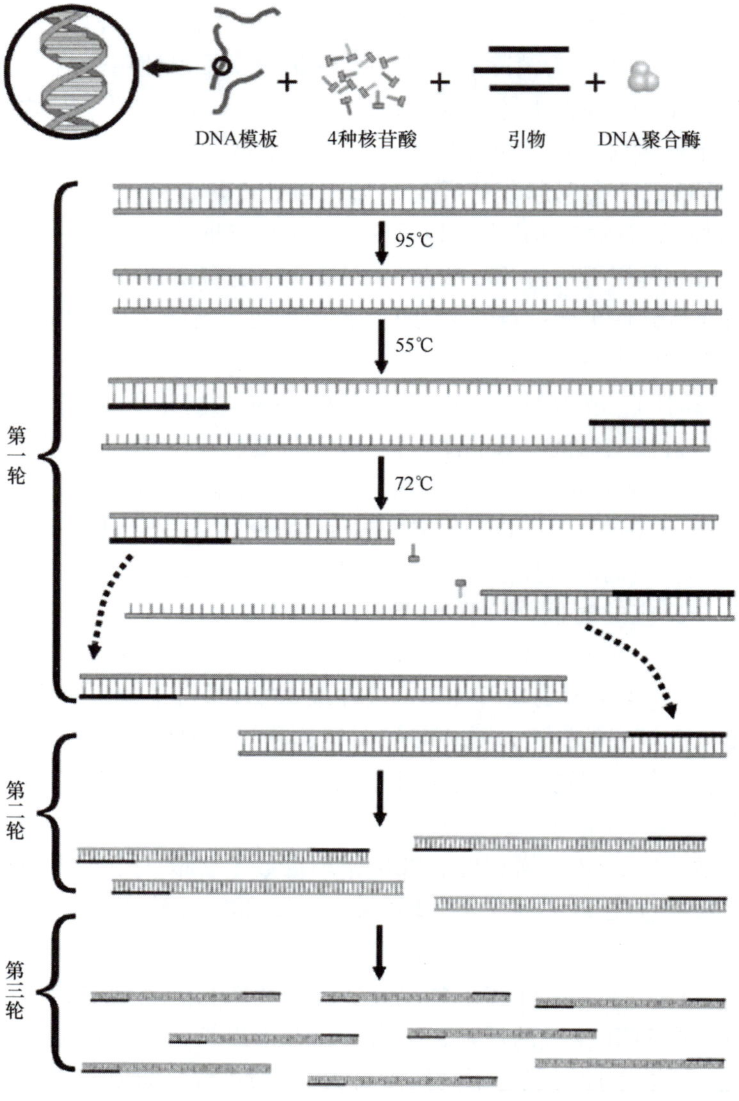

图 2 - 34　PCR 的反应过程

（2）配制反应体系　反应体系以 20～100μL 为宜，可参照表 2 - 15 依次加入。应注意：必须设置阴性对照，阳性对照可选；可先配多管的体积，混匀再分装，并可多做一管的反应量，以减少误差。

（3）设定反应参数　标准的 PCR 参数可按表 2 - 16 设置。

表 2-16　　标准的 PCR 反应参数

步骤		温度	时间	循环数	备注
1	预热	99℃	5min		一般 95℃加热 3~5min
2	变性	94℃	30s	25~35 循环	模板 DNA 必须完全变性
3	退火	55℃	30s		一般需要凭实验（经验）决定
4	延伸	72℃	1min		一般 72℃，由片段长短及 Taq 酶效率决定时间
5	延伸	72℃	7min		引物延伸完全，单链产物退火成双链

每一循环经过变性、退火和延伸，DNA 含量即增加一倍。有些 PCR 因为扩增区很短，即使 Taq 酶活性不是最佳也能在很短的时间内复制完成，因此可以改为两步法，即变性为 94~97℃、退火和延伸同时在 60~65℃进行，以减少一次升降温过程，提高了反应速度。

五、PCR 的结果分析

PCR 产物是否为特异性扩增，其结果是否准确可靠，必须对其进行严格的分析与鉴定，才能得出正确的结论。PCR 产物的分析，可依据研究对象和目的不同而采用不同的分析方法。

1. 常用的分析方法

（1）凝胶电泳分析　常用的有琼脂糖凝胶电泳（常用 1%~2% 的琼脂糖凝胶）和聚丙烯酰胺凝胶电泳（6%~10% 聚丙烯酰胺凝胶），可初步判断产物的特异性。PCR 产物片段的大小应与预计的一致，特别是多重 PCR，应用多对引物，其产物片段都应符合预计的大小，这是起码的要求。

（2）酶切分析　根据 PCR 产物中限制性内切酶的位点，用相应的酶切技术来分割电泳分离后的产物，分析能否获得符合理论的片段。这种方法既能进行产物的鉴定，又能对靶基因分型，还能进行变异性研究。

（3）分子杂交　这是检测 PCR 产物特异性的有力证据，也是检测 PCR 产物碱基突变的有效方法。

（4）Southern 印迹杂交　在两引物之间另合成一条寡核苷酸链（内部寡核苷酸）标记后做探针，与 PCR 产物杂交。此法既可作特异性鉴定，又可以提高检测 PCR 产物的灵敏度，还可知其相对分子质量及条带形状。

（5）斑点杂交　将 PCR 产物点在硝酸纤维素膜或尼龙薄膜上，再用内部寡核苷酸探针杂交，观察有无着色斑点，主要用于 PCR 产物特异性鉴定及变异分析。

（6）核酸序列分析　是检测 PCR 产物特异性的最可靠方法。

2. 电泳检测 PCR 结果异常的分析

PCR 产物的电泳检测时间一般为 48h 以内，有些最好于当日电泳检测，大于

48h 后电泳分离带型会变得不规则，甚至消失。经常出现的异常结果有以下几种情况。

（1）假阴性　即不出现扩增条带。造成这种情况的原因很多，应针对 PCR 反应的关键环节，仔细寻找原因，分别进行分析研究。PCR 反应的关键环节有：模板核酸的制备、引物的质量与特异性、酶的活性及 PCR 的循环条件。

①模板：模板中含有杂蛋白质（特别是染色体中的组蛋白）、Taq 酶抑制剂、在提取制备时核酸丢失过多或吸入酚、变性不彻底等，都会引起假阴性。在酶和引物质量好时，不出现扩增带，极有可能是标本的消化处理、模板核酸提取过程出了毛病，因而要配制有效而稳定的消化处理液，其处理程序亦应固定，不宜随意更改。

②酶失活：出现这种情况，需更换新酶，或新旧两种酶同时使用，以分析是否因酶的活性丧失或不够而导致假阴性。应注意的是，常有操作中忘加 Taq 酶或溴化乙锭。

③引物：引物的质量和浓度、两条引物的浓度是否对称，是 PCR 失败或扩增条带不理想、容易弥散的常见原因。常用以下措施来处理。

a. 引物的浓度不仅要看 OD 值，更要注重引物的浓度是否对称，可将引物原液做琼脂糖凝胶电泳，应该有两个引物条带出现，且两个引物条带的亮度应大体一致。如一条引物有条带，一条引物无条带，此时做 PCR 有可能失败；如一条引物亮度高，一条亮度低，在稀释引物时要平衡其浓度。

b. 引物多次冻融或长期放置于冰箱冷藏，会导致引物变质降解失效，应进行高浓度、小量分装保存。

c. 有些引物的设计不合理，如引物长度不够、引物之间形成了二聚体等，可重新合成质量好的引物。

④Mg^{2+} 浓度：Mg^{2+} 浓度对 PCR 扩增效率影响很大，浓度过高可降低 PCR 反应的特异性，浓度过低则影响 PCR 反应产量甚至使 PCR 反应失败。

⑤反应体积的改变：通常的 PCR 反应体积为 20μL、30μL、50μL 或 100μL，应根据不同目的来设定反应体积。在做小体积（如 20μL）反应后，再做大体积时，一定要摸索条件，否则容易失败。

⑥循环条件：变性对 PCR 反应来说相当重要，如变性温度低、变性时间短，极有可能出现假阴性；退火温度不合适，过低可导致非特异性扩增，过高则影响引物与模板的结合。有时需要用标准温度计来检测变性、退火和延伸的温度。

⑦靶序列变异：如果靶序列发生突变或缺失，会使引物与模板失去互补序列，从而影响引物与模板特异性结合，导致 PCR 反应失败。

（2）假阳性　出现的 PCR 扩增条带与目的靶序列条带一致，有时其条带更整齐，亮度更高。导致这种情况的可能原因如下。

①引物设计不合适：选择的扩增序列与非目的扩增序列有同源性，其 PCR

反应产物为非目的性序列；靶序列太短或引物太短，容易出现假阳性。需重新设计引物。

②靶序列或扩增产物的交叉污染：这种污染有两种原因：一是整个基因组或大片段的交叉污染，导致假阳性；二是空气中的小片段核酸污染，这些小片段比靶序列短，但有一定的同源性，可互相拼接，与引物互补后可扩增出 PCR 产物导致假阳性的产生。

第一种假阳性可用以下方法解决：

a. 操作时应小心轻柔，防止将靶序列吸入加样枪内或溅出离心管外。

b. 除酶及不能耐高温的物质外，所有试剂或器材均应高压消毒；所用离心管及进样枪头等均应一次性使用。

c. 必要时，在加标本前，反应管和试剂用紫外线照射，以破坏可能存在的核酸。

第二种假阳性可用巢式 PCR 方法来减轻或消除。

（3）出现非特异性扩增带　PCR 反应后出现的条带与预计的大小不一致，或大或小，或者同时出现特异性扩增带与非特异性扩增带。出现非特异性条带的原因主要如下。

①引物与靶序列不完全互补，或引物聚合形成二聚体。

②Mg^{2+}浓度过高、退火温度过低，及 PCR 循环次数过多。

③酶的质量和浓度不合适。往往一些来源的酶容易出现非特异条带，而另一来源的酶则不会出现。酶量过多有时也会出现非特异性扩增。

出现这种情况时，常用的对策有：必要时重新设计引物；降低酶量或调换另一来源的酶；降低引物量，适当增加模板量，减少循环次数；适当提高退火温度或采用二温度点法（93℃变性，65℃左右退火与延伸）。

（4）出现片状拖带或涂抹带　PCR 反应有时出现涂抹带或片状带或地毯样带，其往往由于酶量过多或酶的质量差、dNTP 浓度过高、Mg^{2+}浓度过高、退火温度过低、循环次数过多而引起的。应对措施有：减少酶量，或调换另一来源的酶；减少 dNTP 的浓度；适当降低 Mg^{2+}浓度；增加模板量，减少循环次数。

六、PCR 的反应种类

1. 反向 PCR

反向 PCR（Inverse PCR，IPCR）可用于研究与已知 DNA 区段相连接的未知染色体序列，所选择的引物虽然与核心 DNA 区两末端序列互补，但两引物 3′端是相互反向的。扩增前先用限制性内切酶酶切样品 DNA，然后用 DNA 连接酶连接成一个环状 DNA 分子，再以环化的 DNA 作为模板，选择合适方向的与已知 DNA 序列两末端互补的引物，经 PCR 后，可以得到未知序列的 DNA 片段。

该方法的不足是：需要从许多酶中选择限制酶，或者说必须选择一种合适的酶进行酶切才能得到合理大小的DNA片段；大多数有核基因组含有大量中度和高度重复序列，而一些常用载体或质粒（如YAC、Cosmid）的未知功能序列中有时也会有这些序列，这使得通过反向PCR得到的探针有可能与多个基因序列杂交。

IPCR主要用于已知序列两翼未知DNA序列的扩增。

2. 不对称PCR

不对称PCR（Asymmetric PCR）是用不等量的一对引物，扩增后产生大量的单链DNA（ssDNA）。这对引物分别称为非限制性引物与限制性引物，其比例一般为（50～100）:1。在PCR反应的最初10～15个循环中，其扩增产物主要是双链DNA，但当限制性引物（低浓度引物）消耗完后，非限制性引物（高浓度引物）引导的PCR就会产生大量的单链DNA。不对称PCR的关键是控制限制性引物的绝对量，需多次摸索优化两条引物的比例。

还有一种方法是先用等浓度的引物PCR扩增，制备双链DNA（dsDNA），然后以此dsDNA为模板，再以其中的一条引物进行第二次PCR，制备ssDNA。

不对称PCR可制备单链DNA片段，用作序列分析或核酸杂交的探针。

3. 反转录PCR

反转录PCR（Reverse transcription，RT－PCR）又称为逆转录PCR，是将RNA的逆转录（RT）和cDNA的聚合酶链式扩增反应（PCR）相结合的技术，其原理是：提取组织或细胞中的总RNA，以其中的mRNA作为模板，采用多聚胸腺嘧啶（Oligo，dT）或随机引物利用逆转录酶反转录成cDNA，再以cDNA为模板进行扩增而获得目的基因或检测基因表达。

RT－PCR使RNA检测的灵敏性提高了几个数量级，使一些极为微量RNA样品分析成为可能，可用于检测细胞/组织中基因表达水平、细胞中RNA病毒的含量和直接克隆特定基因的cDNA序列等。

4. 定量PCR

定量PCR（Quantitative PCR，Q－PCR）亦称即时PCR（Real－time PCR）。这是一种在DNA扩增反应中，以荧光染剂侦测每次PCR反应产物总量的技术，有广义和狭义两种概念。广义的定量PCR是指以外参或内参为标准，通过对PCR终产物的分析或PCR过程的监测，进行PCR起始模板量的定量。狭义的定量PCR技术是指严格意义下的定量PCR技术，用外标法（荧光杂交探针保证特异性）通过监测PCR过程（监测扩增效率）达到精确定量起始模板数的目的，同时以内对照有效排除假阴性结果（扩增效率为零）。

Q－PCR可用合成的RNA作为内标，来检测PCR扩增目的mRNA的量，设计目的mRNA和内标用相同的引物共同扩增，但扩增出不同大小片段的产物，可容易地电泳分离。一种内标可用于定量多种不同目的mRNA。

qPCR用于研究基因表达，能提供特定DNA基因表达水平的变化，在癌症、代谢紊乱及自身免疫性疾病的诊断和分析中很有价值。

5. 融合 PCR

融合 PCR（Fusion PCR）采用具有互补末端的引物，形成具有重叠链的 PCR 产物，通过 PCR 产物重叠链的延伸，将不同来源的任意 DNA 片段连接起来。此技术能在不需要内切酶消化和连接酶处理的条件下实现 DNA 片段的体外连接，为同源重组片段的构建提供了快速简捷的途径。

现有的融合 PCR 技术一般包括两步 PCR 反应：应用特异性引物，对各片段进行独立扩增，特异性引物的 5′末端带有一段相邻片段的互补序列；在同一反应体系中加入各片段的混合物，以一对外侧引物进行融合片段的全长扩增。

6. 巢式 PCR

巢式 PCR（NEST PCR）是一种变异的 PCR 反应，使用两对（而非一对）PCR 引物扩增完整的片段。第一对 PCR 引物扩增片段和普通 PCR 相似，第二对引物称为巢式引物（因为是在第一次 PCR 扩增片段的内部），结合在第一次 PCR 产物内部，使得第二次 PCR 扩增片段短于第一次扩增，即巢式 PCR 是通过两轮的 PCR 反应，使用两套引物来扩增特异性的 DNA 片段的。第二对引物的功能是特异性扩增位于首轮 PCR 产物内的一段 DNA 片段。

由于第二套引物位于第一轮 PCR 产物内部，而非目的片段，包含两套引物结合位点的可能性极小，因此第二套引物不可能扩增非目的片段。这种巢式 PCR 反应能确保第二轮的扩增产物几乎或者完全没有因为引物配对特异性不强而造成的非特异性扩增的污染。因此，巢式 PCR 扩增的特异性非常强，可以在 1×10^6 的基因组背景下检测到一个拷贝的病毒基因，是效果最好、扩增质量最高的 PCR 技术。

融合 PCR、巢式 PCR 都是两步 PCR，但又不同于简单的二次 PCR，表现在引物的大小、酶切位点等方面的不同，特异性也不相同。这里不再赘述，有兴趣的同学可参阅相关资料。

7. 竞争性 PCR

竞争 PCR（competitive PCR，c－PCR）是一种定量 PCR，通过向 PCR 反应体系中加入人工构建的带有突变的竞争模板（即内参，修饰的对照核酸），其与目标基因序列相同，但存在长度上的差异，以不同稀释度的内参（修饰的对照核酸）与标本共同扩增，以内参的稀释度及结果做标准曲线，判断标本中核酸的量。其实质是控制竞争模板的浓度来确定目的模板的浓度，对目的模板做定量研究。由于两者用共同引物进行扩增，具备类似的扩增效率，因此，两种扩增产物量比值可以真实反映掺入内对照与目标基因 mRNA 量的比值。

竞争 PCR 技术运用到基因表达分析中，降低了位点扩增效率差异以及实验操作和检测环境等外界环境的影响，从而有着非常准确的实验结果。

8. 原位 PCR

原位 PCR 建立于 1990 年，是在组织细胞里进行的 PCR 反应，它结合了具有细胞定位能力的原位杂交（in situ hybridization，ISH）和高度特异敏感的 PCR 技术的优点。这种 PCR 技术，在组织切片或细胞涂片上原位对特定的 DNA 或 RNA 进行扩增，再用特异性的探针原位杂交检测。所以，原位 PCR 的标本一般需先经化学固定，以保持组织细胞的良好形态结构。细胞膜和核膜有一定的通透性，PCR 扩增所需的各种成分可进入细胞内或核内，在原位对特定的 DNA 或 RNA 进行扩增；而扩增产物由于相对分子质量较大或互相交织，不易透过细胞膜向外弥散，故保留在原位，这样就很容易应用 ISH 将其检出，同时还可对目的 DNA 序列的组织细胞进行形态学分析。

原位 PCR 既能分辨鉴定带有靶序列的细胞，又能标出靶序列在细胞内的位置，可在分子和细胞水平上研究疾病的发病机理，在临床诊断与治疗中有重大实用价值。

9. 免疫 PCR

抗原－抗体反应与 PCR 技术的结合产生了免疫 PCR（immuno PCR），这是目前为止最为敏感的检测方法，理论上可测到一个抗原分子的存在。通过用一个具有对 DNA 和抗体双重结合活性的连接分子，使作为标记物的 DNA 分子特异地结合到 Ag－Ab 复合物上，从而形成 Ag－Ab－DNA 复合物，附着的 DNA 标记物可用适宜的引物进行 PCR 扩增。特异性 PCR 产物的存在证明 DNA 标记物分子特异性地附着于 Ag－Ab 复合物上，进而证明有 Ag 存在。有人将 Ab 通过化学交联剂直接连接到分子上构建成 Ab－DNA 探针，组成免疫 PCR 检测新模式，具有高度灵敏和特异性。免疫 PCR 可对流行性传染病（如肝炎、艾滋病等）进行检测，检测体液中致癌基因和抑癌基因表达的微量蛋白等。

10. 随机引物 PCR

随机引物 PCR（arbitrary primed PCR，AP－PCR）通过随意设计或选择一个非特异性引物，在 PCR 反应体系中的不严格条件下，使引物与模板中许多序列通过错配而复性。如果在两条单链上相距一定距离有反向复性引物存在，则可经 Taq 酶作用，使引物延伸而发生 DNA 片段的扩增，经过一至数轮不严格条件下的 PCR 循环后，再于严格条件下进行扩增。扩增的产物经 DNA 测序、凝胶电泳分离、放射性自显影或荧光显示，可得到 DNA 指纹图。

AP－PCR 用于肿瘤的抑制基因、癌基因的分离；菌种、菌株及不同物种的鉴定；遗传作图；不同分化程度或某些不同状态下的组织的基因表达差异等方面的研究。

此外，还有重组 PCR、复合 PCR（Multiplex PCR）、锚定 PCR（Anchored PCR，APCR）、等位基因特异性 PCR（ASPCR）、低严格单链特异性引物 PCR（LSSR－PCR）、单链构型多态性 PCR（SSCP－PCR）、差示 PCR（d－PCR）、半定量 PCR（sq－PCR）、长片段 PCR（long－PCR）等。

七、PCR 的反应环境与仪器

由于 PCR 方法高度灵敏，少量的靶分子即可扩增至无限数，因此要防止 PCR 扩增产物污染环境而引起以后的 PCR 假阳性。为此，应将 PCR 标本制备、PCR 反应管制备、PCR 反应和 PCR 产物检测等过程在空间上尽量分开，最好在不同的房间进行，即分为标本处理区、反应混合制备和 PCR 扩增区、产物分析区等。

PCR 仪是依据 PCR 的反应原理，实施 PCR 反应的设备。仪器的温度控制有气体加温、水加温及电热块加温等方式，温度、循环次数及时间等参数均由电脑控制，具有很高的自动化特性，有多种进口与国产的 PCR 仪型号，可根据需要选择仪器。

根据 PCR 的分类、DNA 扩增的目的和检测的标准，目前市场上 PCR 仪主要分为普通 PCR 仪、梯度 PCR 仪、原位 PCR 仪和实时荧光定量 PCR 仪四类。各种类型的 PCR 仪如图 2－35 所示。

图 2－35　各种类型的 PCR 仪

1. 普通的 PCR 仪

传统的 PCR 仪，一次 PCR 扩增只能运行一个特定退火温度，也称为普通 PCR 仪。如果要做不同的退火温度，则需要多次运行。普通 PCR 仪主要是做简单的、对目的基因退火温度的扩增，应用于科研、教学、医学临床、检验检疫等机构。

2. 梯度 PCR 仪

在一次性 PCR 扩增过程中，可以设置一系列不同的退火温度条件（温度梯度），这样的 PCR 仪称为梯度 PCR 仪。通常可设置 12 种温度梯度。因为被扩增的不同 DNA 片段，其最适退火温度是不同的，通过设置一系列的梯度退火温度进行扩增，从而只需一次性 PCR 扩增，就可以筛选出表达量高的最适退火温度，进行后续的有效扩增。所以，这类 PCR 主要用于研究未知 DNA 退火温度的扩增，在节约成本的同时也节约了时间，多用于科研、教学机构。

在不设置梯度的情况下，梯度 PCR 仪也可以做普通 PCR 扩增。

3. 原位 PCR 仪

这是基于原位 PCR 原理，用于细胞内靶 DNA 定位分析的一种 PCR 仪，能在 PCR 过程中保持细胞或组织的完整性，使 PCR 反应体系渗透到组织和细胞中，在细胞的靶 DNA 所在的位置上进行基因扩增。原位 PCR 仪不仅可以检测到靶 DNA，还能标出靶序列在细胞内的位置，可在分子和细胞水平上研究疾病的发病机理，如病原基因在细胞的位置或目的基因在细胞内的作用位置等，具有重大的临床实用价值。

4. 实时荧光定量 PCR 仪

在普通 PCR 仪的基础上，增加一个荧光信号采集系统和计算机分析处理系统，就成了荧光定量 PCR 仪。其 PCR 扩增原理和普通 PCR 仪扩增原理相同，只是 PCR 扩增时加入的引物进行了同位素、荧光素等的标记，使引物和荧光探针同时与模板特异性结合扩增。扩增的结果通过荧光信号采集系统实时采集，信号被连接输送到计算机分析处理系统，得出量化的实时结果输出。

荧光定量 PCR 仪有单通道、双通道和多通道。当只用一种荧光探针标记时，选用单通道；有多荧光标记的时候用多通道。单通道也可以检测多荧光标记的目的基因表达产物，因为一次只能检测一种目的基因的扩增量，需多次扩增才能检测完不同的目的基因片段的量。该仪器主要用于医学临床检测、生物医药研发、食品行业、科研院校等机构。

八、PCR 技术的应用

1. PCR 技术在农业中的应用

（1）PCR 在转基因产品检测中的应用　目前，相关研究人员已经利用 PCR 技术成功建立了检测转基因马铃薯、大豆和玉米的技术路线，对转基因大豆和玉米的检测低限分别到达了 1% 和 0.1% 。

（2）PCR 在研究植物生长发育方面的作用　植物的生长、发育、分化和衰老都涉及许多基因的时空顺序表达，因此研究这个过程中基因表达的变化，是揭示生长发育机理的重要手段。

定量 RT－PCR 是研究植物基因表达水平变化的一项重要技术。通过研究不同植物或同一植物不同发育时期的基因表达水平，可揭示植物生长发育的机理。

（3）PCR 在作物抗病性基因分析、定位中的应用　在作物病害研究中，作物抗病性及其机制研究一直是当今作物病理学和作物抗病育种中的热点和焦点问题。现在，人们已经知道，作物对病原物的抗性是由相对的基因所控制的，即被广泛认可的基因对基因理论。寻找与作物抗病性紧密连锁的基因标记，将抗病性基因进行定位的研究，具有十分重要的理论意义和实践意义。

利用 PCR 和 RAPD（以 PCR 为基础，可对整个未知序列的基因组进行多态性分析）技术，能够找到与抗性紧密连锁的分子标记，并将其进行定位。

2. PCR 技术在食品科学中的应用

应用 PCR 技术，可以对食品中的微生物含量进行检测。只需数小时，就可以用电泳法检测出来 0. 1mg DNA 中所含的数个拷贝的模板序列。用 PCR 扩增细菌中保守的 DNA 片段，还可对那些人工无法培养的微生物进行检测。

3. PCR 技术在医学中的应用

目前，全世界利用 PCR 技术诊断感染性疾病每年达几千万人次，可见其巨大的市场潜力。PCR 技术主要用于肿瘤、遗传病和感染性疾病的诊断。

（1）PCR 在肿瘤诊断上的应用　遗传学改变主要是引起癌基因激活和抑癌基因的失活，使基因发生突变、缺失、增加和易位等而导致了细胞癌变。PCR 不但能有效地检测基因的突变、重排、易位等，而且能准确检测癌基因表达量，可据此进行肿瘤早期诊断、鉴别、分型、分期、治疗及预后评估等。目前用于肿瘤检测的 PCR 主要有定量 RT－PCR，它在肿瘤诊断、治疗和微转移以及微小残留病灶检测等方面具有广泛的应用价值。

（2）PCR 在遗传病诊断上的应用　十几年来，该技术在遗传病诊断的临床应用方面获得了极大的成功，如地中海贫血、血友病、杜氏肌营养不良症、脆性 x 综合症、苯丙酮尿症等，这些遗传病都可以通过 PCR 技术对患者基因进行扩增，然后利用基因分析直接检测出突变位点。

（3）PCR 在感染性疾病方面的应用　目前 PCR 在医学检验中对感染性疾病的诊断极为突出，只要核酸序列是清楚的，就可以检测到任何有限的病原体，从而判断疾病是否处于隐性或亚临床状态、现症感染或既往感染。

技能要点

生物体的自我繁殖，就是基因不断复制、传递的过程。通过聚合酶链式反应（PCR）来实现的特定 DNA 片段的体外复制、放大称为基因扩增。基因扩增依据 DNA 的半保留复制原理，在 DNA 聚合酶的参与下完成，是在试管中进行的 DNA 复制反应。与天然复制的不同之处在于：PCR 是用耐热 Taq 酶取代 DNA 聚合酶，用合成的 DNA 引物替代 RNA 引物，用加热、冷却、保温等方法改变温度来复制 DNA，通过三个基本过程（变性、退火、延伸）的反复循环，使 DNA 无限扩增。

标准的 PCR 反应体系包括 DNA 模板、4 种核苷酸、引物和 DNA 聚合酶，此外还需要适量的缓冲溶液、Mg^{2+} 及合适的温度，其反应条件为温度、时间和循环次数。PCR 反应的结果常用凝胶电泳、酶切、分子杂交、Southern 印迹杂交、斑点杂交以及核酸序列分析等方法进行分析。现在，PCR 已经形成众多的反应种类，例如反向 PCR、不对称 PCR、反转录 PCR、定量 PCR、融合 PCR、巢式 PCR、竞争 PCR、原位 PCR、免疫 PCR 等。

实践练习

1. 关于 PCR 的描述下列哪项不正确（　　）。
   A. 是一种酶促反应　　B. 引物决定了扩增的特异性
   C. 扩增产物量大　　D. 扩增的对象是 DNA 序列
   E. 扩增的对象是 RNA 序列
2. 参与聚合酶链反应体系的组分有（　　）。
   A. DNA 引物　　B. 目的 DNA　　C. 三磷酸脱氧核苷
   D. Taq DNA 聚合酶　　E. RNA 聚合酶
3. DNA 复制中 RNA 引物的主要作用是（　　）。
   A. 引导合成冈崎片段　　B. 作为合成冈崎片段的模板
   C. 为 DNA 合成原料 dNTP 提供附着点　　D. 激活 DNA 聚合酶
4. PCR 又称______，包括三个步骤①______　②______　③______。

模块三　基因的重组与表达

项目一　基因重组概念

学习目标

【学习目的】

学习基因重组的概念，掌握基因重组的常用技术原理。

【知识要求】

掌握基因重组的概念，熟悉基因操作中所涉及的基因转移与重组的方式，了解基因重组的操作类型。

【能力要求】

懂得基因重组的含义，理解基因重组策略的技术原理。

一、基因重组的概念

基因是遗传的物质基础，是具有遗传信息的特定核苷酸序列的总称，是具有遗传效应的 DNA 分子片段。基因通过复制把遗传信息传递给下一代，使后代出现与亲代相似的性状。生物体内的基因，储存着生物体生长、凋亡过程的全部信息。在生物体的繁育过程中，不同性状的基因有可能发生重新组合，这是生物遗传变异的一种机制。

从广义上讲，任何造成基因变化的基因交流过程，都称作基因重组，这是遗传的基本现象。例如，真核生物在减数分裂时，通过非同源染色体的自由组合形成各种不同的配子，雌雄配子结合产生基因型各不相同的后代，这样的重组过程虽然也导致基因的变化，但是由于不涉及 DNA 分子内的断裂与复合，可归类为自然突变现象，不属于基因操作的技术范畴。

这里所说的基因重组，是涉及 DNA 分子内断裂－复合的基因交流，是在分子水平上，按照人为的设计，对基因进行的复杂操作，这是狭义上的基因重组

（图3－1）。在这个过程里，包括目的基因片段在内的不同DNA链，按照一定的规则进行断裂和连接，产生DNA片段的交换和重新组合，形成新的DNA分子，这就是所谓的基因操作。概括地说，就是将外源基因通过体外重组后导入受体细胞内，使该基因能够在受体细胞内复制、转录、翻译、表达的操作。

通过基因重组，人们可以将一个个体细胞（供体）内的遗传基因（外源DNA分子）转移到另一个不同性状的个体细胞（受体）的DNA分子内，使之发生遗传变异，并可按照人们的意愿稳定遗传，并进行基因产物的表达，得到新产物或新的性状，从而获得用一般方法难以获得的产品。如胰岛素、干扰素、乙型肝炎疫苗等，均是通过以相应基因与大肠杆菌或酵母菌的基因重组而大量生产的。这是对特定DNA分子的细胞外操作，也称为重组DNA，又称为分子克隆。

也就是说，基因重组是分子水平上的概念，可以理解成是遗传物质在分子水平上的杂交。杂交必然包含有重组，而重组则不仅限于杂交一种形式。前述的DNA分子杂交，是围绕两条DNA单链能否组成双链而展开的，可根据两条DNA单链组成双链的程度，来判断亲缘关系的远近和某个DNA片段的示踪、定位。这里的基因重组，指的是目的基因（如DNA片段，两条链）和运载体（两条链）通过连接酶进行拼接并能够稳定遗传、表达的过程，是两条链和两条链之间通过磷酸二酯键的连接过程。

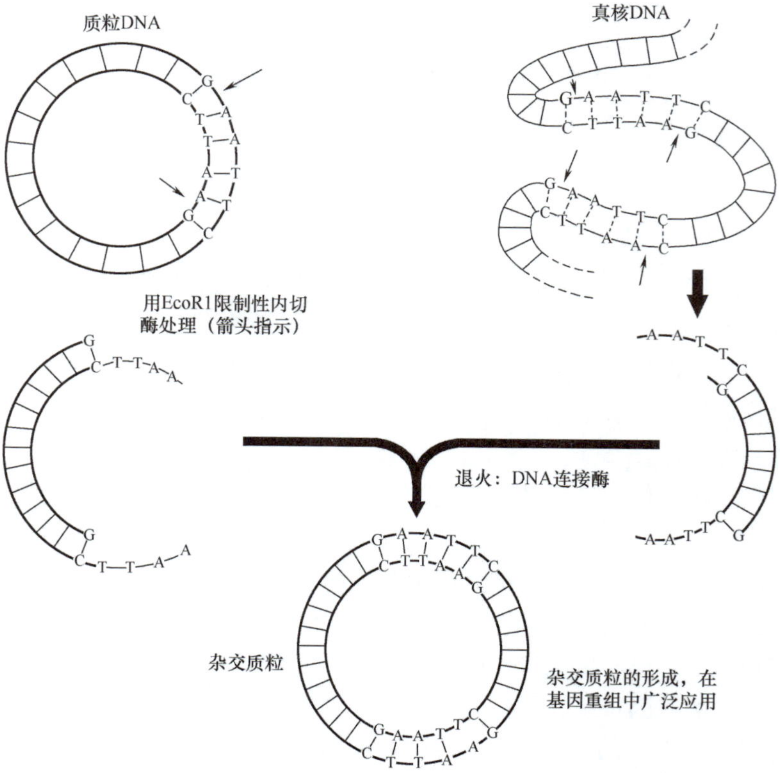

图3－1　基因重组概念

基因重组是遗传物质的传递过程，是遗传物质从一个生物体向另一个生物体传递而达到基因的改变、形成新的遗传型个体的过程。在基因重组的过程中，不发生任何碱基对结构上的变化，重组后生物体新的遗传性状的出现完全是基因重组的结果，而重组用的目的基因，则是在人为设计下发生的，使之服务于人类。

可以认为，基因重组是基因操作的“手术过程”，而供体、载体、工具酶和受体是重组 DNA 操作中的基本要素。

二、自然界的基因转移与重组

自然界不同物种或个体之间的基因转移与重组是经常发生的，这是基因变异和物种进化的基础。自然界的基因转移与重组的方式有多种多样，例如，原核生物的接合和 F 因子转导，通过双亲细胞的接触沟通，涉及部分染色体基因的重组；原核生物的转化、转导，双亲细胞不经接触，仅涉及个别或少数基因的重组；真核生物的有性杂交、准性生殖，通过双亲细胞的融合，涉及整套染色体基因的重组；还有原生质体融合，是破壁后的原生质体细胞在一定条件下的互相融合，实现遗传物质的重组；而 DNA 重组技术则是在体外对 DNA 修饰改变后，再设法引入受体细胞，实现基因重组。

（一）原核生物的基因转移与重组

原核生物的遗传物质传递方式有：转化、转导、接合和溶原性转换、转座等。

1. 转化

转化是指一个种或品系的生物（受体菌）吸收来自另一个种或品系生物（供体菌）的遗传物质（DNA 片段），通过交换组合，将其整合到自己的基因组中去，从而获得了后者的某些遗传性状的现象。转化后的受体菌称为转化子，供体菌的 DNA 片段称为转化因子，呈质粒状态的转化因子转化频率最高。能被转化的细菌包括革兰阳性细菌（图 3－2）和革兰阴性细菌，但受体细胞只有在感受态的情况下才能吸收转化因子。

感受态是指细胞能从环境中接受转化因子的一种生理状态。处于感受态的细菌，其吸收 DNA 的能力比一般细菌大 1000 倍。感受态可以产生，也可以消失，其出现受菌株的遗传特性、生理状态（如菌龄等）、培养环境等的影响。例如肺炎双球菌的感受态出现在对数生长期的中后期，枯草芽孢杆菌等则出现在对数期末和稳定初期。转化时培养环境中加入环腺苷酸（cAMP）可以使感受态水平提高 10^4 倍。

不论是否处于感受态，细菌都能吸附 DNA，但只有处在感受态的细菌，其吸附的 DNA 才能被吸收。受体细胞吸附的转化因子，必须是双链的 DNA，且 DNA 分子的相对分子质量不小于 3×10^5，但转化时只有一条链进入受体细胞，而另一条链被细胞表面的核酸外切酶分解。具体转化过程如下。

来自供体菌的 DNA 片段与感受态受体菌细胞表面的特定位点结合，在结合位点上，DNA 片段中的一条单链逐步降解为核苷酸和无机磷酸而解体，另一条链逐步进入受体细胞，这个过程消耗能量。进入受体细胞的 DNA 单链与受体菌染色体上的同源区段配对，同时受体菌染色体的相应单链片段被切除，进入受体细胞的单链 DNA 取而代之，随后修复合成，连接成部分杂合双链。然后随着受体菌染色体的复制，杂合区段被分离成两个，一个类似供体菌，一个类似受体菌。当细胞分裂时，此染色体发生分离，形成一个转化子。

影响转化效率的因素如下。

（1）受体细胞的感受态　决定转化因子能否被吸收进入受体细胞。

（2）受体细胞的限制酶系统和其他核酸酶　决定转化因子在整合前是否被分解。

（3）受体和供体的染色体同源性　决定转化因子的整合。

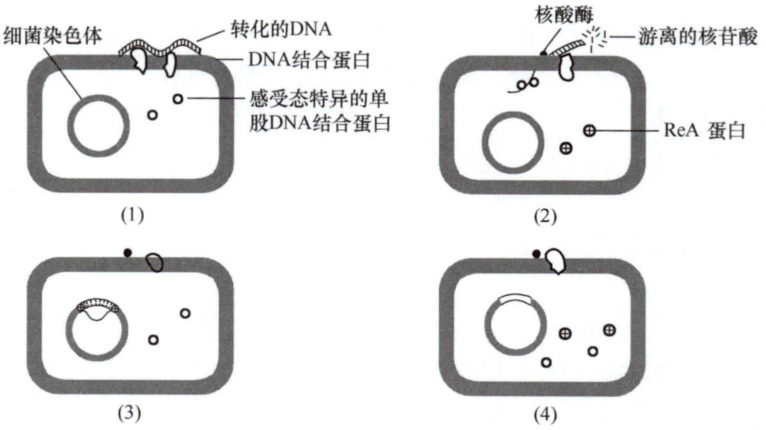

图 3－2　革兰阳性菌转化模式

（1）转化的 DNA 被细菌胞壁的 DNA 结合蛋白结合

（2）转化的双链 DNA 的一链被核酸酶降解，另一链与结合蛋白结合，进入细菌胞内

（3）进入细胞的单链 DNA 被 ReA 蛋白（一种与细菌 DNA 重组有关的蛋白）结合，并由它介导与细菌染色体同源 DNA 重组

（4）转化的细菌

在原核生物中，转化是一种比较普遍的现象。真核微生物如酵母、粗糙链孢霉和黑曲霉中也发现有转化现象。

2. 转导

转导是以噬菌体为媒介，将一个细胞的遗传物质导入另一个细胞，使后者获得前者的遗传性状。转导分为普遍性转导和特异性转导。

普遍性转导是指转导型噬菌体能传递供体细胞的任何基因。如大肠杆菌 P1 噬菌体、枯草芽孢杆菌 PBS1 噬菌体、伤寒沙门菌 P22 噬菌体等都能进行普遍性转导（图3－3）。这一类噬菌体，含有一个使供体细胞染色体断裂的酶。正常情况下，噬菌体 DNA 被噬菌体蛋白外壳所包裹，但也有例外出现，供体染色体 DNA（通常和噬菌体 DNA 长度相似）偶然错误地被包进噬菌体外壳，而噬菌体本身的 DNA 却没有被完全包进去。包装有供体染色体片段的噬菌体称为转导颗粒。转导颗粒可以感染受体菌株，把供体 DNA 注入受体细胞内，与受体细胞的 DNA 进行基因重组，形成部分二倍体。通过重组，供体基因整合到受体细胞的染色体上，从而使受体细胞获得供体菌的遗传性状，产生变异，形成稳定的转导子，这种转导称为完全转导；在普遍性转导中，更多的则是转导来的供体染色体不能整合到受体染色体上，也不能复制，但可以表达，这种转导称为流产转导。

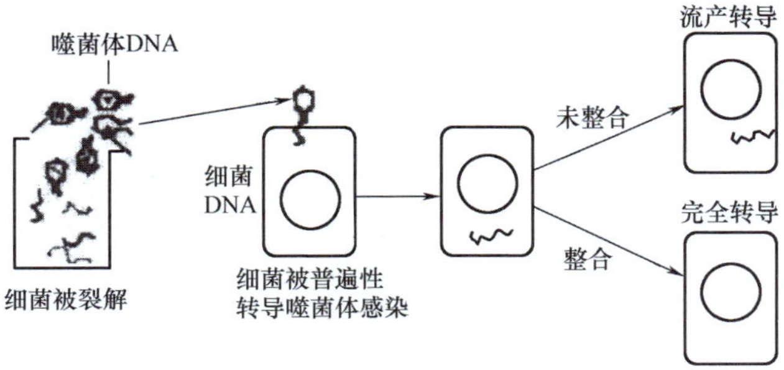

图3－3　普遍性转导模式

在流产转导中，转导子在每一次细胞分裂时只把噬菌体转导的 DNA 传给两个子细胞中的一个，所以即使经几次分裂产生许多细菌，也只有其中的一个细菌细胞得到噬菌体转导的 DNA，这是一种单线遗传的方式。在同一次转导中，流产转导的细胞往往多于完全转导的细胞。

特异性转导又称为局限性转导，是指噬菌体只能传递供体染色体上原噬菌体整合位置附近的基因。特异性转导是在大肠杆菌 K12 的温和型噬菌体（λ）中首次发现的。λ 噬菌体和 φ80 噬菌体是大肠杆菌 K12 的局限性转导噬菌体。λ 噬菌体只能转导大肠杆菌染色体上半乳糖发酵基因（*gal*）和生物素基因（*bio*）等少数基因；φ80 噬菌体只能转导色氨酸基因（*trp*）、胸腺嘧啶激酶基因（*tdk*）等少数基因。产生这种现象的原因是由于在溶源化过程中噬菌体总是整合在供体细胞染色体的特定位置上，当溶源性细菌受紫外线等因素诱导后，原噬菌体便脱离细菌染色体而进行复制，一部分原噬菌体脱离寄主染色体时带有邻近的染色体基因，这些噬菌体便是转导噬菌体。

目前已经由实验证明了 λ 噬菌体的整合和转导噬菌体的形成机制。当用 λ 噬菌体转导发酵乳糖的基因时，大约 10^6 个被感染的细菌中出现一个转导子。这说明大约 10^6 个噬菌体中只有一个带有发酵乳糖的基因，这是低频转导。当 λ 噬菌体整合到寄主细胞后，带有发酵乳糖基因的 λ 噬菌体也整合到寄主染色体上，成为双重溶源化细胞。这种细菌用紫外线诱导时，非转导的和转导的噬菌体同时脱离细胞染色体而复制繁殖，两个噬菌体中就有一个带有发酵乳糖的基因。用这种细胞释放的噬菌体转导发酵乳糖基因，就可以得到50%的转导子，这种转导称为高频转导。

3. 接合

接合是通过供体细胞和受体细胞的直接接触来传递遗传物质。接合有时也称为杂交，接合不仅存在于大肠杆菌中，还存在于其他细菌中。

在细菌中，接合现象研究最清楚的是大肠杆菌。大肠杆菌的接合与其细胞表面的性纤毛有关，大肠杆菌有雄性和雌性之分，而决定它们性别的是F因子的有无。F因子又称致育因子，能促使两个细胞之间的接合，是一种质粒，其遗传组成包括三个部分：原点（起始转移位点）、致育基因群、配对区域。F因子约由6×10^4对核苷酸组成，相对分子质量为5×10^7，约占大肠杆菌总DNA含量的2%。F因子具有自主地与细菌染色体进行同步复制和转移到其他细胞中去的能力，既可以脱离染色体在细胞内独立存在，也能整合到染色体基因组上；既可以通过接合而获得，也可以通过理化因素的处理而从细胞中消除。

雌性细菌不含F因子，称为F^-菌。雄性含有F因子，并且根据F因子在细胞中存在情况的不同而有不同名称：F因子游离在细胞染色体外，为自主复制的小环状DNA分子，这样的细菌称为F^+菌；F因子整合在细菌染色体上，成为细菌染色体的一部分，随同染色体一起复制，这样的细菌称为高频重组菌（high frequency recombination，Hfr）；还有一种状态是F因子能被整合到细胞核DNA上，也能从上面脱落下来，游离存在，但在脱落时，F因子有时能携带一小段细胞核DNA，这种含有游离存在的但又带有一小段细胞核DNA的F因子的细菌称为F′菌。上述三种雄性菌株与雌性菌株接合时，将产生三种不同的结果。

（1）$F^+\times F^-$　当F^+和F^-细胞混合在一起时，不同类型的细胞，只要几分钟，便成对地连在一起，即所有F^+细胞跟F^-细胞配好对，同时在细胞间形成一个很细的接合管（性纤毛）。F因子穿过接合管，进入F^-细胞，使其转变为F^+菌株（图3-4）。F因子的转移特点是：F因子在原点上发生断裂，解开后的一条DNA单链通过性纤毛进入F^-菌中，剩下另一条单链留在供体细胞内；在供体和受体细胞内，分别以两条DNA单链为模板，再合成一条互补的新DNA链，形成完整的双链F因子，这样，F^-就变成了F^+菌株。在这种接合杂交中，虽然F因子的传递频率很高，但供体遗传标记的传递却十分稀少（只有$10^{-7}\sim10^{-6}$）。

（2）$F'\times F^-$　这种接合过程与$F^+\times F^-$菌的接合过程相同，接合后产生两个F′菌。

（3）$Hfr\times F^-$　Hfr菌与F^-菌接合的情况比较复杂，接合结果也不完全一

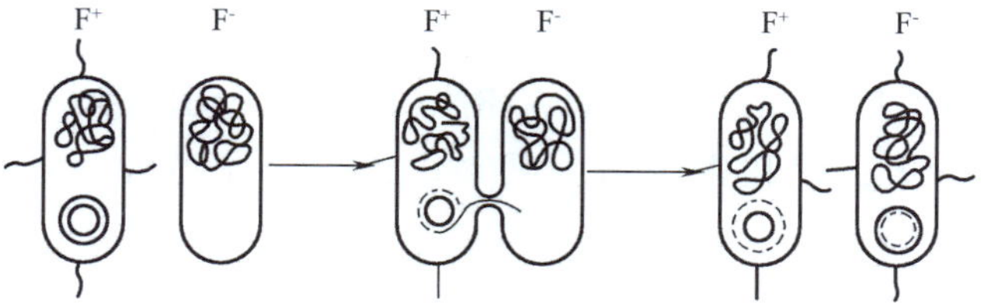

图 3－4　F 因子通过接合的转移与复制

样。在大多数情况下，受体细菌仍是 F^- 菌株，只有在极少数情况下，遗传物质转移完整时，受体细胞才能成为 Hfr 菌。

4. 溶原性转换

溶原性转换是指当噬菌体感染细菌时，受体菌染色体中获得了噬菌体的 DNA 片段，从而导致受体菌的基因型和性状发生改变。

溶原性转换与转导相似但又有本质的不同。产生这种现象的温和型噬菌体是正常而完整的，不携带任何供体菌的基因，不是异常情况下产生的缺陷型噬菌体。溶原性转换的典型例子是不产毒素的白喉棒状杆菌，在被噬菌体侵染而发生溶原化时，会变成产毒素的致病菌株。其他如沙门菌、红曲霉、链霉菌等也具有溶原转换的能力。

5. 转座

转座是指由可移动因子介导的遗传物质重排的现象。大多数基因在基因组内的位置是固定的，但有些基因可以从一个位置移动到另一位置。细菌、病毒和真核细胞的染色体上都含有这种可在基因组中移动的 DNA 片段。携带转座过程所需要的基因并可在染色体上移动的 DNA 片段，称为转座因子，包括插入序列和转座子。这种现象常是由转座子上编码的转座酶所控制。

与其他识别 DNA 的过程不一样，转座不需要转座子和它的目标位点之间广泛的同源性。转座子的行为除了它们本来就是位于染色体上并且能在同一染色体的不同位置移动外，很像溶原性噬菌体。但转座子不同于噬菌体，没有像病毒那样的生命循环；也有别于质粒，没有像质粒那样能独立自主地复制和独立存在于染色体。

转座现象最早发现于是 20 世纪 40 年代，在细菌中得到了广泛而深入的研究。

（二）噬菌体的基因转移与重组

噬菌体原来是指细菌病毒，近年来发现真菌、藻类都有噬菌体。病毒属于原核生物，是化学成分最简单的生物，没有一般的细胞结构，其染色体和细菌一样并不和蛋白质结合在一起；具有寄生专一性，只能在寄主细胞内繁殖；可以离开寄主细胞而存活，但不能繁殖。由于简单的体制和与寄主细胞的特殊关系，病毒已成为基因工程研究中最普遍采用的材料之一。病毒的研究对认识遗传物质的本质有着重要的作用，是基因操作技术中的一种重要工具。

就它的化学本质来讲，噬菌体有 RNA 噬菌体、DNA 噬菌体、单链噬菌体、双链噬菌体等；就和寄主的关系来讲，噬菌体可分为烈性、温和性两大类。

1. 烈性噬菌体

能在寄主菌细胞内复制增殖，产生许多子代噬菌体，并最终裂解细菌，称为烈性噬菌体。噬菌体的繁殖一般分为 5 个阶段，即吸附、侵入、增殖（复制与生物合成）、成熟（装配）和裂解（释放）。烈性噬菌体能在短时间内连续完成以上五个阶段，实现其增殖。

例如，大肠杆菌噬菌体 T2 就是一种烈性噬菌体，专门感染大肠杆菌。其病毒体内含 DNA，DNA 的组成包括有线状双股、末端冗余以及环状排列；体外有由蛋白质组成的外壳。此外，此病毒中唯一含有磷原子的分子是 DNA。

2. 温和性噬菌体

另一种是噬菌体基因与宿主菌染色体整合，不产生子代噬菌体，但噬菌体 DNA 能随细菌 DNA 复制，并随细菌的分裂而传代，称为温和性噬菌体或溶原性噬菌体。

温和性噬菌体跟 F 因子一样，宛如附加的细菌基因群，既能以自主的自我复制颗粒存在，也能插入细菌染色体与其一起复制。温和性噬菌体可以有三种存在状态：游离的、具有感染性的噬菌体颗粒；宿主菌胞质内类似质粒形式的噬菌体核酸；前噬菌体。另外，温和性噬菌体可有溶原性周期和溶菌性周期，而烈性噬菌体只有一个溶菌性周期。

λ 噬菌体是最著名的温和性噬菌体。当 λ 噬菌体侵染大肠杆菌时，发生两种反应：一种是裂解性反应，和烈性噬菌体侵染敏感细菌所进行的反应相同。在寄主体内，侵染的噬菌体 DNA 立即复制，合成头部和尾部，装配成成熟的噬菌体颗粒，裂解寄主细胞，释放出几百个成熟的噬菌体。另一种是溶源反应。侵染的噬菌体进入寄主细胞后，其 DNA 可以整合到寄主细胞染色体上，成为细菌染色体的一部分，以原噬菌体形式存在于细胞中，使细菌溶源化，这种状态的温和性噬菌体又称为原噬菌体。原噬菌体能够诱变成成熟的噬菌体颗粒而裂解寄主细胞，紫外线是一种有效的诱发因素。

（三）真核微生物的基因转移与重组

真核微生物的基因重组机制比原核微生物复杂，主要有有性杂交和准性生殖等。

1. 有性杂交

有性杂交是指在微生物的有性繁殖过程中，两个性细胞相互接合，通过质配、核配后形成双倍体的合子，随之合子进行减数分裂，部分染色体可能发生交换而进行随机分配，由此而产生重组染色体及新的遗传型，并把遗传性状按一定的规律性遗传给后代的过程。凡是能产生有性孢子的酵母菌和霉菌，都能进行有性杂交。

有性杂交在生产实践中被广泛用于优良品种的培育。例如酒精发酵的酵母菌和面包发酵的酵母菌是同属于啤酒酵母的两个不同菌株，由于各自的特点，它们不能互用。但通过两者的有性杂交，得到了产酒率既高，又对麦芽糖及葡萄糖的发酵能力强，产生 CO_2 多、生长快、可以用作面包厂和家用发酵酵母的优良菌种。

2. 准性生殖

准性生殖类似于有性生殖，但比其更原始，可使同一种生物的两个不同来源的体细胞进行融合，不经过减数分裂和接合的交替，不产生有性孢子和特殊的囊器，仅导致低频率的基因重组，重组体细胞和一般的营养体细胞没有什么不同。准性生殖多见于一般不具有典型有性生殖的酵母和霉菌中，为一些没有有性繁殖过程但有重复生产价值的微生物的育种提供了重要的手段，如霉菌中酱油曲霉、黑曲霉等。

三、基因重组的类型

在前述的基因转移与重组过程中，不同 DNA 分子间通过共价连接，在双 DNA 链之间进行物质交换，两个或两个以上的亲本 DNA 重新组合成一个基因的 DNA 序列，可称为基因重组。根据重组机制等方面的不同，可以将上述狭义的基因重组分为三种类型，即，同源重组、位点特异性重组和异常重组。

1. 同源重组

同源重组是指发生在两个同源 DNA 片段之间，是在两个 DNA 分子的同源序列之间直接进行交换的一种重要形式。同源重组主要是利用 DNA 序列的同源性来识别重组对象，由碱基序列提供识别的特异性。

同源重组最主要的特征是相关的酶可以利用任何一对同源序列作为底物，即只要两条 DNA 序列相同或接近，重组可在此序列的任何一点发生，而无论是在非姐妹染色单体之间，或在同一染色体上含有同源序列的 DNA 分子之间，或分子之内。真核生物减数分裂时的非姊妹染色单体的交换，某些低等真核生物以及细菌的转化、转导、接合，还有噬菌体的重组等都属于这种类型。

在整个基因组中，同源重组的频率并不恒定，跟染色体的结构有关，例如在异染色体附近，遗传物质的交换要受到抑制。

进行同源重组需要几个基本条件。

（1）在交换区具有相同或相似的序列　发生同源性重组的两个区域的核苷

酸序列必须是相同或非常相似的；同源重组常常只发生在两个 DNA 分子中的相同部位。

（2）双链 DNA 分子之间互补碱基进行配对　两个 DNA 分子的链之间互补的碱基对确保重组只发生在同样的基因组之间。在该部位的两个双链 DNA 分子之间通过链之间互补的碱基配对被维系在一起，这种现象称为联会。

（3）重组酶　同源重组过程需要一系列的酶来催化。在重组中，每个 DNA 分子链首先断裂，然后进行修复和连接，两个 DNA 分子之间发生交换。重组完成后，重组分子的解离和释放等过程均是在酶的催化下完成的。

（4）异源双链区的形成　异源双链区指的是同源重组时，在两个 DNA 分子之间互补碱基配对的区域，两个 DNA 分子通过一段异源 DNA 的双链共价相互连接（图 3－5）。

图 3－5　异源双链区的结构

同源重组的反应过程通常分为三个阶段，即：联会体阶段、联会体形成和交叉分子结构（Holiday 结构）的拆分。同源重组可以双向交换 DNA 分子，也可以单向转移 DNA 分子，后者又被称为基因转换。

2. 位点特异性重组

位点特异性重组是指发生在 DNA 特异性位点上的重组。与同源重组不同，这种重组不是由 DNA 序列的同源性所引导，而是在结合序列部位由专一的酶来催化断裂重接，是由使相应酶出现的调节过程来引发的，而同源重组则是由能与 RecA 蛋白结合的 DNA 序列的随机断裂来引发的。

位点特异性重组有以下两个特点。

（1）这种交换是可逆的，原先存在的 DNA 顺序全部被保存下来，并无丢失。

（2）噬菌体和细菌的 DNA 之间有一段很短的同源序列，重组交换必须通过其中的一个特定的核苷酸。

位点特异性重组最早是在 λ 噬菌体的遗传学研究中发现的。λ 噬菌体 DNA 通过重组整合到大肠杆菌染色体的专一性位点上，转变为原噬菌体的非活性状态。λ 噬菌体的两种存在类型（裂解状态和溶原状态）之间的转换，就是通过位点特异性重组来实现的。

位点特异性重组可以调节噬菌体 DNA 与寄主菌染色体 DNA 的整合，还能调节特定基因的表达，以及调节胚胎发育期间程序性的 DNA 重组。

（1）分子间位点专一性重组产生整合或融合。

（2）重组位点的正向顺序间的分子内位点专一性重组产生剪切和解离。

（3）重组位点的反向顺序间的分子间位点专一性重组产生倒位。

3. 异常重组

异常重组也称为非同源重组，指发生在彼此同源性很小或没有同源性的DNA序列之间的重组。由于这种重组不需要对特异性序列进行识别的复杂系统，或对DNA同源序列进行识别的机制，所以可以发生在DNA的很多不同的位点上。异常重组能产生许多不同结果，例如移码、缺失、倒位、融合以及DNA的扩增。

按照重组机制的不同，异常重组主要分为以下两类。

（1）末端连接　指断裂的DNA末端彼此相连。这种方式在20世纪40年代首次被发现。其特点是断裂末端可以通过断端直接对接。然而，如果断端不能直接相连（如两末端的极性相同的时候），则可以先通过碱基配对，然后再末端合成修复。断裂后产生新的连接体。该过程和末端DNA的序列无关，也不要求两端之间有任何同源性。

（2）链滑动　指DNA复制时由一个模板跳跃到另一个模板所引起的重组。这种方式是1966年提出的，通过新合成的DNA链与其模板的错配，可导致移码突变。同样的机制在较大范围内发生时，可以产生DNA的缺失和扩增。

许多DNA序列都可能发生上述两类的异常重组，这直接威胁着基因组的完整性，但同时也是进化的重要途径。

技能要点

广义上，任何造成基因变化的基因交流都可以称为基因重组。狭义的基因重组指的是DNA重组，是在分子水平上对基因进行复杂的操作，即通过不同DNA链的断裂和连接而产生DNA片段的交换和重新组合，形成新DNA分子，进而将外源基因通过体外重组后导入受体细胞内，使该基因能够在受体细胞内复制、转录、翻译表达的操作。DNA重组也称为分子克隆，外源DNA、载体、工具酶和受体是这类操作中的基本要素。

自然界中存在着多种基因转移与重组的现象。基因重组不同于杂交，可以认为是人工操纵下的定向基因突变。根据重组机制等方面的不同，可以将基因重组分为三种类型，即，同源重组、位点特异性重组和异常重组。

实践练习

1. 广义上的基因重组和狭义上的基因重组，两者的概念有什么不同？
2. 什么是普遍性转导？有哪两种表现形式？
3. 请简述噬菌体在基因重组中的作用。
4. 进行同源重组需要哪些基本条件？
5. 如何防止线状载体DNA分子的自身环化？

项目二　重组 DNA 分子的连接

学习目标

【学习目的】

学习重组 DNA 分子的连接技术，掌握 DNA 分子连接的操作原理。

【知识要求】

掌握 DNA 分子连接操作的基本原理，熟悉不同类型的 DNA 分子连接技术，了解 DNA 连接的影响因素。

【能力要求】

熟悉不同类型的 DNA 分子连接技术原理，能进行 DNA 连接的操作。

一、基因重组的基本步骤

1974 年，波兰人 Waclaw S. 将基因重组技术称为合成生物学概念。随着基因组计划的成功，至 2000 年，人们重新定义合成生物学为基于系统生物学的遗传工程，从而将 DNA 重组技术与转基因生物技术发展到了人工设计与合成全基因、基因调控网络，乃至基因组的一个新的历史时期。所谓的基因重组，就是建立在自然界基因的转移和重组基础上、人工实施的、分子水平上的、重组 DNA 操作的复杂技术。

1. 重组 DNA 的技术支撑

重组 DNA 的技术支撑主要有：限制性核酸内切酶（简称限制酶）、DNA 连接酶、基因载体（简称载体）。这些前面均已有描述（参阅模块二项目二和项目三）。

（1）限制酶　限制酶的研究最早可以追溯到 1952 年在大肠杆菌中发现的所谓限制现象——从菌株甲的细菌所释放的噬菌体能有效地感染同一菌株的细菌，但不能有效地感染菌株乙；少数被感染的菌株乙的细菌所释放的同一噬菌体能有效地感染菌株乙，可是不能有效地感染菌株甲。经过长期研究，直至 1974 年人们终于对这一现象提出了解释，认为：通过噬菌体感染而进入细菌细胞的 DNA 分子能被细菌识别而分解，细菌本身的 DNA 则由于已被自己所修饰（甲基化）而免于被分解；但有少数噬菌体在没有被分解以前已被修饰了，这些噬菌体经释放后便能有效地感染同一菌株的细菌。被甲（或乙）这一菌株所修饰的噬菌体只能有效地感染甲（或乙），而不能有效地感染乙（或甲）。这说明各个菌株对于外来 DNA 的限制作用常常是专一性的。进一步的研究发现，这种限制现象是由细菌细胞中具有专一性的限制性核酸内切酶所引起的。

（2）连接酶 用于 DNA 分子间的连接酶主要有：大肠杆菌染色体编码的 DNA 连接酶和大肠杆菌 T4 噬菌体所编码的 T4 DNA 连接酶。前者的反应需要 NAD^+参与催化，而 T4 DNA 连接酶的反应则需要 ATP 参与催化。早先的研究表明，大肠杆菌连接酶只能催化黏端的连接，现在发现在 PEG 或聚蔗糖存在的条件下，也能进行平端的连接。相比较而言，T4 DNA 连接酶并不需要 PEG 等的存在就能进行平末端的连接，所以现在一般都使用 T4 DNA 连接酶。

（3）载体 重组 DNA 技术中所用的载体主要是质粒和温和噬菌体（见转导）两类，而在实际应用中的载体几乎都是经过改造的质粒或温和性噬菌体。其中，广泛应用的噬菌体是 1951 年发现的大肠杆菌温和性噬菌体 λ。至 1972 年有人将动物病毒 SV40 的 DNA 与噬菌体 P22 的 DNA 连接在一起，构成了第一批重组体 DNA 分子。随后又有人将几种不同的外源 DNA 插入质粒 pSC101 的 DNA 中，并进一步将它们引入大肠杆菌中，从而开创了重组 DNA 技术的研究。

所谓载体的构建，其实就是外源 DNA 与载体 DNA 之间的连接。为把外来的目的基因（即外源 DNA 分子）运送到受体细胞中去，必须寻找一种能进入细胞、在装载了外源 DNA 片段后仍能照样复制的运载体。理想的运载体是质粒。载体构建即是人工构建含外源 DNA 的质粒。

人工构建的质粒可以集多种有用的特征于一体，如可含有多种单一酶切位点、抗生素耐药性等。常用的人工质粒载体有 pBR322、pSC101。pBR322 含有抗四环素基因（Tet^r）和抗氨苄青霉素基因（Amp^r），并含有 5 种内切酶的单一切点。pSC101 与 pBR322 相似，只是没有抗氨苄青霉素基因和 PstI 切点。所以，与单纯的 DNA 分子连接不同的是，载体构建的内容包括：已有载体多克隆位点（MCS）的改造，已有载体启动子、增强子、筛选标记等功能元件的改造。载体构建完成后，还需利用 PCR 原理进行测序验证。这里，我们只讨论外源 DNA 与载体之间的连接问题，其他改造策略留待更进一步的技术层面去讨论。

2. 重组 DNA 技术的基本步骤

一般来说，重组 DNA 技术包括以下四个步骤（图 3－6）。

（1）获取 DNA 片段 简单地说，这个步骤就是克隆目的基因，取得所需要的 DNA 特异片段。模块二项目四讲述了核酸提取的方法。通过核酸的提取，可以获得目的基因和 DNA 载体，并对这些 DNA 片段进行分离、纯化及鉴定。主要的方法如下。

①利用限制酶取得具有黏性末端或平整末端的 DNA 片段。

②用机械方法剪切取得具有平末端的 DNA 片段，如超声波断裂双链 DNA 分子。

③经反向转录酶作用从 mRNA 获得与 mRNA 顺序互补的 DNA 单链，然后再复制形成双链 DNA（cDNA）。如人的胰岛素和血红蛋白的结构基因都用这方法获得。

这样获得的基因具有编码蛋白质的全部核苷酸顺序，但往往与原来位置在染色体上的基因在结构上有区别，不含有称为内含子的不编码蛋白质的间隔顺序。

④用化学方法合成 DNA 片段。从蛋白质肽链的氨基酸顺序可以知道它的遗传密码，依照密码序列用化学方法可以人工合成基因。

（2）重组 DNA 分子与载体分子的连接　将挑选出来的外源 DNA 片段与特定的 DNA 载体连接起来，形成重组 DNA。这是本节讨论的重点。

（3）重组 DNA 分子的导入　将重组 DNA 引入受体细胞（如细菌或动植物细胞）内，使其增殖并稳定遗传。重组子在受体细胞内的稳定繁殖，可确保目的基因的遗传性状能够得以表达。

（4）筛选与鉴定　通过重组子遗传性状的表达，将表达目的基因的受体细胞挑选出来，进行培养增殖，使目的基因表达能够持续进行，得到相应的蛋白质或其他产物，从而育成动植物优良新品种（系）。

DNA 片段和载体的连接，就是 DNA 分子之间的连接。根据载体和外源目的 DNA 上存在的限制性核酸内切酶位点的不同，所产生的 DNA 片段末端类型不同，DNA 片段和载体相连接的方法也不相同。在具体实践中选择哪种方法，主要取决于外源 DNA 的来源、载体的性质、基因本身的性质和基因重组的目的。

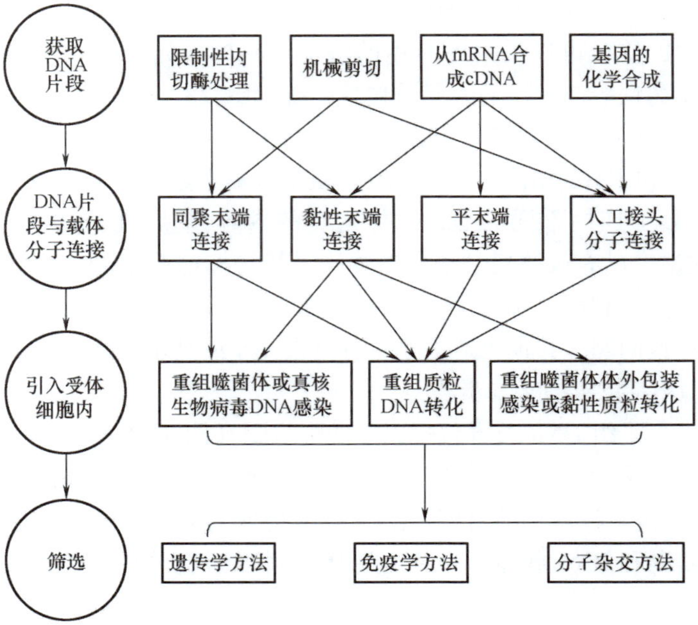

图 3－6　重组 DNA 技术的基本路线（箭头表示常采取的技术途径）

二、相同黏末端的 DNA 连接

一种限制性核酸内切酶可以作用于 DNA 分子上的特定的识别顺序。如果将多种酶共同作用，其结果就会产生具有黏性末端的两个 DNA 片段。当载体 DNA 和外源 DNA 分子都是用同一种限制性核酸内切酶或两种限制性内切酶（为同尾酶，如 *Bam*H Ⅰ和 *Bgl* Ⅱ）处理时，会产生相同的黏性末端。相同黏末端的连接为最适连接，两个 DNA 片段在 DNA 连接酶作用下就可以共价连接，形成重组 DNA（图 3－7）。当需要回收该目的基因片段时，还可以用原来的这种酶消化重组 DNA，进行回收。

这种连接的最大优点是操作简单，易于回收外源 DNA 分子。其操作也存在缺点。

（1）相同的黏末端由于其互补性，在连接反应中外源 DNA 片段和质粒载体 DNA 均容易出现自身环化，必须在连接反应之前进行修饰，用碱性磷酸酶预处理线性化的 DNA 片段（图 3－8），将载体 DNA 的 5′磷酸基团用碱性磷酸酯酶去掉，最大限度地抑制其自身环化；同时，带 5′端磷酸的外源 DNA 片段可有效地与去磷酸化的载体相连，产生一个带有两个缺口的开环分子，在转入 *E. coli* 受体菌后，该种缺口可在 DNA 复制过程中自动修复。

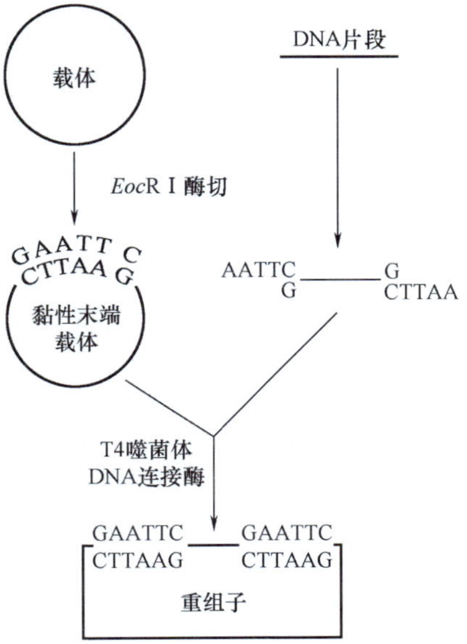

图 3－7　相同黏性末端的连接

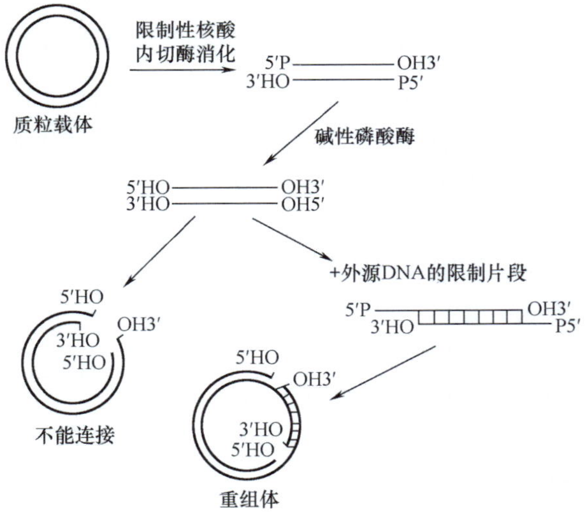

图 3－8　使用碱性磷酸酶防止自身环化

（2）连接时外源 DNA 片段可双向插入载体 DNA（即正向和反向均可插入），很难控制 DNA 分子插入载体的方向。这种方向的不同，虽然不影响 DNA 片段的连接，但却影响外源 DNA 的表达。

（3）所产生的重组 DNA 往往容易出现多拷贝现象，即产生多个外源 DNA 分子或多个载体分子串连形成寡聚物的现象，增加了假阳性。为使正确的连接产物数量达到最高水平，一般载体 DNA 和外源 DNA 的分子数比（浓度比）为 1∶3～1∶10。

采用定向克隆，可以有效避免载体自连和 DNA 片段的反向插入，即，将待克隆的 DNA 片段和载体 DNA 片段采用同一对限制性核酸内切酶切割后连接起来，实现外源 DNA 片段的定向插入（图 3－9）。

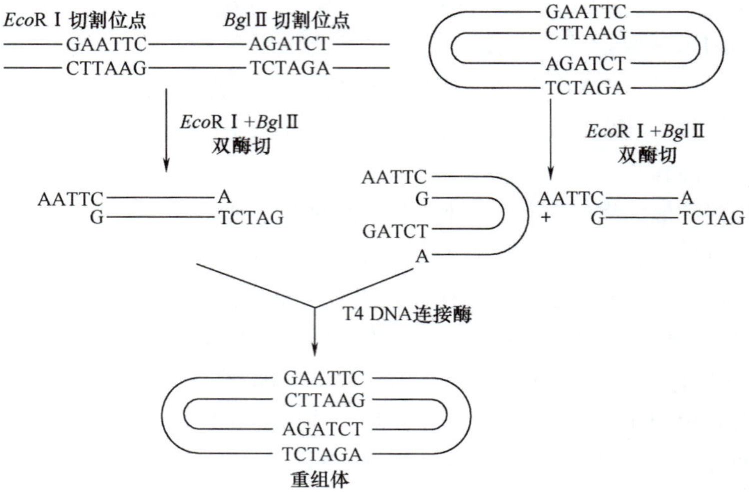

图 3－9　定向克隆法的连接

三、不同黏性末端的 DNA 连接

当使用两种不同的限制性内切酶时，可以产生不同的黏性末端。原则上，这样的黏末端是无法直接连接的，但可以转化成平末端后再进行连接。

对于 5′端片段，可利用 Klenow 酶，在 3′端延伸，填平末端凹陷并将其转变成平末端（图 3－10），然后再进行平末端的连接；也可以用 S1 核苷酸酶（高度单链特异的核酸内切酶，降解单链 DNA 或 RNA，产生单核苷酸或寡核苷酸）切平。S1 核苷酸酶不好掌握，容易造成双链 DNA 的降解，所以一般多用 Klenow 酶。

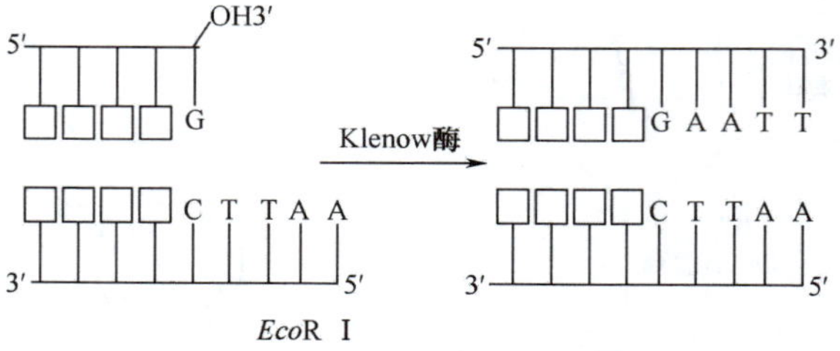

图 3－10　5′端突出的黏性末端转变成平末端

对于 3′端片段，则用 T4 DNA 聚合酶 3′→5′的核酸外切酶活性切除未配对的序列，将其转变成平末端（图 3－11）后再连接。

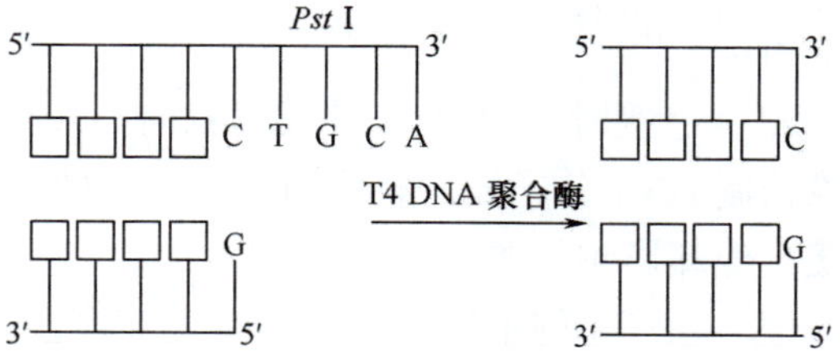

图 3－11　3′端突出的黏性末端转变成平末端

四、平末端的 DNA 连接

平末端是由产生平末端的限制酶或核酸外切酶消化产生，或由 DNA 聚合酶补平所致。可以利用 T4 DNA 连接酶能连接平末端分子的特性，进行连接。

T4 DNA 连接酶可以将两条 DNA 连接成一条，既能连接黏末端（属于分子内反应），也能连接平末端（属于分子间反应）。从分子动力学角度来看，后者的反应要复杂得多，也慢得多。因此，平端的连接效率比黏末端要低得多，一般只有前者的 1/10 ~ 1/100。通常采取以下措施来提高平末端的连接效率。

（1）增加连接酶的用量和平末端的浓度　在其反应中，T4 DNA 连接酶的浓度和外源 DNA 及载体 DNA 浓度均要高得多。但实际操作中困难很大，因为体系中酶量增加也会影响甘油的含量，反而不利于反应的进行。

（2）延长连接时间　连接反应的时间延长，可以增加 DNA 分子的碰撞机会，促进 DNA 分子凝集，从而提高转化效率。

（3）适当提高反应温度　平末端连接不存在分子末端退火的问题，提高温度，不仅可以增强连接酶的活性，还有利于提高分子间的碰撞机会。一般多采用 20 ~ 25℃。

五、其他措施产生黏性末端的 DNA 连接

除上述黏性末端和平末端的 DNA 连接方式外，还可以通过其他措施产生黏性末端进行连接，常用的有以下几种。

1. 人工接头连接

这种方法是在两个平末端 DNA 片段的一端接上用人工合成的寡聚核苷酸接头片段，这里面包含有新的限制酶识别位点。再用限制酶切割产生具有黏性末端的两个 DNA 片段，而后进行黏性末端的连接（图 3 - 12）。人工接头是借助化学合成（或退火）而得到的含有一种或一种以上限制性内切酶切点的平端双链寡核苷酸片段。

人工接头常用于构建重组表达载体。调整人工接头的长度，可保证正确阅读框架或提供必需的特定序列。该方法有许多优点，但也存在弊端，如往往需要甲基化修饰，且甲基化修饰的步骤十分难掌握；在重组连接之前还要进行酶切消化。这些都给后续的亚克隆等操作带来麻烦。

2. 同聚末端连接

这种方法是在脱氧核苷酸转移酶（也称末端转移酶）的作用下，在 DNA 片段的 3′端加上同聚物序列（即合成的低聚多核苷酸），制造出黏性末端，再进行黏性末端连接（图 3 - 13）。

例如，把外源 DNA 片段接上低聚腺嘌呤核苷酸（A……A），而把载体分子接上低聚胸腺嘧啶核苷酸（T……T），由于两者之间能形成互补氢键，则可以通

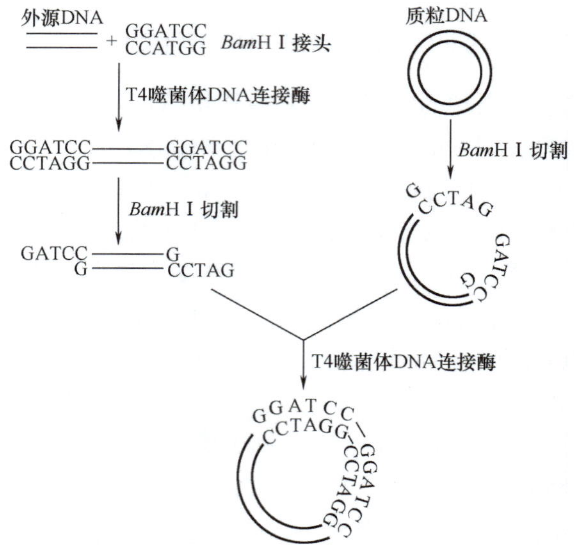

图 3－12　人工接头法连接 DNA 分子

过 DNA 连接酶的作用完成两个 DNA 片段之间的连接。

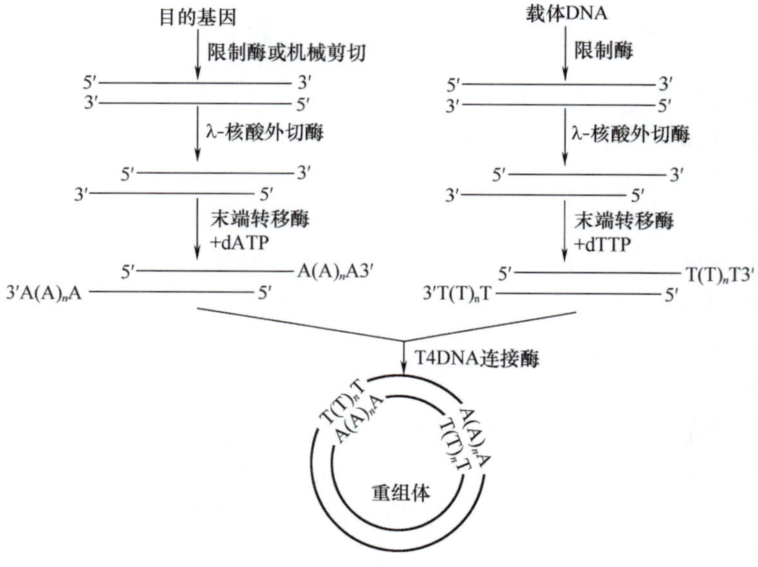

图 3－13　同聚末端法连接 DNA 分子

3. PCR 连接

该方法是在扩增目的基因片段的过程中，通过 PCR 连接 DNA 分子。针对外源 DNA 片段的 5′端和 3′端，设计一对特异引物，在每条引物的 5′端分别加上不同的限制性内切酶位点，然后以外源 DNA 为模板，经 PCR 扩增，便可得到带有引物序列的外源 DNA，进而用相应的限制性内切酶切割 PCR 产物，产生黏性末端，再与带有相同黏性末端的线性化载体进行连接。

4. T - A 克隆连接

把 PCR 片段与一个具有 3′ - T 突出的载体 DNA 连接起来的方法称为 T - A 克隆法。Taq DNA 聚合酶同时具有末端连接酶的功能，PCR 反应时在每条 PCR 扩增产物的 3′端自动添加一个突出的 3′ - A 端而成为黏性末端，这样的 PCR 产物可直接与带有 3′ - T 的线性化载体（T 载体）连接。

在通过 PCR 方法扩增目的基因片段的过程中，由于往往不清楚目的基因的 DNA 序列，获得的目的片段通常需要通过 T - A 克隆的方法，重组到 T 载体中，通过序列测定清楚 DNA 序列。

六、黏性 - 平末端的连接

这是指外源 DNA 和载体 DNA 之间通过一端为黏性末端，另一端为平末端的方式进行连接。以这种方式连接时，外源 DNA 可定向克隆，插入载体内。该连接方式的效率介于黏性末端和平末端之间，可采用提高平末端连接效率的措施来提高该方式的连接效率。

七、DNA 连接的影响因素

DNA 连接反应的影响因素包括温度、时间、酶量、缓冲体系、DNA 片段末端的性质、浓度以及大小等。

1. 温度与时间

理论上连接反应的最佳温度是 37℃，此时连接酶的活性最高。但 37℃时黏性末端形成的氢键配对结构极不稳定。实践表明，既可最大限度地发挥连接酶的活性，又有助于短暂配对结构稳定的最适温度是 12 ~ 16℃。一般黏性末端的连接在此温度下反应 30 ~ 60min，即可取得较好的效果。对于平末端，建议在 37℃条件下连接，并且适当延长反应的时间。

2. 酶量

酶量与酶单位的定义有关。例如，常常将 T4 - DNA 连接酶在 20mL 反应体系中、16℃下反应 30min 时，6mg 的 λDNA - Hind Ⅲ分解物在有 90% 以上的 DNA 片段进行连接所用的酶量为 1U。由此可知，日常使用中的 DNA 的浓度比酶量定义的状态下前者为后者的 1/20 ~ 1/10。所以实际酶量是过量的。平末端的连接酶用量要比黏性末端连接所需酶量大 10 ~ 100 倍，因此商业连接酶的浓度往往是比较高的。从这个意义上分析，常规黏性末端连接反应体系中，酶量的加入往往是过量的。

3. 缓冲体系

商业的连接酶缓冲液大部分含有 Tris - HCl（pH 7.5），可提供连接所需的合适 pH。在缓冲液中还有两种主要成分非常重要：DTT 和 ATP。前者提供一定的还原能力，而后者能促进连接反应的有效进行。缓冲液使用时的反复冻融会引起

ATP 的分解，从而影响连接效率。为了保证实验的顺利进行，一般大剂量的缓冲液可以分装成小管保存并使用。另外，缓冲液使用一段时间后，应该定期更新。

4. DNA 浓度

一般来说，反应中建议的 DNA 连接浓度为 0.1 ~ 1pmol/mL，而为了降低载体分子间的环化，载体 DNA 的浓度不宜过高，外源 DNA 的投入量则依据连接类型不同而投入 1 ~ 10 倍。

技能要点

重组 DNA 的实施依靠限制性内切酶、DNA 连接酶及合适的载体，其基本步骤包括：获得目的基因、外源 DNA 片段与载体的连接、重组 DNA 导入受体细胞和重组子的筛选。

含有目的基因的外源 DNA 片段与载体的连接，就是 DNA 分子之间的连接。这种连接因限制性酶切的位点不同而有多种连接方式，其中黏性末端连接属于 DNA 的分子内连接反应，是最适合的连接方式，但需要注意防止 DNA 分子的自身环化，可以用定向克隆来解决插入方向问题；平末端连接属于 DNA 的分子间连接反应，可先转变成黏性末端后，再进行连接。有多种方式可以将 DNA 分子的平末端转变成黏性末端，如人工接头法、同聚末端法等。

实践练习

1. 获取 DNA 片段的方法主要有哪些？
2. 相同黏性末端的 DNA 连接操作有哪些缺点？
3. 如何提高平末端的 DNA 连接效率？

项目三　重组 DNA 分子的导入

学习目标

【学习目的】

学习重组 DNA 导入受体细胞的原理与操作技术。

【知识要求】

掌握重组 DNA 分子导入受体细胞的目的，熟悉常用的重组 DNA 分子的导入类型，了解主要的重组 DNA 分子导入方法的技术原理。

【能力要求】

懂得重组 DNA 分子导入受体细胞的技术操作路线。

外源DNA片段和载体分子重新连接而成的重组DNA分子，还必须被导入受体细胞，进行扩增和筛选，得到大量、单一的重组DNA分子。这个过程也称为外源DNA的无性繁殖，或称为克隆。重组DNA分子导入受体细胞的操作，即为基因转移的过程。由于外源DNA与载体构成的重组DNA分子性质不同、受体细胞不同，将重组DNA导入受体细胞的方法也不相同。

一、重组DNA导入的目的

把重组DNA导入到宿主细胞中去产生克隆的目的有两个：一是大量产生重组DNA；二是对重组DNA进行纯化。

在完成连接反应后，重组DNA往往只有纳克（ng）级的量，不易操作和进一步分析。若把重组DNA导入到细菌中，细菌可通过多次的细胞分裂，产生克隆。克隆中的每一个细胞都含有很多个拷贝的重组DNA，使得重组DNA的量成倍扩增，以便用于基因结构和表达的研究。

在构建重组DNA过程中，很难保证体系中不污染其他的DNA分子，这样完成连接过程以后的体系中就有多种分子存在，除了我们需要的重组DNA以外，还含有没有连接上的载体分子、没有连接上的DNA分子、自身环化的DNA分子和连接上污染DNA分子的重组DNA。未连接上的载体和DNA分子影响不大，因为它们即便导入宿主细胞也不能复制，很快就可被宿主细胞中的酶降解掉；对克隆工作带来影响的是后两种分子，因为它们都为环状，在宿主细胞中都能复制，因而都能产生克隆。好在质粒具有不相容性，因此在每个克隆中所有的细胞都只含有同一种质粒。一般来说，各种克隆中，通常会含有三种不同的质粒DNA分子：第一种自环化质粒分子；第二种为重组DNA；第三种为污染DNA克隆。所以要对不同的克隆进行筛选，鉴定出所需的重组DNA。

二、受体细胞

受体细胞是指在重组DNA分子导入过程中接受重组DNA并稳定遗传的细胞，也称为寄主细胞或宿主细胞。受体细胞可以是原核细胞，也可以是真核细胞（包括酵母菌、动物细胞和植物细胞）。作为基因工程的受体细胞必须具备如下特点：

（1）具有接受外源DNA的能力。

（2）一般应为限制酶缺陷型（或限制与修饰系统均缺陷）。

（3）一般应为DNA重组缺陷型。

（4）不适于在人体内或在非培养条件下生存。

（5）它的DNA不易转移。

同时，能否作为受体细胞，还必须遵循这些原则：便于重组DNA分子导入；便于重组DNA分子稳定存在于细胞中；便于重组子的筛选；遗传稳定性高，易于扩大培养与发酵；安全性高，无致病性；最好是内源蛋白水解酶缺失或含量低；密码子无明显偏爱性；具有较好的翻译后加工机制，便于真核基因的表达；以及理论与实践上都具有较高的应用价值。近年来，已经有越来越多的受体细胞相继被开发。

（一）原核受体细胞

原核生物细胞作为基因操作的受体细胞，有许多优点：不具有纤维素的细胞壁与核膜，便于重组 DNA 的导入；基因组简单，便于开展遗传分析；单细胞结构，易于进行各种操作。因此，原核受体细胞的应用已经十分普遍。原核受体细胞的最大缺陷在于：缺乏表达真核生物基因时的转录后加工修饰机制，具体表现如下。

（1）不具备真核生物的蛋白质折叠系统。即使能得以表达，得到的也多是无特异性空间结构的多肽链。

（2）缺乏真核生物的蛋白质加工系统，而许多真核生物蛋白质的生物活性正是依赖于其侧链的糖基化或磷酸化等修饰作用。

（3）原核细胞内源性蛋白酶易降解空间构象不正确的异源蛋白，造成表达产物不稳定等。这在一定程度上制约了原核宿主细胞作为生物反应器进行异源真核生物蛋白质的大规模生产。

1. 大肠杆菌

大肠杆菌虽然是条件致病菌，但是通过人工改造，已经成为一个安全的基因工程受体。大肠杆菌为革兰阴性菌，遗传背景清楚，载体受体系统完备，生长迅速，培养简单，重组子稳定，这是作为受体细胞的优点。缺点是常常产生结构复杂、种类繁多的内毒素。大肠杆菌适用于外源 DNA 的扩增和克隆、原核生物基因的高效表达、基因文库的构建，是 DNA 重组实验和基因工程的主要受体菌。

利用 DNA 重组技术构建的大肠杆菌工程菌已大规模生产真核生物基因，尤其是人类基因的表达产物，具有重大的经济价值。目前已经实现商品化的多种基因工程产品中，大部分是由大肠杆菌工程菌生产的，如人胰岛素、生长素和干扰素等。但是，大肠杆菌细胞膜间隙中含有大量的内毒素，可导致人体热原反应。

2. 枯草芽孢杆菌

枯草芽孢杆菌属革兰阳性菌，尽管其遗传欠稳定，载体受体系统也欠完备，但仍然具有作为宿主细胞的很多优势。

（1）遗传背景清楚，不产生内毒素，无致病性，是一种安全的基因工程菌。

（2）具有芽孢形成能力，生长迅速，代谢易于调控，易于保存和培养。

（3）具有胞外酶分泌－调节基因，能使基因表达产物分泌至胞外，可以直接从培养基中获得表达产物，大大简化了表达产物的提取和加工等过程；在多数情况下，异源重组蛋白经枯草杆菌分泌后便具有天然构象和生物活性，与大肠杆菌相比优越得多。

枯草杆菌适用于原核生物基因的克隆、表达以及重组蛋白多肽的有效分泌。

3. 蓝细菌

蓝细菌也称蓝藻，在细胞结构和生化特性方面与细菌相似，亲缘关系也较近。因其具有如下特点而越来越被重视，有可能成为新一代的基因工程宿主细胞。

（1）属于光能自养型生物　由于可进行光合作用，释放出氧气，因此培养操作简单易行，而且营养条件要求低，可用于大规模生产。

（2）含有叶绿素 a 等光合色素　由于密码子的偏好性和启动子的通用性，使其可能成为植物基因表达的最佳宿主细胞。

近些年来，随着蓝藻质粒的发现、有关载体的构建和大量突变体细胞的获得，蓝藻基因工程有了长足的发展，目前已获得高效表达 PHB（聚 β－羟基丁酸盐）等产物的蓝藻工程菌，可用于生产可降解塑料等。以蓝藻细胞作为廉价高效的生物反应器，大量生产高价值产品，如药物、生物燃料等，具有广阔的应用前景。

4. 乳酸杆菌

乳酸杆菌作为主要的益生菌已广泛应用于食品及饲料加工业。通过构建具有广泛宿主范围的质粒载体系统，已经成功地转化到乳酸菌并表达出内源及外源蛋白，应用于功能食品、医疗保健、微生态制剂等领域，甚至可作为某些免疫接种的疫苗载体。

5. 乳酸乳球菌

乳酸乳球菌是一种“公认安全”的革兰阳性菌，广泛存在于人、畜的消化道中并发挥着重要的生理功能。虽然乳酸乳球菌在蛋白的分泌表达中出现了与枯草芽孢杆菌相似的问题，即许多外源蛋白在枯草芽孢杆菌中分泌表达时，经常被胞外蛋白水解酶降解。但乳酸乳球菌作为一种表达受体菌仍具有许多优势，如只有蛋白 Usp45 分泌到细胞外，因此其产物的下游纯化过程相对简单；有些试验菌株只有一种输出性的蛋白水解酶，因此可能得到无细胞外蛋白水解酶的突变菌株。此外，乳酸乳球菌在试验条件下很容易生长、繁殖。

6. 芽孢杆菌

芽孢杆菌是一类耐高温、高压及低 pH 的有益菌，常用作稳定的颗粒或液体饲料添加剂。芽孢杆菌以孢子状态进入畜禽肠道生长繁殖，消耗肠内氧气，造成厌氧环境，使乳酸菌、双歧杆菌增加，大肠杆菌减少。迄今为止，芽孢杆菌是除大肠杆菌外研究得最为透彻的细菌。人们已从该细菌中克隆了数十种基因，建立了完整的基因克隆和表达操作程序。将来，芽孢杆菌有可能会取代大肠杆菌，成为重要的基因工程受体菌。由于有益微生物不能在肠道内长期定植，需要通过食物经常性添加，所以有人设想通过基因工程，让暂住性芽孢杆菌等益生菌获得“永久性”定居因子，以便在肠道持续发挥作用。

此外，还有不少将重组 DNA 导入棒状杆菌和链霉菌等原核宿主细胞的例子，构建的工程菌可用于抗生素和氨基酸的生产，这些都是大肠杆菌和枯草杆菌等宿主细胞难以实现的，也具有十分重要的经济价值。

（二）真核受体细胞

1. 酵母菌

真菌是低等真核生物，其基因结构、表达调控机制以及蛋白质的加工与分泌都与真核生物相类似，因此利用真菌细胞表达高等动植物基因比原核生物细胞具有更多的优点。最常用的真菌宿主细胞是酵母菌。

酵母菌是单细胞真核生物，生长迅速，培养简单，成本低，利于大规模生产；外源基因表达系统完善，遗传背景清楚，遗传稳定；具备真核生物蛋白翻译后修饰加工系统，内源性蛋白产物种类繁多，表达蛋白质的含量高；不产生有毒产物，属于安全型宿主；可将外源基因表达产物分泌至培养基中，便于产物的提取和加工等。酵母菌常被用来进行真核生物基因的高效表达、调控研究，是表达外源蛋白的合适宿主、DNA 重组实验和基因工程重要的真核受体细胞。

目前作为受体细胞的酵母菌有：酿酒酵母、甲醇酵母（*Pichia pastorist*）等。甲醇酵母是最近迅速发展的一种表达宿主，具有许多优点：含特有的、可用甲醇严格调控表达的 AOx（醇氧化酶基因）启动子，有稳定表达高产量外源蛋白质的转化子，有完备的、高密度连续培养的发酵方法，适应能力强、易于操作，可以在廉价的非选择性培养基中生长，基因表达产物既可在胞内，又可被分泌到胞外，有利于工业规模的生产。毕赤酵母是一种甲醇酵母，对外源蛋白的糖基化等更接近于哺乳动物细胞，用毕赤酵母表达蛋白水平高出酿酒酵母 10～100 倍，更适用于工业化生产。

2. 植物细胞

植物细胞作为宿主细胞的突出优点是其全能性，即一个分离的活细胞在适当的条件下可以再分化成新的植株，这意味着一个获得外源基因的体细胞可以直接培养出可稳定遗传的植株或品系。植物细胞培养简单且成本低廉，具有光合作用，农作物的经济意义重大，适用于高等植物基因表达调控的研究、基因药物生产、农作物品质改良。

植物细胞具有细胞壁，必须在原生质体的情况下才能实现外源 DNA 分子的导入，操作较为繁琐。但现在的仪器和技术已经完全弥补了这一缺陷，利用基因枪等仪器或农杆菌介导等方法可以直接转化植物细胞。目前已经建立起了高效快速的烟草、拟南芥菜等模式植物的遗传转化体系，越来越多的遗传转化体系（如水稻、棉花、番茄等）也在相继出现中。

3. 动物细胞

动物细胞可用作宿主细胞。早期多采用生殖细胞、受精卵细胞或胚细胞，并培育了一定数量的转基因动物。近年来科学家们通过体细胞培养技术，获得了多种克隆动物。克隆羊“多莉”试验的成功标志着体细胞培养技术的成熟。

目前用作基因转移的宿主动物有鼠、猴、猪、羊、牛、鱼以及家蚕等。

例如家蚕细胞，具有真核生物的特征，外源基因表达量高，繁殖相对较快，培养成本低廉，遗传稳定，适用于真核生物基因的高效表达。可惜其 DNA 重组操作系统尚欠完善。

再例如 CHO 细胞（中国仓鼠卵巢细胞）与人的亲缘关系近，分子重组表达系统健全，具有合适的糖基化修饰系统，是 DNA 重组实验和基因工程的主要哺乳动物受体，适用于哺乳类动物和人的基因表达调控研究、基因药物的生产。

其他还有痘苗病毒载体所用的小鼠 L 细胞、腺病毒载体所用的 Hela 细胞、SV40 病毒载体所用的猴肾细胞等。

动物细胞（尤其是哺乳动物细胞）作为宿主细胞的最大缺点是细胞培养条件苛刻，生长缓慢，一般实验室很难达到，但也具有很多的优点：

（1）具有真核细胞真实的转录机制，能正确进行 RNA 的剪接。

（2）具有高等真核生物的蛋白质加工和修饰系统，比酵母细胞更真实。

（3）易被重组 DNA 质粒转染，具有遗传稳定性和可重复性。

（4）表达产物可直接分泌到培养基中，便于提纯和加工，成本低。

目前动物细胞作为受体细胞的主要用途是大规模表达生产天然状态的复杂蛋白质，或动物疫苗、动物品种的遗传改良，以及人类疾病的基因治疗等。

三、感受态细胞

大多数细菌都有从其生长环境中吸收外界 DNA 分子的能力，被吸收的 DNA 分子一般都会被宿主细胞的限制性核酸内切酶所分解。因而，野生型的并不容易转化，外源 DNA 很难进入野生型大肠杆菌的细胞。经过多年的努力，人们发现了一种方法可以增加细胞吸收外源 DNA 的效率，即用化学方法处理细胞，改变细胞膜对 DNA 的通透性，使其处于能摄入外源 DNA 分子的生理状态。这种细胞能够从周围环境中摄取 DNA 分子，并且不易被细胞内的限制性核酸内切酶分解的特殊生理状态，就称为感受态，处于这种状态的细胞称为感受态细胞。

细菌的感受态有两种类型：一种是自然感受态，可以自由地吸收 DNA，并通过它来进行遗传转化；另一种是人工感受态，即受体细胞经过一些特殊方法（如 $CaCl_2$）处理后，细胞膜的通透性发生变化，能容许外源 DNA 的载体分子通过。枯草芽孢杆菌能够发展为自然感受态的细胞，大肠杆菌则需要人工处理才能转化为感受态细胞。

目前，感受态细胞处理的确切机制仍不清楚，但已经有两种感受态假说：一种是局部原生质体化假说，认为细菌表面的细胞壁结构发生变化，在局部推动细胞壁或局部溶解细胞壁，使外源 DNA 分子能通过质膜进入细胞；另一种是酶受体假说，认为在感受态细胞表面形成一种能接受 DNA 的酶切位点，使外源 DNA

分子能进入细胞。现在，感受态细胞已经成为基因操作过程中的常规技术。感受态细胞的制备方法主要有化学法和电穿孔法。

1. 化学法

目前常用的感受态细胞制备方法有 $CaCl_2$ 和 RbCl（KCl）法。RbCl（KCl）法制备的感受态细胞转化效率较高，但 $CaCl_2$ 法简便易行，且其转化效率可以满足一般实验的要求，制备出的感受态细胞可以长期冻存（加入占总体积 15% 的无菌甘油，-70℃保存，半年）而转化效率不会下降，因此 $CaCl_2$ 法的使用更为广泛。

用 $CaCl_2$ 制备大肠杆菌感受态细胞的方法最早发现于 1970 年，人们用 $CaCl_2$ 处理大肠杆菌，促进其对 λ 噬菌体 DNA 的吸收。随后，又利用此法实现了质粒 DNA 对大肠杆菌宿主细胞的转化，逐步建立了现在的常规方法，其基本步骤如下。

（1）制备感受态细胞　将快速生长的大肠杆菌置于经低温（0℃）预处理的低渗氯化钙溶液中，使细胞膨胀，同时 Ca^{2+} 会使细胞膜磷脂双分子层形成液晶结构，细胞外膜与内膜间隙中的部分核酸酶解离，离开所在区域，诱导细胞形成感受态。

此时，细胞膜通透性发生变化，极易与外源 DNA 相粘附并在细胞表面形成抗脱氧核糖核酸酶的羟基-磷酸钙复合物。

如果联合其他的二价金属离子（如 Mn^{2+}、Co^{2+}）、DMSO 或还原剂等物质处理细菌，则可使转化率提高 100~1000 倍。

（2）DNA 分子转化感受态细胞　将该体系转移到42℃下做短暂（90s）的热刺激，细胞膜的液晶结构会发生剧烈扰动，并随机出现许多间隙，外源 DNA 分子就可能被细胞吸收。进入细胞的外源 DNA 分子通过复制、表达，实现遗传信息的转移，使受体细胞出现新的遗传性状。

（3）培养、筛选阳性克隆　将转化后的细胞在选择性培养基上培养，筛选出带有外源 DNA 分子的阳性克隆。

2. 电穿孔法

电穿孔也称电转染，在高强度的电场作用下，靠脉冲电流在细胞膜上打孔，瞬时提高细胞膜的通透性，从而吸收周围介质中的外源分子，将核酸导入细胞内，其导入的效率与脉冲的强度和持续时间有关。这种技术可以将核苷酸、DNA 与 RNA、蛋白、糖类、染料及病毒颗粒等导入原核和真核细胞内，常用来转染如植物原生质体这样的常规方法不容易转染的细胞。

四、转化

转化的原理如前所述（本模块项目一），这是用质粒或黏粒作载体所常用的方法，寄主细胞是感受态细菌或酵母菌。

近年来，转化的概念已有所延伸，只要是将外源 DNA 分子导入细胞就算是转化过程，不论外源 DNA 分子是否改变、宿主细胞的性质，也不论宿主细胞属于细菌、真菌、动物还是植物。

（一）转化反应

转化反应是使重组 DNA 在热休克的短暂时间内被导入宿主细胞的过程。以 *E. coli* 为宿主细胞的一般转化过程为：

（1）取制备好的感受态细胞 100mL，置冰上融化 30min。

（2）加入重组 DNA10μL，冰上放置 30min。

（3）将试管置 42℃恒温水浴中热休克 90s. 再置冰上 10min。

（4）向管中加入 LB 液体培养基 1mL，混匀后置 37℃恒温箱中保温 1h，使其表达足够蛋白，恢复细胞生长。

（5）取适当体积的培养液，涂布于加了抗生素的筛选平板上。

现在认为，重组 DNA 分子在转化过程中经历四个阶段：第一是吸附阶段，完整的双链 DNA 分子将被吸附于感受态细胞的表面；第二是转入阶段，双链的 DNA 分子解链，以单链的形式进入细胞，而另一链则被降解；第三是自身稳定阶段，外源质粒在细胞内又复制成双链环状 DNA；第四是表达阶段，即目的基因随同质粒的复制子一起复制，并被转录转译。

（二）转化率的计算及其影响因素

1. 转化率的计算

重组质粒 DNA 转化不同的宿主菌，有着不同的转化效率。一般来说，只有万分之一的质粒分子能够进入宿主细胞，只有极少数的菌体可以在摄入质粒 DNA 后能良好增殖。受体菌吸收了来自供体菌的 DNA 片段，通过交换，将其整合到自身的基因组中，从而获得供体菌部分遗传性状，这时的受体菌称为转化子。

评估转化效率的指标是转化率，指 DNA 分子转化宿主细胞获得转化子的效率，通常有两种表述：一种是转化子数与用于转化处理的 DNA 分子数或质量的比值；另一种是转化子数与用于转化处理的宿主细胞数的比值。

转化率的计算方法举例如下。

以用于转化处理的 DNA 分子数为基数，理论上 1ng 1kb DNA 的分子数约为 1×10^9 个，则 1ng 10kb DNA 的分子数则约为 1×10^8 个。那么当用 1ng 1kb DNA 进行转化时，如果得到 100 个转化子，则转化率是 $10^2/10^9=10^{-7}$，也就是说从 10^7 个 DNA 分子中获得 1 个转化子；如果用 1ng 10kb DNA 进行转化处理，得到 100 个转化子，则转化率是：$10^2/10^8=10^{-6}$，即 10^6 个 DNA 分子获得 1 个转化子。

也有以用于转化处理的宿主细胞数为基数来计算转化率的。这种方法必须先通过菌液 OD 值测定或细菌计数，计算出用于制备感受态细胞的宿主细胞总数，然后再计算转化子与宿主细胞总数的比率。如果用于制备感受态细胞的菌液中每

毫升有 10^7 个菌体，若此菌转化后获得 1000 个转化子，则转化率是 $10^3/10^7 = 10^{-4}$，即要得到 1 个转化子，需要 10^4 个宿主细胞。

2. 影响因素

按前述两种计算方法，在 DNA 分子数或宿主细胞数相同的情况下，转化率越高，意味着转化过程中获得的转化子数越多。反之，转化率越低，转化过程中获得的转化子数越少。转化率有三个影响因素，分别是：重组 DNA、宿主细胞和转化方法。

重组 DNA 包含两个组分，一个是外源 DNA 分子，一个是载体分子，这两个分子都是影响转化效率的因素，导致了不同的重组 DNA 对同一宿主细胞转化效率的不同。通常包括相对分子质量、浓度、载体分子与宿主细胞的亲和性及其构型等几个方面。相对分子质量较小的重组质粒 DNA 转化率较高，而相对分子质量大时则转化率较低；亲和性较强的质粒载体转化率较高，亲和性较弱的质粒载体转化率较低；双螺旋闭环结构的质粒载体转化率较高，开环结构或线性结构的质粒载体转化率较低；在 0.1ng/μL 以下的 DNA 浓度范围内时，转化效率与 DNA 分子数成正比关系。

同一重组质粒 DNA 分子转化不同宿主细胞时，转化率也不一样。有些宿主细胞之间的转化率会相差几个数量级，因此，选择适宜的宿主细胞，也能够大幅度促进转化的成功。

转化方法不同，转化率也有所差异。一般来说，以电穿孔法转化率较高，$CaCl_2$ 诱导转化法次之。另外，操作过程中的细节也是影响转化成功的关键，例如 $CaCl_2$ 诱导大肠杆菌转化方法中，大肠杆菌的菌龄、$CaCl_2$ 处理时间的长短、感受态细胞的保存期以及热激时间长短等均是重要的影响因素。

五、转染

自然状态下，噬菌体或病毒进入寄主细胞繁殖的过程称为感染。而在人工条件下，用经过人工改造的噬菌体或病毒作为载体，将其 DNA 与外源 DNA 分子重组后，在体外用噬菌体或病毒的外壳蛋白将其包装成有活力的噬菌体或病毒，再以感染的方式进入受体细胞并使外源 DNA 得以复制繁殖的过程，习惯上称为转染。

转染的原理与转化相同，没有本质上的区别。两者不同之处在于所使用的载体不同。转化是用质粒载体将外源 DNA 转入感受态细胞，转染则是用噬菌体将外源 DNA 转入感受态细胞。可以这样认为：转染是转化的一种特殊形式，是用除去蛋白质外壳的病毒（包括噬菌体）核酸感染细胞或原生质体的过程。转染与转化过程的区别在于：转染进入受体细胞的是完整病毒 DNA，而转化进入受体细胞的则是染色体 DNA 的片段或质粒 DNA；转染过程中病毒 DNA 一般不整合到染色体上，但转化过程则往往涉及 DNA 的整合；转染效果可用单位量的 DNA

引起的病斑或噬菌斑的多少来表示，转化效果则用一定量的 DNA 所带来的被转化的受体细胞菌落数目来表示。

常规的转染技术可分为两大类：瞬时转染和稳定转染（永久转染）。前者外源 DNA/RNA 不整合到宿主染色体中，因此一个宿主细胞中可存在多个拷贝数，产生高水平的表达，且超螺旋质粒 DNA 转染效率较高，但通常只持续几天，多用于启动子和其他调控元件的分析。后者也称为稳定转染，外源 DNA 既可以整合到宿主染色体中，也可能作为一种游离体存在，但外源 DNA 整合到染色体中的概率很小。这其中，线性 DNA 比超螺旋 DNA 转入量低，但整合率高，通常需要通过一些选择性标记来进行反复筛选，得到稳定转染的同源细胞系。

常用的转染方法可分为化学法、物理法和生物法。

（一）化学法

1. DEAE－葡聚糖法

DEAE－葡聚糖是阳离子多聚物，可与带负电的核酸结合后靠近细胞膜，因而被摄取，这种方法已经成功地应用于哺乳动物细胞的瞬时转染，但稳定转染却不可靠。DEAE－葡聚糖促进细胞捕获 DNA 的机理目前还不清楚，可能是因为葡聚糖与 DNA 形成复合物而抑制了核酸酶对 DNA 的作用，也可能是葡聚糖与细胞结合引发了细胞的内吞作用。

2. 磷酸钙共沉淀法

该方法是先将 DNA 和氯化钙混合，然后加入到 PBS（磷酸缓冲盐）溶液中，慢慢形成 DNA 磷酸钙沉淀，最后把含有沉淀的混悬液加到培养的细胞上，通过细胞膜的内吞作用摄入 DNA。该方法因试剂易得、价格便宜而被广泛用于瞬时转染和稳定转染。

磷酸钙在良好的转染条件下，可以在 293T（一种转染腺病毒 E1A 基因的人肾上皮细胞）等细胞的转染达到较高的转染效率。但磷酸钙转染非常不稳定，受 pH 的影响非常大，甚至偏离最优条件十分之一个 pH 都可能导致转染的失败。

3. 人工脂质体法

LipoFiterTM 脂质体转染试剂是一种高效阳离子脂质体转染试剂，适合于把质粒或其他形式的核酸，以及核酸蛋白复合物转染到培养的真核细胞中，可以和带负电荷的核酸结合后形成复合物，当复合物接近细胞膜时被内吞成为内体进入细胞质，随后 DNA 复合物被释放进入细胞核内。至于 DNA 是如何穿过核膜的，其机理目前还不十分清楚。阳离子脂质体具有较高的转染效率，不但可以转染其他化学方法不易转染的细胞系，而且还能转染从寡核苷酸到人工酵母染色体不同长度的 DNA，以及 RNA 和蛋白质。此外，脂质体体外转染同时适用于瞬时表达和稳定表达，还可以介导 DNA 和 RNA 转入动物和人的体内用于基因治疗。

（二）物理法

转染的物理法与转化相同，包括激光微束穿孔、电穿孔法、超声波介导、显微注射以及基因枪等方法。

激光微束穿孔、超声波介导与电穿孔的方法类似，都是在受体细胞膜上形成微孔，使得处于细胞周围的 DNA 分子能够进入细胞内。不同的是：激光微束法是利用直径很小、能量很高的激光微束在细胞膜上造成可逆性微孔；超声波介导是利用超声波处理原生质体而在细胞膜上形成可逆微孔；而电穿孔是通过高压脉冲电流完成细胞膜微孔的形成。这些方法同显微注射法一样，转染率较高，需要昂贵的仪器，对细胞的损伤较大。显微注射法在导入 DNA 时需要一个细胞一个细胞地注射，不适合大量细胞研究的需要。

（三）生物法

生物法主要是以病毒作为载体，通过病毒感染的方式将外源 DNA 导入细胞中，其中以逆转录病毒及腺病毒转染系统最为常用。

病毒载体的特点是整合效率高，可使外源基因在宿主细胞中长期表达。缺点是存在潜在的安全危险性。

六、转导

转导是指一个细胞的 DNA 或 RNA 通过病毒载体的感染转移到另一个细胞中，其原理详阅本模块项目一。

在转导过程中，噬菌体是重组 DNA 在细胞间转移的媒介。噬菌体把供体菌的基因转移到受体菌内，导致后者基因的改变。当噬菌体在细菌中增殖并裂解细菌时，某些 DNA 噬菌体（称为普遍性转导噬菌体）可在罕见的情况下（10^5 ~ 10^7次包装中发生一次），将细菌的 DNA 误作为噬菌体本身的 DNA 包入头部蛋白衣壳内。当裂解细菌后，释放出来的噬菌体通过感染易感细菌，可将供体菌的 DNA 携带进入受体菌内。如发生重组则受体菌获得了噬菌体媒介转移的供体菌 DNA 片段，实现普遍性转导。质粒也有可能被包入衣壳进行转导。不具有转移装置的质粒可以噬菌体为媒介进行转移。转导可转移比转化更大片段的 DNA，且转移 DNA 的效率也较转化为高。

只有温和性噬菌体可进行局限性转导。当温和性噬菌体进入溶源期时，能按照前噬菌体形式整合于细菌染色体的一个部位。当其受激活或自发进入裂解期时，如果该噬菌体 DNA 在脱离细菌染色体时发生偏离，则仅有与前噬菌体邻近的细菌染色体 DNA 有可能被包装入噬菌体蛋白质衣壳内。因此局限性转导噬菌体所携带的细菌基因只限于插入部位附近的基因。由于局限性转导噬菌体常缺少噬菌体正常所需的基因，因此往往需要在与野生型噬菌体共同感染后的细菌中复制，这样才能将携带的基因转移至受体菌，并获得该段基因所决定的新特性的表达。

转导实验中常用的是 λ 噬菌体，它能同时转导半乳糖（gal）基因与生物素（bio）基因。通常选用溶源性的 *E. coli* K12（λ）gal^+ 为供体菌。在此供体菌中，

λ噬菌体与 gal^+ 基因紧密连锁，因此，当此供体菌受紫外线照射后会产生裂解反应，噬菌体被诱发释放，以一定的比例形成带有 gal 基因的转导噬菌体。当这种转导噬菌体与受体菌 *E. coli* K12S gal^- 混合接触时，带有供体菌 gal^+ 基因的转导噬菌体能以一定的频率整合到受体菌的染色体 DNA 内，从而使不能利用半乳糖的 gal^- 受体菌转变成了能利用半乳糖的 gal^+ 细菌。

转导是细菌遗传学研究中的一种常用研究手段，可以用来在细菌间转移基因，进行互补测验，进行基因定位，特别是通过共转导方法进行基因的精细结构分析；可以将所要克隆的基因插入λ噬菌体 DNA 中，用噬菌体外壳蛋白做体外包装后，再去感染寄主细胞以制备基因文库（详见后叙）。

所谓体外包装，指的是在体外模拟λ噬菌体 DNA 分子在受体细胞内发生的一系列特殊的包装反应过程，将重组λ噬菌体 DNA 分子包装成成熟的具有感染能力的λ噬菌体颗粒的技术。例如，根据λ噬菌体 DNA 分子体内包装的途径，分别获得缺失 D 包装蛋白的λ噬菌体突变株和缺失 E 包装蛋白的λ噬菌体突变株。由于两种突变株均不具有完整的包装蛋白，都不能单独包装λ噬菌体。但是将两种突变株分别感染大肠杆菌后，从中提取缺失 D 蛋白的包装物（含 E 蛋白）和缺失 E 蛋白的包装物（含 D 蛋白），将两者混合后就能包装λ噬菌体 DNA。

七、原生质体融合

选择具有优良性状的两个菌株细胞作为亲本，用人工方法去除其细胞壁，使其成为原生质体并发生融合，形成带有双亲本菌株优良性状、遗传稳定的融合子，这种技术称为原生质体融合。

原生质体融合技术的主要步骤是：选择两个有特殊价值的并带有选择性遗传标记的细菌细胞作为亲本，在高渗溶液中，用适当的脱壁酶去除细胞壁，再将形成的原生质体进行离心聚集，并加入促融合剂聚乙二醇（PEG）或通过电脉冲等促进融合，然后在高渗溶液中稀释，再涂布于能使其细胞壁再生和分裂繁殖的培养基上，待形成菌落后，通过影印接种法，将其接种到各种选择培养基上，鉴定它们是否为融合子，最后测定其生物学性状。

原生质体融合技术打破了微生物的种间界限，可实现远缘菌株的基因重组，即可在不同菌株间或种间、属间、科间甚至更远缘的细菌细胞间融合；可使遗传物质传递更为完整、获得更多基因重组的机会；可与其他育种方法相结合，如把常规诱变和原生质体诱变所获得的优良性状，组合到一个单株中。

八、显微注射

这是将重组 DNA 通过显微注射装置（图 3－14）直接注入受体细胞的物理操作方法（图 3－15）。显微注射是一种显微操作技术，采用一种精细的玻璃微量针头（毛细移液管），借助于高倍显微镜，通过单个的或多个的筒状玻璃微量移液管、精确的定位装置（显微操作器）以及微量注射器或微量灌注器，在单个的细胞上进行的细胞内微注射和微灌注。

操作中所使用的微量移液管直径可小至0.2μm，配合高精度的纤维操纵器，可以精确地为各种类型和任意大小的细胞提供0.1μm范围内的、可重复的细胞内和细胞旁注射。通过运用直接水压（压力注射）或者施加电场（离子电渗法）来使带电离子运动，获得将微量移液管中的物质挤喷出去的效果。

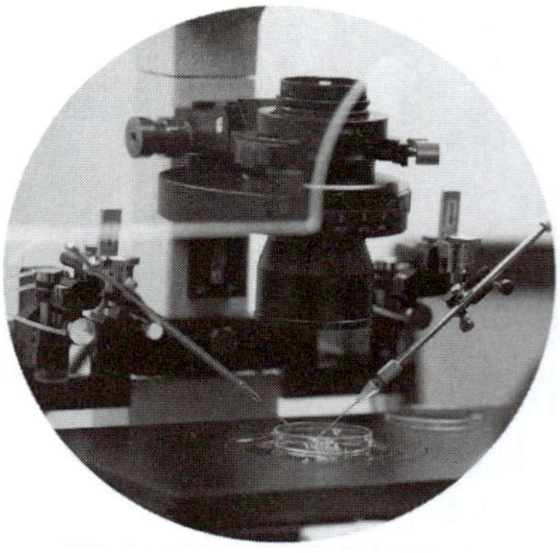

图3－14　显微注射装置

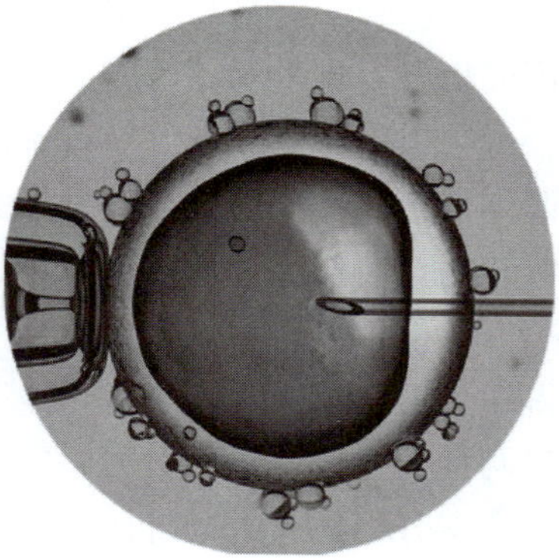

图3－15　显微注射法转入重组DNA

显微注射虽然费力，但却是非常有效的将核酸导入细胞或细胞核的方法。这种方法常用来制备转基因动物，不适用于需要大量转染细胞的操作。

九、基因枪法

基因枪法又称为粒子轰击、高速粒子喷射技术或基因枪轰击技术，于1983年研究成功，主要适用于单子叶植物。

这种方法依靠一种基因枪（图3－16）来帮助导入外源基因。基因枪根据动力系统可分为火药引爆、高压放电和压缩气体驱动三类。其基本原理是通过动力系统将带有基因的金属颗粒（金粒或钨粒），将DNA吸附在表面，以一定的速度射进植物细胞，由于小颗粒的穿透力强，故不需除去细胞壁和细胞膜而进入基因组，从而实现稳定转化的目的。

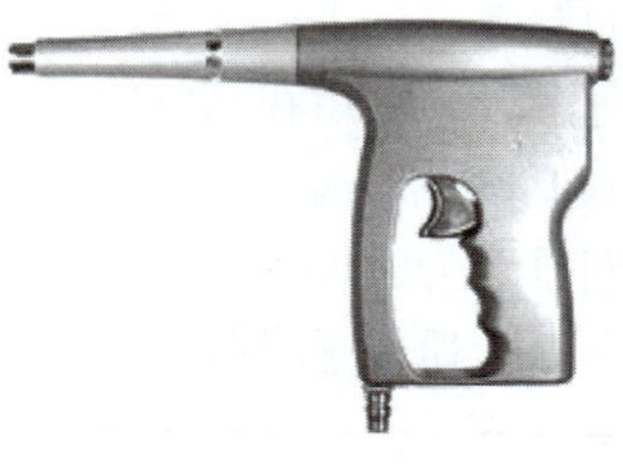

图3－16　低压手持式基因枪

操作时，将直径4μm的钨粉或金粉在供体DNA中浸泡，然后用基因枪将这些粒子打入细胞、组织或器官中，可一次处理多个细胞，具有应用面广、方法简单、转化时间短、转化频率高、实验费用较低等优点，但转化效率较低。基因枪的转化频率与受体种类、微弹大小、轰击压力、制止盘与金颗粒的距离、受体预处理、受体轰击后培养等有直接关系。另外这种方法也用于基因治疗和抗体制备，并已取得初步成效。

现在，基因枪技术已在烟草、水稻、小麦、黑麦草、甘蔗、棉花、大豆、菜豆、洋葱、番木瓜、甜橙、葡萄等多种作物上成功应用。

十、农杆菌介导法

农杆菌是土壤中的一种革兰阴性细菌，能在自然条件下趋化性地感染大多数双子叶植物的受伤部位，并诱导产生冠瘿瘤或发状根。

农杆菌细胞中含有可侵染植物细胞并整合入细胞基因组的 Ti 质粒，Ti 质粒上有一段转移 DNA（T－DNA），具有向植物细胞传递外源基因的能力，而细菌本身并不进入受体细胞。如果能将目的基因插入到 Ti 质粒上的 T－DNA 上，则可以通过农杆菌侵染植物伤口，携带外源 DNA 的 Ti 质粒进入植物细胞，将 T－DNA 插入到细胞基因组中，从而实现外源基因向植物细胞的转移与整合。然后，再利用组织培养的方法培育出转基因植株，并通过抗生素筛选和分子检测鉴定转基因植株后代，这称为农杆菌介导法，主要用于生物定向改良和分子育种。

近年来大量成功转化的实例表明，植物、真菌、哺乳动物甚至人类细胞都可以作为农杆菌的受体。

应用较广泛的转基因技术还有花粉通道法、离子束介导法等。

这里需要略作说明的是转化、转导、感染、转染在基因操作中的区别。这些都是因外源 DNA 而引起生物体遗传性状改变的过程。不同的是：转化是指质粒 DNA 或以其为载体构建的重组 DNA 导入细菌体内的过程；转导是指以噬菌体为载体在细菌之间转移 DNA 的过程，有时也指在真核细胞之间通过逆转录病毒转移和获得细胞 DNA 的过程；感染是指噬菌体、黏性质粒和真核细胞病毒（如植物病毒和动物病毒）侵入细胞的过程；而转染则是指以病毒或以其为载体构建的重组子导入真核细胞的过程。

转染与原生质体融合一样，也是一种人为的手段，是转化的一种特殊形式，更广泛地用于真核生物细胞，通常多用于哺乳动物细胞。

技能要点

连接了重组 DNA 的载体需要导入受体细胞后才会有可能发挥作用。受体细胞可以接受重组 DNA 并稳定遗传。常用的受体细胞有大肠杆菌、芽孢杆菌、乳酸杆菌、乳酸乳球菌和酵母菌，以及一些动植物细胞等。

处于感受态的受体细胞更容易接受重组 DNA 的导入。感受态细胞的制备常用氯化钙诱导法或电穿孔法。重组 DNA 导入宿主细胞的方法可以有多种，常用的有转化、转染、转导、显微注射、原生质体融合以及基因枪法。

实践练习

1. 为什么要对重组 DNA 进行纯化？

2. 选择可用于重组 DNA 的受体细胞应遵循什么原则？
3. 常见的受体细胞有哪几类？
4. 转化与转染的操作原理有何不同？
5. 什么是基因枪？

项目四　重组子的筛选与鉴定

学习目标

【学习目的】

学习重组子的筛选与鉴定技术，掌握重组子筛选鉴定的原理和基本操作技能。

【知识要求】

掌握重组子筛选与鉴定的基本概念，熟悉常用的重组子筛选与鉴定操作流程，了解遗传标记、结构特征、分子杂交等技术在重组子筛选与鉴定中的应用。

【能力要求】

熟悉重组子筛选与鉴定操作流程，能实施重组子筛选与鉴定的基本操作。

一、基本概念

通常，将导入外源 DNA 分子后能稳定存在的宿主细胞称为转化子，而含有重组 DNA 分子的转化子称为重组子（图 3－17），如果重组子中含有外源目的基因则又称为期望重组子。实际上，即使转化率很高，得到了大量的转化子，重组率和转化率也不可能达到 100% 的理想极限。这是因为：用任何一种 DNA 连接方法连接起来的重组 DNA 中，既可能包括所需要的 DNA 片段，也可能包括并不需要的片段，甚至包括互相连接起来的载体分子的聚合体，会出现多种不同类型的 DNA 分子；况且并非所有的宿主细胞都能被导入重

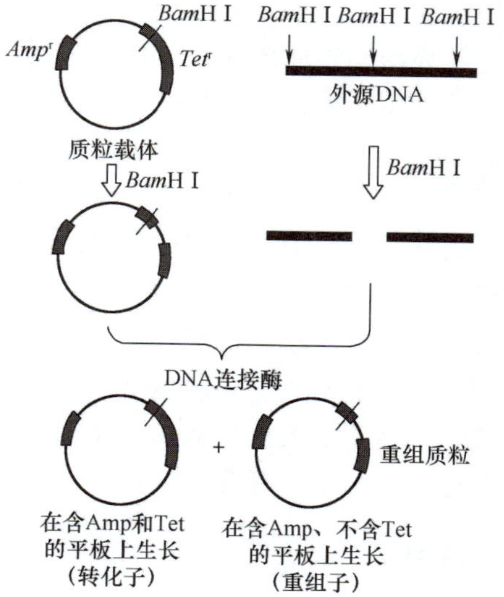

图 3－17　转化子与重组子

组 DNA，一般仅有少数重组 DNA 能进入宿主细胞；同时也只有极少数的宿主细胞在吸纳重组 DNA 之后能良好增殖。所以，在接受了这些重组 DNA 的宿主细胞（转化子）中间，真正含有期望的重组 DNA 的细胞（重组子）比例很少，仅有极少数含有所需要的目的基因，即所谓阳性重组子。只有将阳性重组子筛选出来，才能算是获得了目的基因的克隆。如何将阳性重组子从大量宿主细胞中分离出来，需要设计出最易于筛选的方案并加以验证，这直接关系到基因克隆和表达的效果，也是基因重组操作中极为重要的环节。

通过各种方法将外源 DNA 分子导入宿主细胞后，获得阳性重组子的过程称为筛选或选择。有人认为筛选和选择是两个不同的概念，前者是指通过某种特定的方法，如核酸杂交以及免疫测定等，从宿主细胞群或基因文库（本模块项目五）中，鉴定出阳性重组子的过程；后者是指通过某种外加因素的辨别作用，呈现具有重组 DNA 的特定转化子的一种方法。而在实验中这两种方法往往同时使用，选择可以看作是一种重组子的初步筛选过程，而筛选是在选择的基础上进一步检测阳性重组子的过程。在这里，二者没有严格的区分，统称为重组子的筛选。

图 3－18 概括了不同层次的阳性重组子筛选的方法。通常需要根据具体情况，在初筛后确定是否进一步细筛，以保证鉴定结果的可靠性。

- 重组子的筛选
  - 直接筛选
    - DNA 鉴定
      - 重组子大小的鉴定（质粒 DNA 的快速提取鉴定）
      - 重组子酶切图谱鉴定（限制性核酸内切酶酶切片段大小鉴定）
      - DNA 序列分析
      - 同源性分析鉴定（原位杂交）
    - 载体筛选
      - 质粒载体的抗性标记筛选
      - 噬菌体包装容量的正性筛选
      - 质粒载体的 α 互补筛选（蓝白色斑筛选法）
      - 标记补救筛选
  - 间接筛选
    - 翻译产物（Western 印迹杂交）
    - 转录产物（Northern 印迹杂交）
    - 其他方法（报告基因等）

图 3－18　常用的重组子筛选和鉴定方法

筛选与鉴定的程序包括：先筛选出带有载体的克隆，再筛选鉴定出带有重组载体的克隆，最后再筛选鉴定出带有目的 DNA 的克隆。重组子的筛选和鉴定方法很多，大体上可分为几类：基于遗传标记的筛选鉴定、基于 DNA 序列（即重组子结构特征分析）的筛选鉴定和基于外源基因表达产物的筛选鉴定等。以下着重介绍前两类。

二、基于遗传标记的筛选与鉴定

这是利用载体 DNA 分子或克隆片段上所携带的选择性遗传标记基因来进行筛选与鉴定。根据外源 DNA 类型的不同又可分为两种：一种是根据载体表型特征标记筛选重组子；另一种是根据插入序列表型特征标记筛选重组子。

1. 根据载体表型特征标记筛选重组子

在构建转基因载体时，在载体 DNA 分子上携带有选择性遗传标记基因，转化或转染宿主细胞后能使其呈现出特殊的表型或遗传学特性，据此来进行转化子或重组子的初步筛选。常用的抗生素抗性标记如表 3－1 所示。这种方法适用于大量群体的筛选，简单而有效。通常载体携带的标记基因采用抗性标记基因或者是显色标记基因，比如抗生素抗性基因和 β－半乳糖苷酶显色基因，前者称为抗生素抗性标记插入失活筛选法，后者称为 β－半乳糖苷酶显色筛选。

表 3－1　常用的抗生素抗性标记基因

基因	抗性	选择剂量（终浓度）	储存	备注
氨苄青霉素 Ap 或 Amp	转译 β－丙酰胺酶，可降解 Amp	30～50 μg/mL	25mg/mL 水溶液过滤除菌，分装－20℃	
氯霉素 Cm 或 Cmr	转译氯霉素乙酰转酰基酶，使 Cmr 个乙酰化而失效	30 μg/mL	34mg/mL 乙醇溶液 －20℃	
链霉素 Sm 或 Str	转译一种能修饰 *Str* 的酶，抑制 Str 与核糖体结合	25 μg/mL	20mg/mL 水溶液过滤除菌、分装－20℃	
卡那霉素 Km 或 Kan	转译一种能修饰 *Kan* 的酶，阻碍 Kan 对核糖体的干扰	5μg/mL	25mg/mL 水溶液过滤除菌－20℃	
四环素 Tc 或 Tet	转译一种能改变细菌膜的蛋白，防止 Tet 进入细胞后干扰细菌蛋白质的合成	12.5～15.0 μg/mL	12.5mg/mL 乙醇溶液（体积分数 50%）－20℃	Mg^{2+} 拮抗 Tet，培养基中勿加，Tet 对光敏感，溶液或培养基需避光保存

（1）抗生素抗性标记插入失活筛选　这是检测外源 DNA 插入作用的一种通用方法，适用于带有抗生素抗性基因的克隆载体。将外源 DNA 插入抗生素抗性基因序列内，该基因就失活，就缺少了抗相应抗生素的特性。如果将这样的转化子接种到含相应抗生素的平板上，则该转化子不能存活，即插入失活。据此，可筛选出重组子。

通常情况下，抗药性的筛选有正向选择和负向选择两个步骤。图 3－19 描述了以 pBR322 质粒载体介导的抗药性筛选系统的操作原理。这种方法基于 pBR322 质粒载体所含有两种抗生素抗性标记：氨苄青霉素抗性基因（Amp^r）和四环素抗性基因（Tet^r）。筛选中还需要加入环丝氨酸。这些抗性标记的作用如下。

①四环素抗性基因：抑制细菌生长，但不杀死细菌。

②氨苄青霉素抗性基因：产生β－内酰胺酶，使氨苄青霉素转变为青霉酮酸，使碘－青霉素指示液（蓝灰色）褪色。

③环丝氨酸：杀死生长的细菌，但不杀死停止生长的细菌。

具体操作是这样的：把一个带有两个抗性基因 Amp^r 和 Tet^r 的质粒 pBR322 用限制酶 *Bam*H Ⅰ处理，由于 *Bam*H Ⅰ的唯一的识别位点是在 Tet^r 基因中，所以外源 DNA 分子片段就有可能连接在 Tet^r 基因中间，导致该基因失活，而 Amp^r 活性保留，转化子只对氨苄青霉素具有抗性而对四环素不具有抗性。只需将扩增的培养菌液涂布在含有 Amp 的平板上，能长出的菌落便是转化子。此为第一步，即利用 Amp 正向选择转化子。

正向选择获得的转化子中会含有重组子与非重组子，需再进行第二步负向选择，进一步筛选出重组子。用无菌牙签将 Amp^r 的转化子分别逐一挑在只含一种抗生素的 Tet 和 Amp 两块平板上。外源 DNA 片段插在 *Bam*H Ⅰ位点的转化子，因载体 DNA 的 Tet^r 基因失活而具有 Amp^rTet^s 的遗传表型，为重组子；非重组子则为 Amp^rTet^r。因此，重组子只能在 Amp 平板上形成菌落，不能在 Tet 平板上生长。只要比较两种平板上各转化子的生长状况，即可在 Amp 板上挑出重组子。

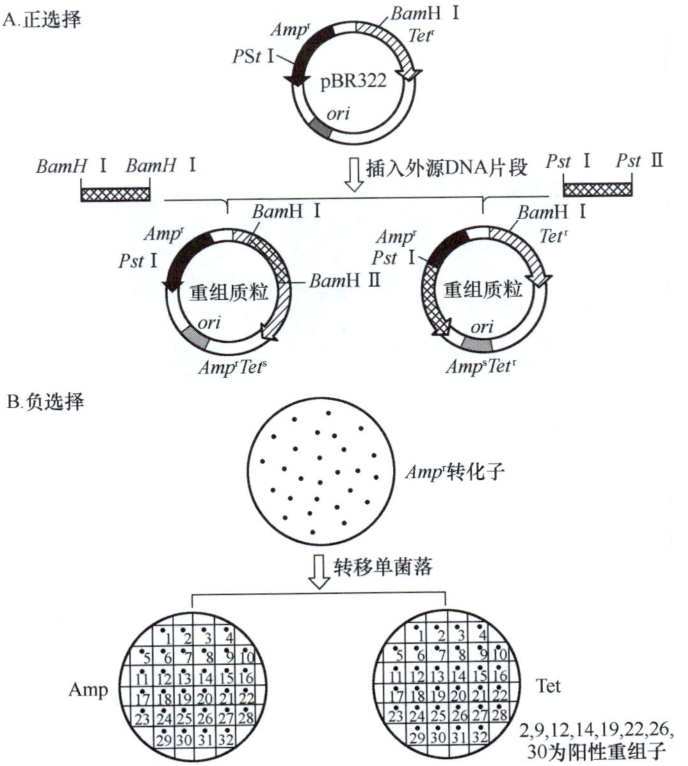

图 3－19　pBR322 介导抗药性选择系统

由于转化子会有很多，这种方法非常耗时。改进的方法是利用影印培养技术，用一块无菌丝绒布或滤纸接触含有细菌菌落的平板表面，使之定位沾上菌落印迹，然后用 Tet 板压在其上，菌落又印在 Tet 板的相应位置上，经过培养至菌落显现，Tet 板就被影印复制出来。操作中需要注意菌落生长密度，避免出现假阴性或假阳性重组子。

负选择操作较为繁琐，图 3－20 是改进的操作程序，利用四环素抗性插入失活，变负选择为正选择：在经转化扩增操作后的细菌悬浮液中，加入含有氨苄青霉素、四环素和适量环丝氨酸的培养基，继续培养一段时间后，具有 $Amp^{s}Tet^{s}$ 的非转化子被氨苄青霉素杀死，$Amp^{r}Tet^{s}$ 型重组子由于四环素的存在而停止生长，但不死亡，只有含空载质粒的 $Amp^{r}Tet^{r}$ 型非重组转化子可以生长，但在生长过程中被环丝氨酸杀死。细菌培养物经离心去除培养基，用新鲜的不含任何抗生素的培养基洗涤菌体，悬浮稀释，涂布在只含有氨苄青霉素的固体培养基上，长出的菌落便是 $Amp^{r}Tet^{s}$ 的重组子。

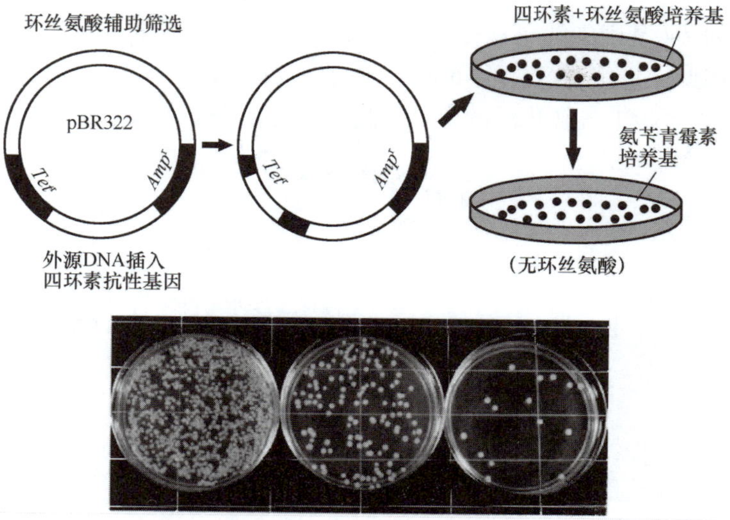

图 3－20　四环素抗性插入失活的 pBR322 介导抗药性筛选

如果在 Amp^{r} 上插入外源 DNA，则会导致氨苄青霉素抗性基因失活，这时可用碘－青霉素指示液选择（图 3－21）。

操作中需注意：选用 Tet、Cmr、Amp 等抗生素作为选择药物筛选时，培养时间不宜过长，一般以 12～16h 为宜，否则会出现假转化子菌落。这是因为转化子菌落会降解选择药物，导致菌落周围选择药物浓度降低，从而长出非抗菌素的菌落。此外，在培养过程中，这些选择药物会自然降解，导致药物浓度降低，长出假转化子菌落。

（2）β－半乳糖苷酶显色筛选　大肠杆菌的 β－半乳糖苷酶参与乳糖分解成

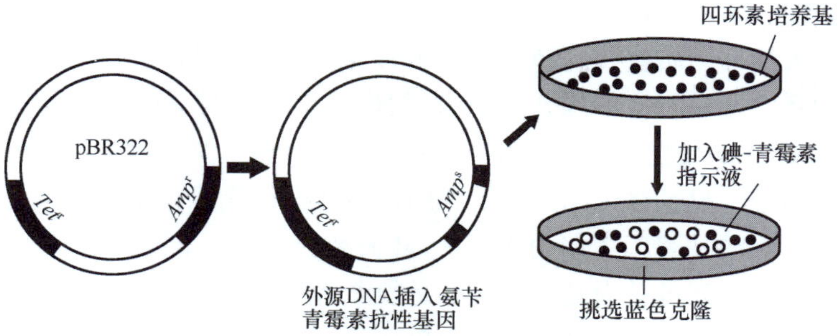

图 3-21　氨苄青霉素抗性插入失活的 pBR322 介导抗药性筛选

葡萄糖和半乳糖的生化过程。许多载体，如 pUC 系列质粒载体，除了含有氨苄青霉素抗性基因以外，还含有一个称为 *lacZ′*的基因，该基因包括大肠杆菌 β－半乳糖苷酶基因 *lacZ* 的调控序列以及氨基端 146 个氨基酸残基的编码序列，其表达产物为无活性的不完全酶，称为 α 受体。而许多大肠杆菌的受体细胞在其染色体 DNA 上含有 β－半乳糖苷酶羧基端的部分编码序列，由其产生的蛋白质也无酶活性，但可作 α 供体。无论在胞内还是胞外，受体一旦与供体结合，便可恢复 β－半乳糖苷酶的活性，将无色的 5－溴－4－氯－3－吲哚－D－半乳糖苷（X－gal）底物水解成蓝色产物，这一现象称为 α 互补。这个反应很灵敏，只用于筛选重组子，而转化子的选择则主要当外源 DNA 片段插到位于 *lacZ′*基因内部的多克隆位点上时，生长在含有 X－gal 的平板上的重组子因 *lacZ′*基因的插入灭活而呈白色，非重组子则显蓝色，由此构成颜色选择模型，称为蓝白筛选（图3－22）。

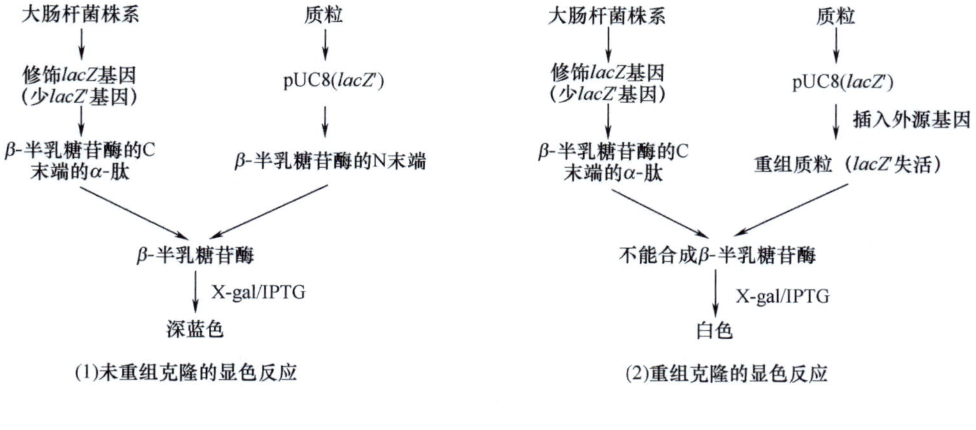

图 3－22　β－半乳糖苷酶显色原理

有些大肠杆菌质粒（如 pUC18/19）的标记基因为 *lacI′*－*lacOPZ′*，其编码阻遏蛋白 I 的基因 *lacI* 是缺失的，因而不能在受体菌中合成具有操作子 *lacO* 结合活性的阻遏蛋白，*lacZ'* 基因得以全程表达，筛选时只需在培养基中添加 X - gal 即可。另一些大肠杆菌质粒如 pSPORT1，携带完整的 *lacI* 基因，能在受体菌中产生阻遏物，后者结合在相应的操作子上并关闭 *lacZ'*，此时在筛选培养基中必须同时添加 X - gal 和诱导物异丙基 - β - D - 硫代半乳糖苷（IPTG），才能根据颜色反应筛选重组子。显色标记基因通常利用抗药性标记或营养缺陷型标记。

由于被转化的基因产物作用于 X - gal 需要较长的时间，因此观察和确定转化子菌落的培养时间可适当延长。但是必须严格挑取单菌落作为转化子供进一步实验，一般需要观察蓝白斑比例，然后再在蓝斑附近挑取为宜。

2. 根据插入序列表型特征标记筛选重组子

（1）插入表达筛选法　与插入失活相反，插入表达法是外源目的基因插入特定载体后，能激活用于筛选操作的标记基因的表达，由此进行转化子的筛选。设计载体时，在筛选标记基因前面连接一段具有抑制作用的负调控序列，插入外源 DNA 将使该负调控序列失活，其下游的筛选标记基因才能表达。例如质粒 pTR262 有一个负调控的 *cI* 基因，当外源 DNA 片段插入 *cI* 基因中的 BcⅡ或 HindⅢ位点，造成该基因失活，位于该基因下游的 *Tet* 基因（受 *cI* 基因控制）因解除阻遏而被表达，转化后的重组体细胞，在含有四环素的平板中可形成菌落；而未被酶解的质粒、自身环化质粒的转化细胞及未转化受体细胞均不能形成菌落。

如果重组 DNA 转化到大肠杆菌宿主细胞之后，插入的外源基因能够实现其功能的表达，则它所表现出来的表型性状即可作为重组子筛选的标记。这种方法通常需要宿主细胞本身为缺陷型，如营养缺陷型，这样由于外源基因的表达而与宿主细胞本身营养缺陷互补，从而改变克隆的生存状态，达到利用营养突变株进行筛选重组子的目的。例如，当外源目的基因为合成亮氨酸的基因时，将该基因重组后转入缺少亮氨酸合成酶基因的菌株中，在仅仅缺少亮氨酸的基本培养基上筛选，只有能利用表达产物亮氨酸的细菌才能生长，因此，获得的转化子都是重组子。

常见的营养缺陷型筛选标记有：用于大肠杆菌的营养标记基因常选用色氨酸生物合成基因 trp^+；用于高等哺乳动物细胞的营养标记基因常使用胸腺嘧啶核苷酸酶基因 *tk*，相应的受体细胞则选择 tk^- 缺陷型。

（2）利用报告基因筛选法　报告基因是某种生物的特定基因，装配在载体上成为载体结构的一部分，具有指示的功能。与抗药性基因相比较，报告基因作为筛选方法有更高的灵敏度和准确性，多用于植物转基因研究。

报告基因的表达产物易被检测，常作为直接观察载体活动的标示。受体细胞本身没有这种内源性产物。通常把已知的调控元件连接到报告基因上，控制后者转录活性，对细胞中基因调控和表达的变化做出应答反应，从而直观地“报告”细胞内有关基因表达的信号传递。通过快速测定，“报告”外源基因是否已经重组到载体中，判断外源基因是否已成功地导入宿主细胞（器官或组织），或者在宿主细胞中是否表达。

在实践操作中，选用何种报告基因依赖于所使用的细胞和实验的性质，以及相应检测方法的掌握。选择报告基因的一般准则包括：

①报告基因的产物应不存在于原有宿主细胞中，或易与内源性基因产物相区别。

②报告分子应该有一个简单、快速、灵敏及经济的分析方法来检测。

③启动报告分子表达应有很宽的信号范围，以便分析启动子活性的幅度变化。

④报告基因的表达必须不改变受体细胞本来的生理活动。

基因工程中常用的报告基因如下。

①氯霉素乙酰转移酶（*Cat*）基因：氯霉素可选择性地与原核细胞核糖体50S亚基结合，抑制肽酰基转移酶的活性，从而阻断肽键的形成并最终抑制细胞生长。

②β－葡萄糖酸苷酶（*Gus*）基因：能转化植物细胞产生β－葡萄糖酸苷酶，催化某些特殊反应，通过荧光、分光光度和组织化学的方法可检测这些特殊反应产物，确定Gus报告基因的表达情况，以此区分转化子和非转化子。

③荧光素酶（*Luc*）基因：一种源于萤火虫的动物蛋白基因产物，能够催化生物发光反应。

此外，还有新霉素磷酸转移酶基因（*Npt* Ⅱ）、潮霉素磷酸转移酶基因（*Hpt*）、抗除草剂*Bar*基因、水母绿色荧光蛋白（*Gfp*）基因等。

（3）噬菌斑筛选法　质粒以及柯斯载体具有抗药性标记或营养标记，而对于噬菌体载体来说，噬菌斑的形成则是其自我选择特征。以λDNA为载体的DNA重组子经体外包装成具有感染活性的噬菌体颗粒后转染宿主细胞，转化子在平板上被裂解形成噬菌斑，而非转化子正常生长，两者很容易辨认。如果在重组过程中使用的是取代型λ载体，则噬菌斑中的λ噬菌体即为重组子，因为空载λDNA分子不能被包装，不会进入宿主细胞产生噬菌斑。使用插入型载体时，由于空载λDNA已经大于包装下限，所以也能被包装成噬菌体颗粒并产生噬菌斑，此时筛选重组子必须启用载体上的标记基因，如*lacZ′*等。当外源DNA片段插入到*lacZ′*基因内时，重组噬菌斑无色透明，非重组噬菌斑呈蓝色。

三、基于重组子结构特征分析的筛选与鉴定

1. 凝胶电泳检测法

质粒DNA的电泳迁移率是与其相对分子质量大小成比例的。重组DNA分子带有外源DNA插入序列，相对分子质量较大；没有外源DNA插入序列的DNA相对分子质量较小。在凝胶中，两者的迁移速度有差别，重组DNA分子迁移缓

慢。这种方法是对重组子进行分析鉴定的最基本、最简单的方法，只适用于重组子的初步鉴定。

2. 快速裂解菌落鉴定重组 DNA 分子大小

这种方法是根据有外源 DNA 片段插入的重组质粒与载体 DNA 之间大小的差异来区分重组子和非重组子。由于外源目的基因片段插入到质粒载体上，所以重组质粒的相对分子质量一定比非重组质粒要大，因而可以利用凝胶电泳检测分子的大小，初步验证外源目的基因片段确已插入载体。但由于转化子数目众多，对每一个转化子单独提取质粒 DNA 工作量非常大。所以，采用快速细胞破碎法来检测质粒 DNA，就不需要再对每一个转化子中的质粒 DNA 进行培养扩增、提取纯化，可以减少工作量，且操作简单方便，一次实验可同时检测数十个转化子。

具体操作步骤是：当转化菌落长到直径约 2mm 时，将单菌落挑入 50μL 的细菌裂解液（50mmol/L Tris－HCl，pH6.8；1% SDS；2mmol/L EDTA；400mmol/L蔗糖；0.01% 溴酚蓝）中悬浮，37℃下保温 15min，使细胞破裂、蛋白质沉淀，4℃，12000r/min 离心除去细胞碎片、蛋白质和大部分的染色体 DNA、RNA，然后吸取一定量的含有质粒 DNA 的上清液立即进行 1% 琼脂糖凝胶电泳、EB 染色、凝胶成像系统观察质粒 DNA 分子的迁移距离。由于质粒 DNA 的电泳迁移率与其相对分子质量大小成反比，相对分子质量较大的重组子在琼脂糖凝胶电泳时迁移速率慢，由此将重组子和非重组子区分开来，并最终筛选出重组子。

该方法速度快、操作简单，但有时因插入的外源 DNA 分子太小，使得重组子与非重组子差别不大。另外，质粒 DNA 在提取过程中可能发生构型上的变化，导致 DNA 分子的迁移率非常不明显，这样 DNA 分子的大小比较就很困难。一般情况下，会采用单酶切的方法辅助鉴别。

3. 限制性核酸内切酶酶解分析法

该方法是对载体上插入的外源 DNA 片段进行酶切图谱分析，并以此与目的基因的已知图谱对比。利用这种方法，不仅能区分重组子与非重组子，而且还能进一步筛选鉴定目的重组子、判断外源 DNA 片段的插入方向、确定出各插入片段的相对位置、相对分子质量大小等。但这种方法在大量转化子筛选时，工作量极大，操作成本也高。

酶切电泳筛选见图 3－23。

4. PCR 方法筛选确定重组子

PCR 能在模板序列上扩增出预期 DNA 片段。选择合适的引物，以从初选出来的阳性克隆中提取的质粒为模板进行 PCR 反应，通过对 PCR 产物的电泳分析，检测 PCR 产物的长度是否与外源基因一致，以此来确定目的基因是否重组入载体中。

5. DNA 序列测定

最后为了确证目的基因序列的正确性，必须对重组体的 DNA 进行序列测定。

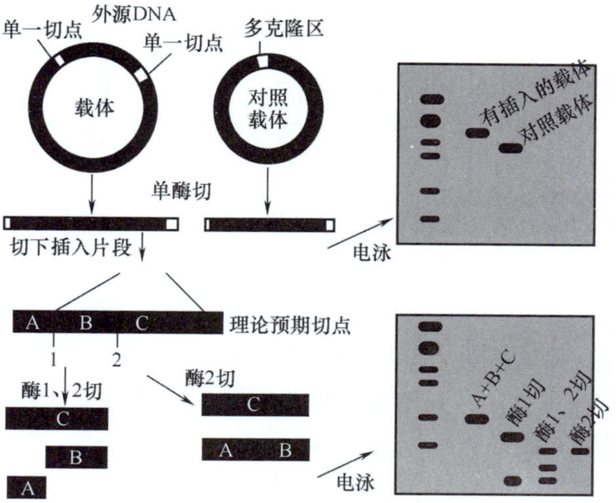

图 3 - 23　酶切电泳筛选

6. R - 环检测法

在分子杂交过程中，在临近双链 DNA 变性温度下和高浓度（70%）的甲酰胺溶液中，双链的 DNA - RNA 分子要比双链的 DNA - DNA 分子更为稳定。这个条件称为形成 R - 环的条件。在这个条件下，RNA 会同双链 DNA 分子中的互补序列退火形成稳定的 DNA - RNA 杂交分子，而使被取代的另一链处于单链状态并向外突出。这种由单链 DNA 分支和双链 DNA - RNA 分支形成的“泡状”体，称为 R - 环结构。R - 环结构一旦形成就十分稳定，可以在电子显微镜下直接观察，从而可以鉴定出双链 DNA 中存在的与特定 RNA 分子同源的区域。

图 3 - 24 描述了 R - 环结构的形成。图中闭合环形双链的质粒 DNA 分子是处于超盘旋的稳定结构状态。在局部变性前产生的单链破裂（图中没有标示出）会使这样的 DNA 分子变得较为松展，也比较容易观察。

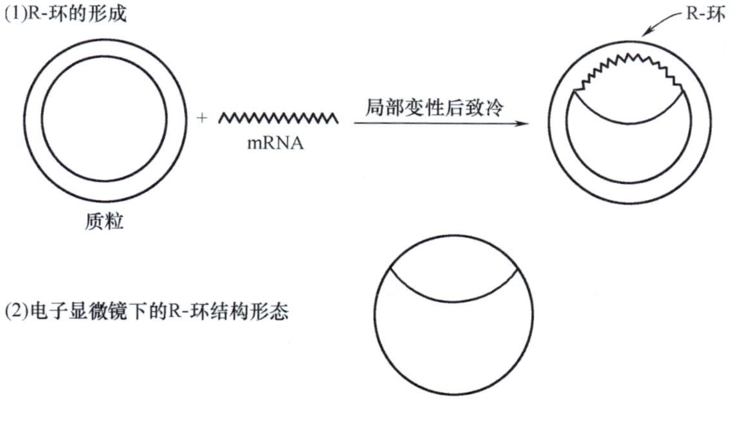

图 3 - 24　R - 环结构的形成

四、核酸分子杂交检测

核酸分子杂交技术是在 1968 年创建的，其基本原理是：具有一定同源性的两条核酸（DNA 或 RNA）单链，在一定的复性条件下，可按碱基互补原则退火形成双链。

分子杂交方法可分为固相液相杂交、液相分子杂交和原位杂交。实验中常用固相液相杂交，亦称膜上印迹杂交（参阅模块二项目五）。在筛选鉴定重组子的实验中，杂交的双方是待测的核酸序列（即重组质粒 DNA）和用于检测的已知核酸片段（即目的基因 DNA 片段），可将目的基因 DNA 分子进行标记，然后与印迹好的质粒 DNA 进行杂交，从而可筛选出带有目的基因的重组子。

1. 固相支持物的选择

琼脂糖凝胶中的 DNA 或 RNA 分子不适合直接进行杂交：一是由于机械强度差，易碎，不易操作；二是直接杂交后背景复杂。因此，在杂交之前需要将 DNA 或 RNA 分子转移到一理想的固相支持物上。一般性能良好的固相支持物应具有以下条件。

（1）具有较强结合核酸分子的能力，结合稳定牢固，在杂交、洗膜过程中核酸分子不会脱落。

（2）DNA 分子被吸附后应保持原有结构，不影响其与探针分子的杂交反应。

（3）对探针分子的非特异性吸附少，杂交信号背景低。

（4）具有一定的机械强度，韧性好，便于操作。

较为常用的是硝酸纤维素膜和尼龙膜。

2. 分子杂交的方法

根据待测核酸的来源以及将其分子结合到固相支持物上方法的不同，核酸分子杂交检测法可分为 Southern 印迹杂交、Northern 印迹杂交、斑点印迹杂交和菌落印迹原位杂交四类。详见本模块项目五。

3. 核酸杂交的探针与标记

上述各种筛选和鉴定重组子的核酸杂交方法中，共同的特点是除了要有固相支持物外，还要有探针分子。所谓杂交探针，是指具有一定特点和要求的核苷酸片段，它能与互补的核酸序列复性杂交，并且通过适当标记进行检测。这些特点主要有：高度特异、杂交稳定、来源容易、制备简便等。

（1）核酸杂交的探针种类　DNA 探针种类很多，按来源及性质分类，有基因组探针、人工合成寡核苷酸探针及 cDNA 探针。

①基因组探针：从基因组中可以获得与目的基因同源或部分同源的探针，一般长度为 20 ~ 25 个核苷酸。

②cDNA 探针：主要包括 2 个部分，一部分是在逆转录过程中对总 RNA 或 mRNA 进行标记制备的总 cDNA 探针，主要用于高丰度 mRNA 的 cDNA 克隆筛

选；一部分是对消减法或差示法获得特异性 cDNA 片段进行标记而获得的特异性 cDNA 探针，这类探针一般用于筛选 cDNA 文库中那些对应于低丰度 mRNA 的目的克隆。

③人工合成的寡核苷酸探针：当探针分子无法直接从基因组或 cDNA 获得时，通常会根据目的基因或目的基因编码的蛋白质进行人工设计合成探针，一般长度为 10～30bp，甚至可达 50bp。

（2）探针的制备　对于基因组探针，一般采用限制性核酸内切酶酶切和基因克隆的手段进行制备，获得所需的 DNA 探针。对于寡核苷酸探针，通常可以采用以下三种方法来制备。

①利用基因的化学合成手段进行制备。

②使用 T4 DNA 连接酶制备，可将数个短的探针连接成长片段探针分子。

③利用 PCR 技术进行制备，设计与 DNA 探针序列两侧互补的 PCR 引物进行扩增获得目的探针分子。

（3）探针标记物的种类与特性　作为探针的 DNA 序列，只有带上标记物后才能检测显示所要检测的目的 DNA 序列，因此 DNA 探针在进行分子杂交前必须进行标记。理想的标记物应具备以下特点：检测灵敏度高、标记方法简单、相对稳定、保存时间长、特异的理化性质（如光谱学特征或生化活性）等，标记时不影响碱基配对特异性，酶促方法标记时对反应底物无较大影响。常用的探针标记物可分为放射性及非放射性两大类。详见本模块项目五。

（4）探针标记的方法　DNA 探针标记方法多种多样，不同的标记方法获得的探针的灵敏度、分辨率和特异性等都不同，而且不同方法适用于不同类型探针分子的标记。目前常用的标记方法有切口平移标记法、随机引物标记法、末端标记法、酶直接标记法及 PCR 反应标记法等。详见模块二项目五。

（5）探针的纯化　DNA 探针标记反应结束后，反应液中还含有部分未掺入到 DNA 中去的 dNTP 等小分子以及未连接上的 DNA 序列。如不除去，有时会干扰下一步的杂交反应，因此 DNA 探针标记后需要纯化。纯化的方法通常有：

①凝胶过滤柱层析法。

②乙醇沉淀法。

③反相柱层析法。

同位素标记探针的纯化常用 Sephadex G－50 凝胶过滤柱层析法，非同位素标记探针的纯化常用乙醇沉淀法。

五、免疫化学检测

当克隆的目的基因既无可供选择的基因表型特征，又对其所表达的蛋白质氨基酸序列一无所知，无法合成适当的 DNA 探针时，采用免疫化学方法来筛选目的基因重组就是一种重要的途径。免疫化学检测法是一种间接的筛选方法，它是利用特异性抗体与外源 DNA 编码的抗原的相互作用而进行筛选。这种方法具有专一性强、灵敏度高的特点，只要有一个拷贝的目的基因在重组子细胞内表达合成蛋白质，就可以检测出来。使用这种方法的前提是插入的外源基因必须在宿主细胞内表达，并且具有目的蛋白质的抗体。

免疫化学检测法的基本过程与前述菌落分子杂交法相似，不同的是该法使用抗体探针，而非 DNA 探针来鉴定目的基因表达产物。通常，免疫化学检测法可以分为抗体检测法和免疫沉淀检测法等类型。

1. 抗体检测法

这种方法最早出现于 1978 年，现已成为广泛采用的常规抗体测定方法之一，其依据的原理如下。

（1）一种免疫血清中含有多种类型的免疫球蛋白 IgG 分子，这些 IgG 分子分别与同一抗原分子上不同的抗原决定簇特异性结合。

（2）抗体分子或其某个部分可牢固地吸附在固体支持物表面上，不会被洗脱掉。

（3）通过体外碘化作用，IgG 抗体会迅速地被放射性^{125}I 标记。

按照抗体标记的不同，抗体检测法分为放射性抗体检测和非放射性抗体检测。

放射性抗体检测法所使用的抗体标记为放射性同位素，最常用的为^{125}I。具体操作过程是：首先将转化后的菌液涂布在固体平板上，同时还必须制备影印的复制平板。待影印琼脂半板上的菌落长好后，将平板置于氯仿饱和蒸气中裂解菌落，使阳性菌落产生的抗原释放出来。将吸附有抗体的固体支持物（如聚乙烯薄膜），缓慢地同先前裂解的菌落接触，如果释放的抗原和抗体具有对应关系，则在薄膜上形成抗原－抗体复合物。小心取下薄膜，然后与^{125}I－IgG 抗体混合温浴，^{125}I－IgG便会与结合在膜上的抗原结合，洗掉过剩的^{125}I－IgG，经放射性自显影后，即可知母板上抗原抗体结合位置，从而获得所需的重组克隆（图 3－25）。这种方法十分灵敏，抗原含量低至 5pg/mL 仍可被检测出来。

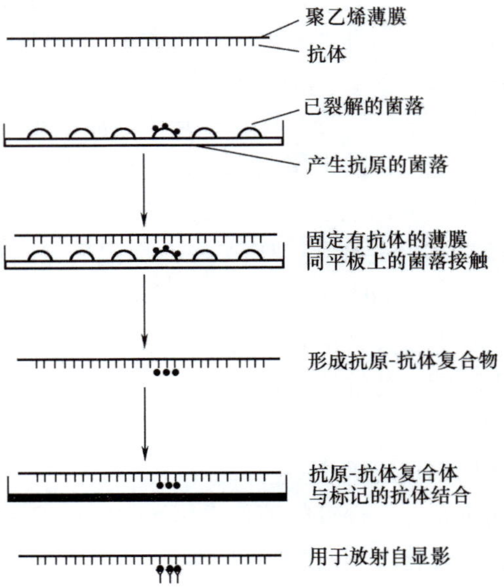

图 3－25 放射性抗体免疫检测法筛选重组子

非放射性抗体检测法中常用到的非放射性标记物有生物素、辣根过氧化物酶（HRP）和碱性磷酸酶（AP），实验过程中将标记的抗体代替放射性同位素标记的抗体检测目的蛋白抗原抗体复合物。这些方法也称为酶联免疫检测分析法（ELISA），具有较高的灵敏度和特异性，也解决了放射性核素标记物带来的半衰期及安全防护等问题，是一类很有发展前途的检测方法。

2. 免疫沉淀检测法

该方法是在生长菌落的平板中，加入抗某种蛋白质分子的特异性抗体。如果有细菌分泌出这种蛋白质，则在该菌落周围就会出现由一种称作沉淀素的抗体抗原沉淀物所形成的白色圆圈，因而可用这种方法筛选含目的基因的重组子。该方法操作简便，但灵敏度不高，实用性较差。

具体方法是：在生长有转化子菌落的甲板中，补加有抗体和溶菌酶的琼脂，小心倾注到菌落的上面，并使之凝固。在溶菌酶的作用下，菌落表面的细菌发生溶菌反应，逐步释放出细胞内部的蛋白质。如果有某些菌落的细胞能够分泌出目的基因编码的蛋白质，它们就会同包含在琼脂培养基中的抗体发生反应，在菌落周围产生白色沉淀圈（图3-26）。

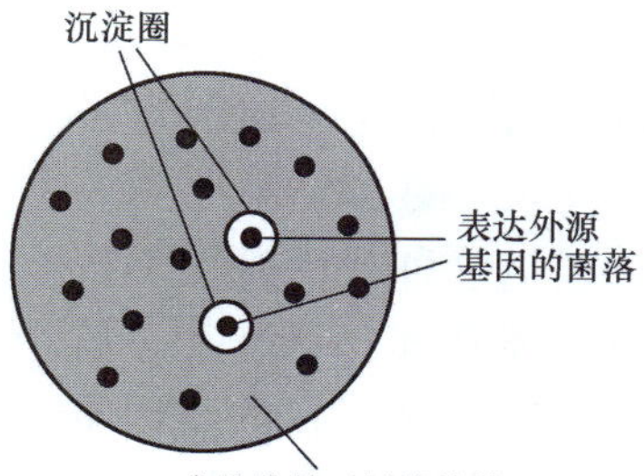

图3-26　免疫沉淀法筛选重组子

六、转译筛选

转译筛选法，可以分为杂交抑制转译和杂交选择转译两种不同的筛选策略，其突出优点在于将克隆的DNA同所编码的蛋白质产物之间的关系对应起来。这两种方法都要通过无细胞翻译系统检测经处理后的mRNA的生物学功能。常用的无细胞翻译系统有麦胚提取物系统和网织红细胞提取物系统。同大肠杆菌无细胞合成系统一样，系统中包含有基因表达所需要的全部因子，如RNA聚合酶、核糖体、tRNA、核苷酸、氨基酸以及合适的缓冲液组成成分。

1. 杂交抑制转译筛选法

杂交抑制转译筛选法，有时也称阻断转译杂交法，适于高丰度mRNA的检测，这种方法所依据的原理是，在体外无细胞的转译体系中，目的基因的转录产物mRNA同DNA分子杂交之后，就不再能够指导蛋白质多肽的合成，即mRNA的转译被抑制了。具体过程如下所示（图3-27）。

（1）从转化子菌落或噬菌体群体中制备质粒DNA。

（2）变性后，在高浓度的甲酰胺溶液条件下（这种条件有利于形成DNA-RNA杂种分子，但不利于形成DNA-DNA杂种分子，同时又能阻止线性质粒DNA再环化），与原群体的总mRNA进行杂交。

(3) 将杂交混合物中的核酸回收，加入无细胞转译体系进行体外转译。由于在无细胞转译体系中加有^{35}S标记的甲硫氨酸，因此转译合成的多肽蛋白质，可以通过聚丙烯酰胺凝胶电泳和放射自显影进行分析。

(4) 把其结果同未经杂交处理的 mRNA 的转译产物做比较，便可找出一种其转录合成被抑制了的 mRNA，即同目的基因变性 DNA 互补而彼此杂交的 mRNA。

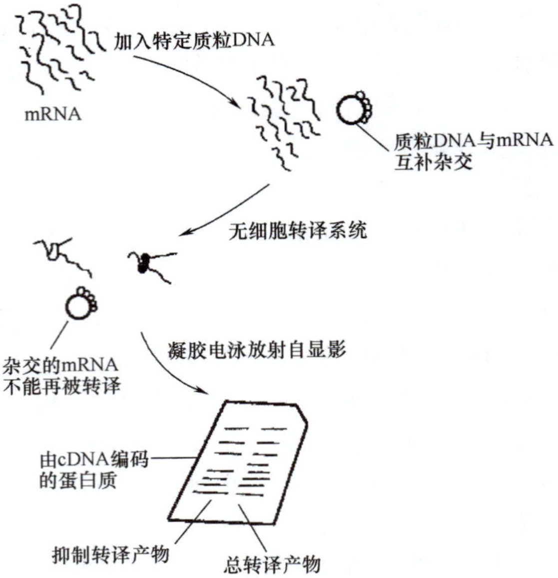

图 3-27　杂交抑制转译筛选法的基本过程

根据这种目的基因编码的蛋白质转译抑制作用，就可以筛选出含有目的基因重组质粒的大肠杆菌菌落群体（或噬菌斑群体）。若杂交组缺少某种蛋白质（被杂交抑制了的 mRNA 的产物），表明供杂交用的那部分重组子群中含有目的基因。然后，将这个群分成若干较小的群，并重复上述实验程序，直至最后鉴定出含目的基因的单一阳性重组子。

2. 杂交选择转译筛选法

杂交选择转译筛选法，有时也称杂交释放转译法，是一种灵敏度更高的阳性重组子直接筛选法，可适用于检测低丰度 mRNA（只占总 mRNA 的 0.1% 左右）产物的 cDNA 重组子。基本原理与杂交抑制转译法相似，不同的是，该方法不是间接抑制的 mRNA 的体外转译，而是直接选择目的 mRNA 进行体外转译。具体过程如图 3-28 所示。

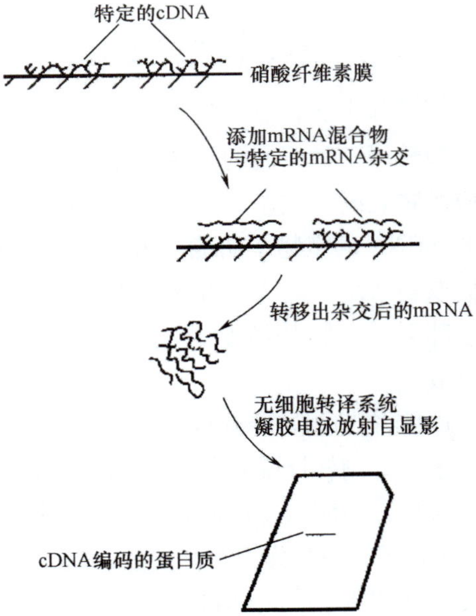

图 3-28　杂交选择转译筛选法的基本过程

同前一种方法一样，前期先制备质粒 DNA 分子，经过适当处理后转移到固相支持物（如硝酸纤维素滤膜）上；然后同未分离的 mRNA 或总 RNA 杂交；经过洗膜，分离纯化出与质粒 DNA 分子结合的 mRNA（液液杂交可通过柱层析回收杂交的 mRNA）；最后的步骤同前面一样，加入到无细胞体系中进行体外转译，并最终获得单个阳性重组子。

七、亚克隆分析

在基因工程操作中，阳性重组子一经筛选并鉴定后，接下来的工作就是确定目的基因的精确位置。因为克隆过程中，外源 DNA 片段不可能正好就是以完整的基因或 cDNA 全长存在。较小的片段还好，可能是基因的一部分，但较大的片段可能仅一小部分为基因序列，其他部分为非目的片段。确定基因在 DNA 片段上的精确位置，删除非目的片段，对于重组 DNA 的遗传分析会起到非常重要的作用。常规的方法有酶切图谱法、印迹法等。但这些方法只能将基因定位在某一限制性核酸内切酶片段上，更为精确和有特别价值的方法是亚克隆分析法。

所谓亚克隆，就是从一个克隆的 DNA 片段上分割几个区域，分别将之再次克隆在新的载体上，获得一系列新的重组子的过程。一般是将重组 DNA 分别用几种限制性核酸内切酶切割后，将所得各片段分别重组到载体上，再转化宿主细胞，通过对转化细胞的表型鉴定或其他方法来确定基因所在的位置。该方法在定位目的基因的同时，也分离出含有目的基因的最小 DNA 片段，基本操作程序如图 3 -29 所示。

如果事先知道这个外源 DNA 片段的限制性核酸内切酶酶切图谱，则可选用几个理想的酶切位点，使得这些酶切片段略大于目的基因，那么仅需筛选或鉴定少数转化子就能得到所需的亚克隆子。但如果事先不知道目的基因的酶切图谱，当仅选用一种或少数几种限制性核酸内切酶处理该 DNA 片段时，亚克隆的位点可能出现在目的基因内部，造成杂交阳性的重组质粒只含有目的基因的一部分，整个基因分布在两个或两个以上的亚克隆子中而无法获得完整的目的基因，这时必须重新选择合适的限制性核酸内切酶进行分析。根据实验的需要，可选用多种不同的限制性核酸内切酶切割 DNA 片段，然后进行探针杂交，如果在某个限制性核酸内切酶的酶切片段中只有一条大于目的基因的杂交阳性带，这个片段则有可能包含完整的目的基因，任何出现两条或多条杂交阳性带的限制性核酸内切酶以及出现小于目的基因长度的均可被排除。探针的分子越大，这种检测方法就越有效。

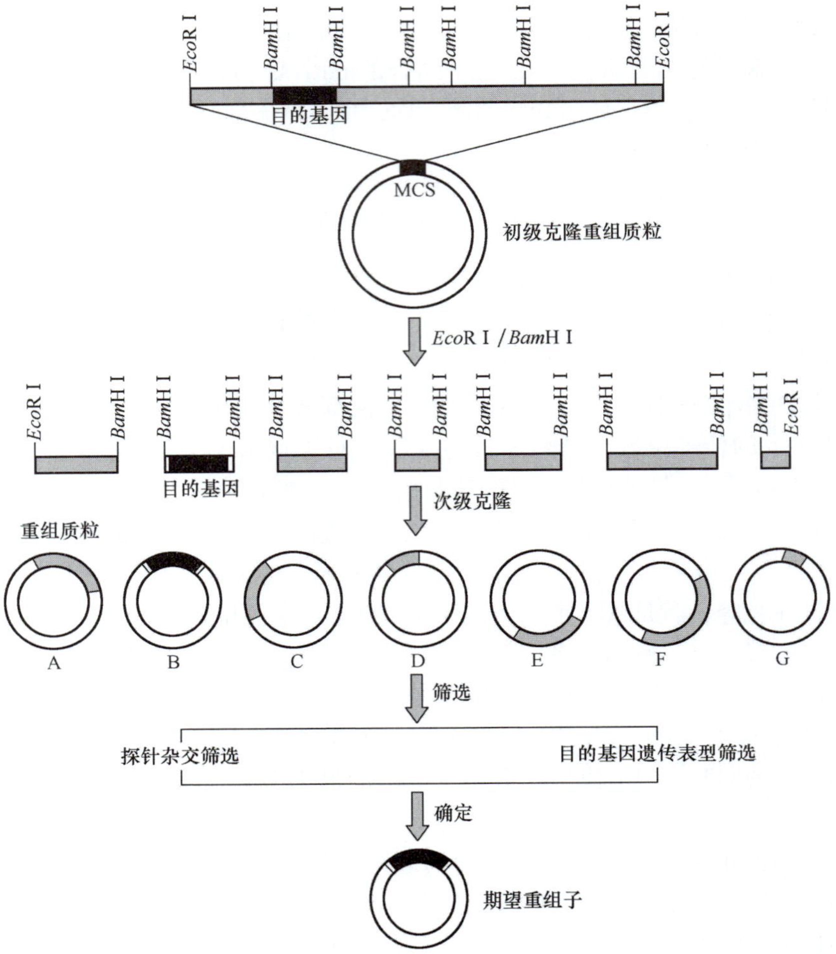

图 3－29　亚克隆的基本操作程序

八、阳性重组子的验证与分析

筛选出来的阳性重组子，在进行序列分析之前往往还需要进一步验证，目前实验室中常采用的方法有如下几种。

1. 酶切鉴定法

该方法需结合凝胶电泳技术观察检测结果。采用该法鉴定重组质粒 DNA 分子时，需要先对宿主细胞进行小规模培养，然后采用碱裂解法小量提取制备重组质粒 DNA，再用原来的限制性核酸内切酶进行酶切消化，最后通过琼脂糖凝胶电泳进行分析，并与已知相对分子质量的载体 DNA 和目的基因 DNA 分子做对照。这样经凝胶电泳后应有两条带：一条是迁移距离较小、相对分子质量较大的带（相当于质粒载体 DNA）；另一条是迁移距离较大、相对分子质量较小的带（相当于目的基因 DNA 分子）。

2. PCR 鉴定法

以载体上的通用引物，如 pGEM 载体系列中多克隆位点两侧分别是 SP6 和 T7 启动子的序列，或以目的基因的两端序列设计引物进行 PCR 扩增，利用琼脂糖凝胶电泳检测，观察电泳图谱中是否出现与原有目的基因大小一致的条带，如果出现则说明该重组质粒是阳性的。

3. 表达产物鉴定法

该方法的核心技术是 Western 印迹分析法，用于从蛋白质水平上鉴定产物是否确是目的基因的产物。主要操作步骤是：从宿主细胞中提取蛋白质并通过聚丙烯酰胺凝胶电泳将不同大小的蛋白质分开，然后将蛋白质转移到固相支持物上，再与特定标记的抗体结合，经适当处理后看是否出现条带，若出现则证明该重组子为阳性重组子，再进一步分离纯化以供研究。

4. 印迹分析法

这里的印迹分析法主要包括两种：一是 Southern 印迹，当实验中需要检测的目的基因来源于基因组 DNA 时使用；二是 Northern 印迹，当实验中需要检测的目的基因来源于 cDNA 时使用。

技能要点

外源 DNA 转化到宿主细胞之后，我们还需要在整个转化的细胞群中筛选出含有目的基因的阳性重组子，这是基因工程操作中一项十分重要的工作。而采用一套行之有效的方法将重组子细胞筛选出来，在很大程度上与所采用的实验方案有关。根据外源基因、载体、宿主细胞以及外源 DNA 分子导入宿主细胞的手段等的不同而采用不同的方法。主要有遗传表型直接筛选法、核酸分子杂交法、免疫化学检测法、转移筛选法和亚克隆法等。通过筛选获得大量阳性重组子在进行下一步实验之前还要对阳性重组子进行验证，可通过限制性核酸内切酶的酶切、凝胶电泳等手段或者多种方法相结合进行验证，以保证实验结果的可靠性。

实践练习

1. 为什么说即使转化率很高、得到了大量转化子，重组率也不可能达到 100%？

2. 请简述以 pBR322 质粒载体介导的抗药性筛选系统的操作原理。

3. 何为蓝白筛选模型？

4. 如何鉴定出双链 DNA 中存在的与特定 RNA 分子同源的区域？

5. 常用的核酸杂交探针有哪些？

6. 采用亚克隆分析方法时，为什么说探针的分子越大，其检测方法就越有效？

项目五 基因文库

学习目标

【学习目的】

学习基因文库的基本概念，掌握基因文库构建的基本原理和操作方法。

【知识要求】

掌握基因文库构建的基本流程，熟悉基因文库构建的常用载体，了解基因文库构建的筛选和鉴定策略。

【能力要求】

熟悉基因文库的载体系统，能懂得并实施基因文库构建的基本操作。

基因操作是开展基因工程技术的实施手段，其对象就是基因。人们开展对生物体基因的结构、功能、表达及其调控的研究，需要先获得研究对象所涉及的各种基因，将这些基因集合起来，需要哪些基因，就从中筛选、分离所需要的DNA片段。这些基因的集合，可称为基因文库，放置这些基因的场所，则称为受体细胞。如果说载体是基因操作的运输工具，则基因文库就是基因操作的仓储基地。只有构建出完整的基因文库，才能全面开展基因工程的研究。

一、基因文库的基本概念

1. 基因库

我们已经知道，基因是生命遗传的基本单位，是DNA（脱氧核糖核酸）分子上具有遗传效应的特定核苷酸序列的总称，是具有遗传效应的DNA分子片段。基因不仅可以通过复制把遗传信息传递给下一代，还可以使遗传信息得到表达。

生物体内包含有数目庞大的基因。研究发现，并非所有的基因都参与遗传信息的编码序列，参与基因编码序列的只占很小一部分。人们将单倍体细胞中包括编码序列和非编码序列在内的全部DNA分子称为基因组。比如，核基因组是指单倍体细胞核内的全部DNA分子，线粒体基因组是指一个线粒体所包含的全部DNA分子，叶绿体基因组则是指一个叶绿体所包含的全部DNA分子。人类基因组大约由30亿个碱基对组成，蕴藏着生命的奥秘。

从遗传学的角度来说，特定生物群体中所有个体的全部基因的总和称为基因库。在生物体的自然遗传中，这些基因被保存在种子、冷冻精子或卵子中，而在基因操作中，这些基因通过DNA片段与载体经过体外重组后转到受体细胞中，以细菌、细胞的形式保存。

2. 基因文库

在将这些载体导入受体细菌或细胞后，该细胞就包含了一个基因组DNA片段与载体重组DNA分子，经过繁殖扩增，就有许多细胞一起包含了该生物全部基因组序列，我们将这样的集合体称作基因文库。也就是说，用重组DNA技术将某种生物细胞的总DNA的所有片段随机地连接到载体上，然后转移到适当的受体细胞中，通过细胞增殖而构成各个片段的无性繁殖系（克隆），在制备足够多的克隆数目直至可以把某种生物的全部基因都包含在内之后，这一组克隆的总体就称为某种生物的基因文库。由于制备DNA片段的切点是随机的，所以每一克隆内所含的DNA片段既可能是一个或几个基因，也可能是一个基因的一部分或除完整基因外还包含着两侧的邻近DNA顺序。从这个角度看，基因文库就是随机克隆的集合。

可以说，基因文库是一套包含特定生物体所有基因的DNA序列，由外源DNA片段、载体和宿主（受体）细胞组成，不同的DNA序列片段分别被克隆在适当的载体上，贮存于宿主细胞中。例如，人类基因文库是一群带有人类基因克隆的大肠杆菌细胞，我们可以从这个文库中筛选、鉴定和研究任何人类基因。

3. 基因文库与基因库、基因克隆的区别

基因文库与基因库、基因克隆的概念不同。基因库是指某一生物群体中的全部基因，是天然存在的；基因克隆是只包含某些特定基因或DNA片段的克隆；基因文库则是在某种宿主细胞中包含着为数众多的克隆，包含了特定生物体的全部基因，且可供随时选取其中任何一个基因克隆来使用，是人工构建的。

如果某个基因文库的材料来自某种生物的染色体DNA，包含了其所有的基因，那么，这种基因文库称为基因组文库。如果这个文库只包含了某种生物的一部分基因，这种基因文库称为部分基因文库，例如cDNA文库，其材料来自mRNA，含有全部蛋白质编码基因的cDNA，不含启动子、终止子、内含子、基因间隔区等。在高度分化的生物体中，不同器官、组织、细胞，不同的发育时期以及对不同环境的应答中，mRNA种类不同（即基因的表达谱不同），因此同种生物体的cDNA文库会随着表达谱的变化而变化。显然，cDNA文库的信息量远小于基因组文库，两者的比较见表3-2。

表3-2　　基因组文库与cDNA文库的比较

	基因组文库	cDNA文库
信息供体	DNA	mRNA
载体	噬菌体、黏粒、人工染色体	质粒、噬菌体
文库大小	大	小
基因中启动子和内含子	有	无
基因多少	某种生物的全部基因	某种生物的部分基因

续表

	基因组文库	cDNA 文库
物种间基因交流	部分基因可以	可以
连接前	部分酶切、分级分离	反转录合成 cDNA 双链
连接	黏端连接、人工接头	同聚物加尾、人工接头
筛选	核酸探针	核酸探针、免疫探针

也可以根据基因文库功能的不同而分为克隆载体的克隆文库、表达载体（融合蛋白和天然蛋白表达载体）以及蛋白质表达的表达文库。

还可以按照载体的不同，把基因文库分为质粒文库、噬菌体文库、黏粒文库、人工染色体文库。不同的载体适于构建不同的文库。

基因文库的建立和使用是 20 世纪 70 年代早期重组 DNA 技术的一个发展。人们为了分离基因，特别是分离真核生物的基因，从 1974 年起相继建立了大肠杆菌、酵母菌、果蝇、鸡、兔、小鼠、人、大豆等生物以及一些生物的线粒体和叶绿体 DNA 的基因文库。基因文库的建立使分子遗传学和遗传工程的研究进入了一个新时期。

二、基因文库的构建

1. 构建基因文库的要求

构建一个理想的基因文库有多方面的要求。

首先，构建的文库中应包含全部 DNA 序列，能代表全部基因组序列或 mRNA 序列。一般来说，生物越高等，基因的结构越庞大、复杂。完整的基因文库，必须使任何一个基因进入库内的概率均达 99%。换句话说，要求在文库内钓取任何一个基因，均有 99% 的可能性。这就要求克隆过程中尽可能随机化，不能有偏向性，即在建立基因文库时，任何一个 DNA 片段都是在随机的基础上被克隆的。

基因文库中任一基因存在的概率，称为基因文库的完备性。概率值越接近于 1，则该基因文库就越完整，但同时克隆数也越多。可用统计学方法来计算某一基因文库中所应包含的克隆数目（表 3 - 3），其影响因子包括该生物基因组的大小、每个克隆所含外源 DNA 片段的平均长度［f，单位为道尔顿或碱基对（bp）］、可能选出某个基因的概率（p）和该基因文库所应包含的总克隆数目（N）。例如，人的单倍体 DNA 总长为 2.9×10^9bp，基因文库中克隆片段的平均大小为 15kb，则构建一个完备性为 0.9 的基因文库至少需要 45 万个克隆；而当完备性提高到 0.9999 时，基因文库至少需要 180 万个克隆。

表 3-3　在基因选出概率不同的情况下基因文库应含有的克隆数

DNA 来源	基因组大小/kb	被克隆的 DNA 片段平均分子质量/kb	基因文库所需克隆数/N		
			$p=0.90$	$p=0.95$	$p=0.99$
大肠杆菌	2.5×10^4	8.5×10^4	720	940	1440
酵母菌	$(0.84\sim1.2)\times10^{10}$	1×10^7	2300	3000	4600
果蝇	1.1×10^{11}	1×10^7	23000	30000	46000

一个基因文库中应包含的克隆数目与该生物的基因组的大小和被克隆 DNA 片段的长度有关。原核生物的基因组较小，需要的克隆数也较少；真核生物的基因组较大，克隆数需相应增加，才能包含所有的基因。此外，每一载体 DNA 中所允许插入的外源 DNA 片段的长度较大，则所需总克隆数越少，反之则所需数越多。如果一个基因文库的总克隆数较少，则从中筛选基因虽然比较容易，但给以后的分析造成困难，因为片段的长度增加了。如果要使每一个克隆中的 DNA 片段缩短，就需增加克隆数，所以在建立基因文库前应根据研究目的来确定 DNA 片段的长度和克隆的数目。

简单地说，理想的基因文库除具备尽可能高的完备性之外，重组克隆的总数不宜过大，以便减轻筛选工作的压力。

其次，构建的文库既要足够大，即具有代表性，又要在便于筛选克隆的数量级范围内，否则筛选过程会花费较多的人力和物力。载体的装载量最好大于基因的长度，以避免基因被分隔克隆。通常采用能插入较大外源片段的噬菌体载体和黏粒载体。

基因文库载体容纳外源基因的大小，称为载体的容量。显而易见，容量大的载体优越性大。噬菌体是早期用于构建文库的载体，可接受 15 ~ 20kb 的外源 DNA 片段，用置换型的插入，容量还可更大些。相对而言，以噬菌体颗粒形式存在的文库，较易于扩增和保存。近年使用的酵母表达体系，例如 YAC 质粒，容量达到 Mbp 级。

另外，在克隆过程中可对载体进行适当处理（例如脱磷酸等），以减少非重组子数，提高重组子数；克隆与克隆之间必须存在足够长度的重叠区域，以利于克隆排序；克隆片段易于从载体分子上完整卸下。

还需选择适当的宿主使文库不致因扩增和保存而丢失某些片段，重组克隆能稳定保存、扩增和筛选，文库繁殖后失真度小。

再有一点，就是构建的文库要便于扩增和储存，文库构成后混合培养细菌进行扩增的时间应尽可能短。

2. 基因文库的构建流程

构建基因文库，就是把某种细胞的整个基因组 DNA，按一定长短要求，酶解成若干片段，在与适当的载体分子重组后，引入相应宿主细菌的细胞中，形成一大批含有重组 DNA 分子的细胞克隆群体，即含有某种生物全部遗传信息的重组 DNA 分子的克隆总和。

基因文库构建的基本流程（图 3－30）可归纳为以下程序。

（1）载体 DNA 片段的制备　包括 DNA 分离纯化、限制酶切、脱磷酸化等反应。

（2）供体 DNA 片段的制备　分离特定大小的 DNA 片段（目的基因），包括总 DNA 分离纯化、机械剪切、酶法部分酶切、完全酶切等。

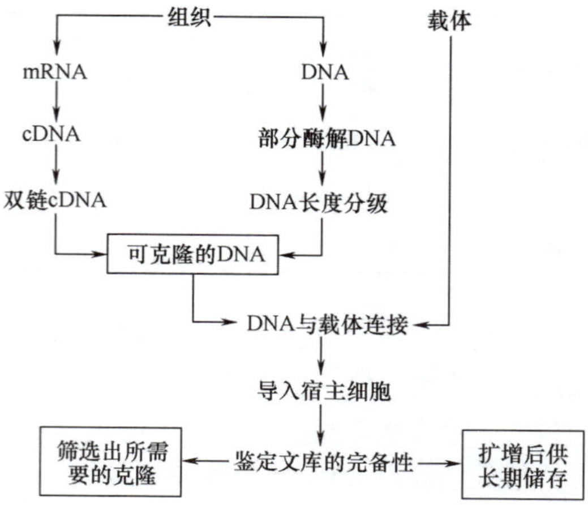

图 3－30　基因文库的构建流程

（3）供体与载体 DNA 连接　要提高重组频率，应注意连接反应体系中的总 DNA 浓度和两种 DNA 分子的克分子比率。

（4）重组 DNA 分子转入宿主细胞和基因组文库的扩增　利用转化或感染方法将重组 DNA 分子导入宿主细胞，在宿主细胞内复制、扩增。

（5）基因组文库质量的评价　包括文库规模和重组频率大小。测定文库规模时，先随机挑取一些转化子或重组子，提取质粒 DNA，电泳测定插入片段大小，然后再计算文库大小。重组频率越高，文库质量越好，可大大减轻后续筛选基因工作。

三、基因文库的载体系统

构建基因文库的常用载体有质粒、噬菌体、黏粒以及 YAC。这些载体可以克隆的 DNA 片段长度上限分别约为 10、23、45 和 1000kb。选择载体的主要参数是基因组大小，即基因组 DNA 序列的长短。例如，构建大肠杆菌（4.6×10^6kb）等基因组较小生物的基因组文库时，采用质粒作为载体便可得到满意的结果：按每个 DNA 片段平均长 5kb 计算，一个包括 5000 个 DNA 片段克隆的基因文库就能够代表一个完整的大肠杆菌基因组序列；构建较大基因组的文库时，噬菌体、黏粒以及 YAC 常被选作克隆载体。

1. λ 噬菌体

详见模块二项目三相关内容。

2. 黏粒

如果将 λDNA 左右两段和中段都去除，仅留下其两端包装噬菌体所必需的 cos 序列，再加上质粒的复制序列、标志基因、多克隆位点等，就可构成带有黏端位点（cos）的质粒，称为黏粒或 cos（柯斯）质粒，本意是带有黏性末端位点的质粒。因此，cos 质粒是人工建造的、含有 λDNA 的 cos 序列和质粒复制子的特殊类型的质粒载体，用于克隆大片段的 DNA。

黏粒带有质粒的复制起点（ColE1）、克隆位点、选择性标记（如氨苄青霉素抗性标记）以及 λ 噬菌体用于包装的 cos 末端等，因此该载体在体外重组后，可利用噬菌体体外包装的特性进行体外包装，利用噬菌体感染的方式将重组 DNA 导入受体细胞。但它不会产生子代噬菌体，而是以质粒 DNA 的形式存在于细胞内，随细胞的繁殖而被克隆。黏粒克隆的一般过程见图 3－31。

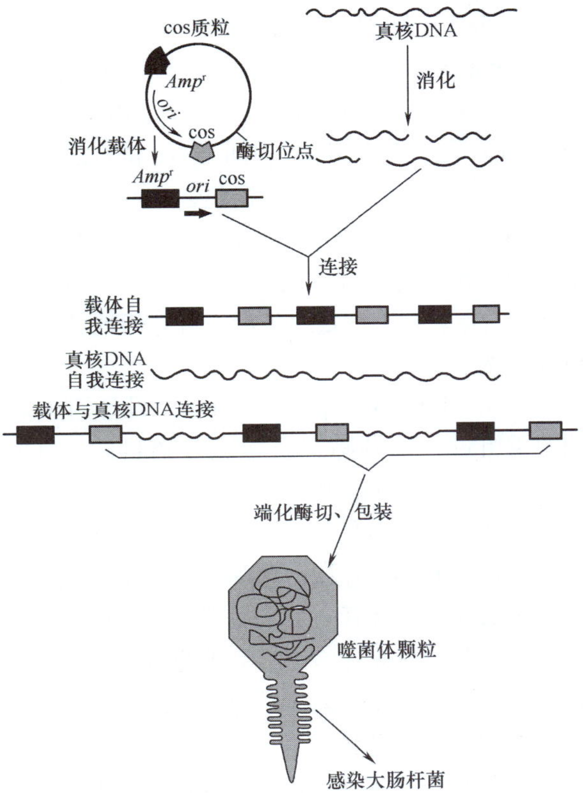

图 3－31　黏粒克隆的一般过程

作为载体，黏粒有 4 个特点。

（1）具有 λ 噬菌体特性　黏粒在克隆了外源 DNA 在体外包装成噬菌体颗粒后，可以感染宿主菌并在细菌内按照 λ 噬菌体 DNA 的方式环化起来。但黏粒载体不含有 λ 噬菌体的全部必要基因，因此不会使宿主菌裂解，无法形成子代噬菌体颗粒。

（2）具有质粒特性　含有质粒复制子，可在宿主菌内像质粒 DNA 一样进行复制。

（3）克隆外源 DNA 的容量大　黏粒自身相对较小，一般只有 5～7kb，而最大的克隆片段可达 45 kb 左右。

（4）能与有同源序列的质粒进行重组。

黏粒的构建一般都是利用质粒的复制子、选择标记，加上 λ 的 cos 位点序列及与包装有关的序列，构建的黏粒可以很好地用于基因克隆，所以黏粒主要用于 DNA 文库的构建。

早期构建的柯斯质粒载体有一些不足，如克隆位点较少，抗性标记单一，容载能力不大，后来进行了一些改进，克服了这些不足。目前常用的黏粒主要有以下几种。

（1）黏粒 pJB8　这是典型的黏粒载体，大小为 5. 4kb，组成简单，由抗性基因 Amp^r、*ColE1* 复制起点（ori）、cos 位点、多克隆位点组成，可容纳 33 ~ 46. 5kb 外源 DNA 片段，主要用来在细菌中克隆真核 DNA。

（2）含双 cos 位点的黏粒　例如 c2RB 和 Supercos－1，均为含双 cos 位点的黏粒。c2RB 大小为 6. 8kb，在两个 cos 位点之间有一个卡那霉素抗性基因。由于含有 cos 位点的 1. 7kb 的片段在包装过程中将会消失，因此该载体的装载容量与 pJB8 一样为 33 ~46. 5kb；Supercos－1 大小为 7. 94kb，与 c2RB 相比，含有在真核细胞中起作用的来自猿猴病毒 SV40 的复制起点 ori－SV40 和新霉素抗性基因（neo^r）。在克隆到阳性重组子后，可方便地转移到动物细胞中增殖，做进一步的分析和筛选。

（3）pcos1 EMBL　pcos1 EMBL 是设计用于筛选体内重组的重组黏粒，可通过同源重组过程达到筛选目标克隆的目的。其复制起点来源于 R6K 质粒，与 ColE1 复制起点无同源性，属于不同的不相容群，含卡那霉素和四环素抗性基因。

（4）卡隆粒 9 载体系列　卡隆粒是为扩大黏粒的克隆范围而设计的，允许克隆 33kb 以下的 DNA 片段。该黏粒由一系列载体组成，其基本组成为一个小的黏粒，特殊之处在于含有一个来源于 pBR322 的包含四环素抗性基因在内的 2kb 片段的 1 ~23 个串联重复单位所组成的间隔区。间隔区长度的不同决定了能够插入到载体并被包装到 λ 噬菌体颗粒的外源 DNA 片段的大小。

3. 酵母人工染色体

酵母人工染色体（YAC）是利用酿酒酵母染色体的复制元件构建的载体（参见模块二项目三相关内容），是结构上能模拟真正酵母染色体的线状 DNA 分子。将大片段的基因组 DNA 连接到 YAC 载体的两个“臂”上，然后通过转化的方法导入酵母菌，这样就构成了重组的 YAC。

YAC 的每一条臂分子中都携带一个选择记号以及按适当方向排列的起端粒作用的 DNA 序列。其中一条臂上还携带着丝粒 DNA 序列以及复制子序列（又称为自主复制序列，ARS）。通过在选择性琼脂平板上生长的菌落，可鉴定出接受并稳定保持人工染色体的酵母转化子。

YAC 载体为能够满足自主复制、染色体在子代细胞间的分离及保持染色体稳定的需要，必须含有以下元件。

（1）端粒重复序列（telomericrepeat，TEL）　定位于染色体末端的一段序列，用于保护线状的 DNA 不被胞内的核酸酶降解，以形成稳定的结构。

（2）着丝粒（centromere，CEN）　有丝分裂过程中纺锤丝的结合位点，使染色体在分裂过程中能正确分配到子细胞中。在 YAC 中起到保证一个细胞内只有一个人工染色体的作用。如 pYAC4 使用的是酵母第四条染色体的着丝粒。

（3）自主复制序列（autonomously replication sequences，ARS）　一段特殊的序列，含有酵母菌中 DNA 进行双向复制所必须的信号。

（4）标记基因　YAC 载体的选择标记主要采用营养缺陷型基因，如色氨酸、亮氨酸和组氨酸合成缺陷型基因 *trp*1、*leu*2 和 *his*3，尿嘧啶合成缺陷型基因 *ura*3 等，以及赭石突变（一种由于碱基替换所产生的无意义突变，这种突变使得原来对应于某种氨基酸的密码子变为赭石型终止密码子 UAA，结果产生了一条缩短了的多肽链，采用同系列颜色命名，称为赭石型）抑制基因 SUP_4。与 YAC 载体配套工作的宿主酵母菌（如 AB1380）的胸腺嘧啶合成基因带有一个赭石突变 *ade*2 -1。带有这个突变的酵母菌在基本培养基上形成红色菌落，当带有赭石突变抑制基因 SUP_4 的载体存在于细胞中时，可抑制 *ade*2 -1 基因的突变效应，形成正常的白色菌落。利用这种菌落颜色转变的现象，可筛选载体中含有外源 DNA 片段插入的重组子。

YAC 载体中最常用的是 pYAC4。由于酵母的染色体是线状的，因此其工作状态也是线状的。但是，为了制备方便，YAC 载体常以环状的方式存在，并增加了普通大肠杆菌质粒载体的复制元件和选择标记，以便保存和增殖。

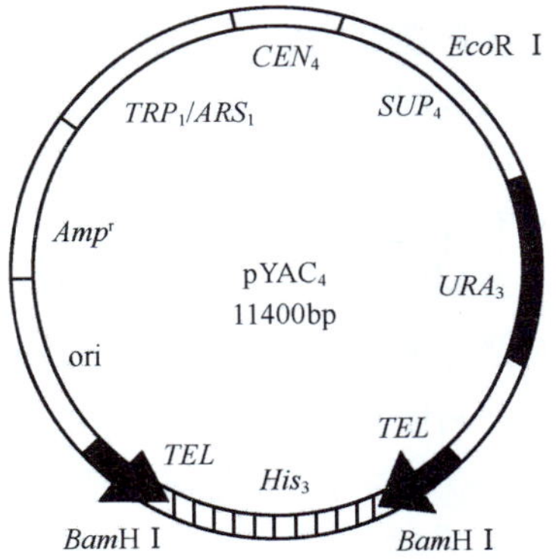

图 3 -32　pYAC4 的遗传结构图

YAC 载体主要用来构建大片段 DNA 文库，特别用来构建高等真核生物的基因组文库，并不用作常规的基因克隆。图 3 -32 是 pYAC4 的遗传结构图，当用 *Bam*H Ⅰ 切割成线状后，就形成了一个微型酵母染色体，包含染色体复制的必要元件，如自主复制序列、着丝粒和位于两端的端粒。这些元件在酵母菌中可以驱动染色体的复制和分配，从而决定这个微型染色体可以携带酵母染色体大小的 DNA 片段。对于 *Bam*H Ⅰ 切割后形成的微型酵母染色体，当用 *Eco*R Ⅰ 或 *Sma* Ⅰ 切割抑制基因 SUP_4 内部的位点后形成染色体的两条臂，与外源大片段 DNA 在该切点相连就形成一个大型人工酵母染色体，通过转化进入酵母菌后可像染色体一样复制，并随细胞分裂分配到子细胞中去，达到克隆大片段 DNA 的目的。装载了外源 DNA 片段的重组子导致抑制基因 SUP_4 插入失活，从而形成红色菌落；而载体自身连接后转入到酵母细胞形成白色菌落。这些红色的装载了不同外源 DNA 片段的重组酵母菌菌落的群体就构成了 YAC 文库。YAC 文库装载的 DNA 片段的大小一般可达 200 ~ 500kb，有的可达 1Mb 以上，甚至达到 2Mb。

YAC 载体功能虽然强大，但有一些弊端，主要表现在 3 个方面：首先，在

YAC载体的插入片段会出现缺失和基因重排的现象；其次，容易形成嵌合体。嵌合就是在单个YAC中的插入片段由2个或多个的独立基因组片段连接组成。嵌合克隆约占总克隆的5%～50%；最后，YAC染色体与宿主细胞的染色体大小相近，影响了YAC载体的广泛应用。YAC染色体一旦进入酿酒酵母细胞，由于其大小与内源的染色体的大小相近，就很难从中分离出来，不利于进一步分析。但是YAC的一个突出优点是，酵母细胞比大肠杆菌对不稳定的、重复的和极端的DNA有更强的容忍性。另外，YAC在功能基因和基因组研究中是一个非常有用的工具。由于高等真核生物的基因大多数是多外显子结构并且有长长的内含子，大型基因组片段可通过YAC载体转移到动物或动物细胞系中，进行功能研究。

四、制备基因组DNA

成功构建基因组文库的关键是选择合适的纯化、切断DNA的方法和克隆载体，使所获得的一套DNA序列克隆具有代表性，即不短缺任何DNA片段。例如，在构建基因组文库的过程中，如果某一段基因组DNA序列没能被克隆，那么，该基因组文库便不具有代表性。相似地，如果所建文库中没有足够数量的克隆，那么，肯定会有某些基因缺失。当然，一个完整的cDNA文库也只包括那些与mRNA互补的DNA序列，缺乏不转录的DNA序列。

切割用于基因组文库构建的DNA片段时，一般采用超声波处理和限制性内切酶部分酶切两种方法，这样做的目的是可以保证DNA片段之间存在部分重叠区，并确保DNA片段大小均一。

为了最大限度地保证在克隆过程中的完整性，用于基因组文库构建的DNA在分离纯化操作中应尽量避免过度的断裂。制备的DNA相对分子质量越大，经切割处理后的样品中含有不规则末端的DNA片段的比率就低，重组率和完备性也就越高。常规方法制备的染色体DNA的长度一般在100kb左右。

在构建基因组文库的过程中，应严禁外源DNA片段之间的连接。通常采取如下组合措施。

（1）将待连接的DNA片段根据载体的装载量分级分离。

（2）用碱性磷酸单酯酶除去DNA片段的末端磷酸基团。

（3）在DNA片段的末端添加人工接头。采用超声波处理后的DNA片段呈平头末端，需要加装人工接头。部分酶切法则一般选用四对碱基识别序列的限制性内切酶，如*Sau* 3AI或*MboI*等，这样DNA酶解片段的大小可控。

通过转化或转导的方法将带有不同DNA片段的重组DNA分子导入受体细胞，即可获得一套包含特定生物体所有DNA序列的克隆。

五、基因文库的筛选和鉴定

1. 筛选基因文库中的目的基因

大型基因组文库一般由数十万个甚至上百万个重组克隆组成。除了一些具有特殊功能的蛋白质编码基因（如抗药性基因、结合蛋白编码基因等）可以采用特殊的正选择筛选程序（如抗药性筛选方法等）直接筛选外，一般的基因文库筛选均需要多轮的操作步骤。

从基因文库中找到目的基因是一件比较复杂的事情，要根据目的基因已有的某些信息来进行。目前，有很多方法能够从基因文库的众多克隆中筛选和鉴定带有特定基因的克隆，这些方法大多是以杂交探测技术为基础的。杂交探测是一种利用能和目的基因序列互补的 DNA 或 RNA 片段为探针，通过分子杂交找出带有目的基因的 DNA 片段的实验方法。

通常，为了从基因文库中筛选出带有目的基因的克隆，需要先将含有基因组 DNA 或 cDNA 克隆的菌落或噬菌斑转移到硝酸纤维素膜或尼龙膜等支撑物上，进一步除去 DNA 以外的其他杂物，同时使 DNA 分子变性（双链变为单链）并固定在支撑膜上，再标记拟使用的探针，并使探针与支撑膜上的单链 DNA 分子杂交。通过检测杂交膜上的探针信号，来确定带有目的基因的细菌或噬菌体的位置，选出相应的基因克隆（图 3－33）。

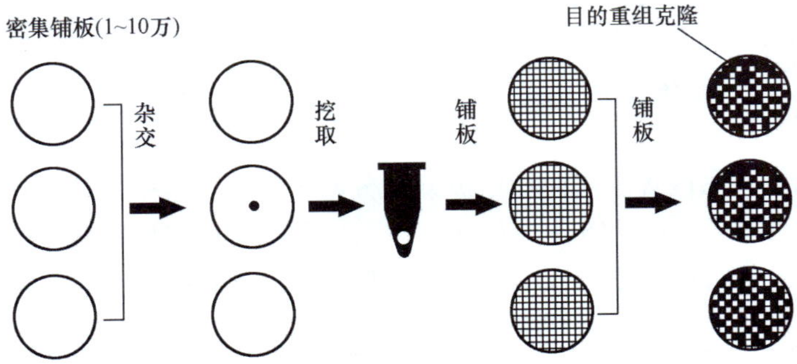

图 3－33　从基因文库中筛选目的基因

作为探针的 DNA 或 RNA 分子大多是根据已知的有关目的基因的某些信息（部分 DNA 序列或蛋白质产物等）化学合成的寡核苷酸。另外，标记探针的方法也很多，例如，放射性元素标记、荧光色素标记以及酶标记等。

2. DNA 顺序分析与基因结构预测

测定 DNA 序列是决定基因精确结构的唯一方法。DNA 测序法主要有链末端终止法和化学降解法两类。其中，链末端终止法目前使用得最为普遍，由 Sanger 等于 1977 年提出，故又称为 Sanger 双脱氧链终止法。其原理是基于 DNA 的复制和 RNA 的反转录机制。

DNA 链中核苷酸以 3′，5′-磷酸二酯键连接，合成 DNA 所用的底物是 2′-脱氧核苷三磷酸。2′，3′-ddNTP（双脱氧核苷酸）与普通 dNTP 不同，它们在脱氧核糖的 3′位置缺少一个羟基，在 DNA 聚合酶作用下通过三磷酸基团掺入到延伸的 DNA 链中，但由于没有 3′-羟基，不能同后续的 dNTP 形成磷酸二酯键，因此，正在延伸的 DNA 链不能继续延伸，终止于该 ddNTP 处。在 DNA 合成反应混合物的 4 种普通 dNTP 中加入少量的一种 ddNTP，这种 ddNTP 与另外的四种 dNTP 竞争性掺入 DNA 链，因此，链的终止是偶然发生的，其产物是一系列长度不等的核苷酸链，长度取决于引物末端到出现链终止位置间的距离。如果在 4 组独立的连接反应中分别采用 4 种不同的 ddNTP，结果将产生 4 组核酸片段，分别终止于模板链的 A、C、G 或 T 位置。根据终止端的 ddNTP，便可依次分析合成片段的碱基排列顺序。

链末端终止法的测序程序如下。

（1）分离待测核酸模板，模板可以是 DNA 或者 RNA，可以是双链或者单链。

（2）在 4 只试管中加入适当的引物、模板、4 种 dNTP，包括放射性标记的 ddNTP，例如 ^{32}P-ddNTP 和 DNA 聚合酶或反转录酶（以 RNA 为模板），在上述 4 只管中分别加入一种一定浓度的 ddNTP。

（3）与单链模板（如以双链作模板，要做变性处理）结合的引物，在 DNA 聚合酶作用下从 5′端向 3′端进行延伸反应，^{32}P 随着引物延长掺入到新合成链中。当 ddNTP 掺入时，由于其在 3′位置没有羟基，不与下一个 dNTP 结合，使得链延伸终止。ddNTP 在不同的位置掺入，因而产生一系列不同长度的新的 DNA 链。

（4）用变性聚丙烯酰胺凝胶电泳同时分离 4 只反应管中的反应产物，由于每一反应管中只加了一种 ddNTP（如 ddATP），则该管中各种长度的 DNA 都终止于该种碱基处。所以在凝胶电泳中该泳道不同带的 DNA 3′末端都为同一种双脱氧碱基。

（5）放射自显影。根据四泳道的编号和每个泳道中 DNA 带的位置直接从自显影图谱上读出与模板链互补的新链序列。

由于 DNA 测序仪一次只能确定长 500～1000bp 的核苷酸顺序，因此，通常需要在测序之前，对拟用于序列分析的基因克隆进行亚克隆制备和限制性内切酶图谱绘制工作：把从基因文库中分离的带有目的基因的 DNA 片段分成若干个小片段，分别克隆后再行测序；根据限制性内切酶图谱确定各个亚克隆 DNA 片段之间的关系，最终获得完整的基因一级结构信息。

（6）初步克隆的外源片段往往较长，含有许多目的基因片段以外的 DNA 片段。可以通过亚克隆，对目的 DNA 进行进一步分析，或者进行重组改造等，最终将目的基因所对应的一小段 DNA 找出来。亚克隆分为细胞克隆和分子克隆。

在细胞克隆中，对培养的细胞来说，从原有的克隆中，再筛选出具有某种特性的细胞进行培养，就是亚克隆；在分子克隆中，亚克隆就是从大片段的克隆中选取特定小片段再克隆。

3. 基因克隆的筛选策略

从文库中筛选目的基因的方法主要有以下几种。

（1）表型筛选法　即根据目的基因编码比较特殊的表型变化的功能，使其与载体作用可以在宿主菌（如大肠杆菌）中表达该基因，表现出其特殊的功能，通过这种导入基因带来新的功能或恢复其缺失的功能，来确定目的基因。

这种表型特征一般要求是直接的形态学特征或比较容易检测的生化酶学的特征，比如营养缺陷型相关的基因和抗性基因（类似抗逆性基因）等。对于表型筛选法来说，其对所使用的宿主有相应的要求，宿主为不携带该种基因或是该基因的缺失突变体。

（2）杂交筛选和 PCR 筛选　当目标基因是未知功能的基因或一些不能在原核生物中表达的真核生物的基因，可以利用的可能只是该基因的部分序列、同源基因片段或不完整的蛋白质产物，此时就必须考虑其他的方法来筛选。杂交筛选法是应用最为广泛的筛选目标基因克隆的一种方法。

用已知序列的基因的筛选保存于 384 孔培养板的大片段 DNA 文库时，还可以采用更加简单快捷的方法——混合池 PCR 筛选法。一旦混合池构建好以后，PCR 筛选将非常方便，每天可以做大量的 PCR 反应，筛选大量的标记。PCR 筛选法还有一个很大的优点是可用 SSR 引物从文库中筛选阳性克隆，而核酸杂交法却不能以 SSR 序列为探针筛选阳性克隆。

（3）免疫筛选　免疫筛选法和核酸杂交的方法类似，只是其使用的探针不是核酸，而是特异性的抗体。适合免疫杂交法筛选的外源基因首先要在宿主细胞中存在抗原蛋白的表达，用于筛选的 DNA 文库必须是表达文库，通常是原核生物的基因组 DNA 文库和真核生物的 cDNA 表达文库。而且，所检测的对象为宿主中不编码的基因或宿主中缺失表达的基因。

技能要点

基因库是指某一生物群体中的全部基因。在生物体的自然遗传中，基因库被保存在种子、冷冻精子或卵子中；在基因操作中，基因库通过 DNA 片段与载体经过体外重组后转到受体细胞中，以细菌、细胞的形式保存，后者又可称为某种生物的基因文库，是一套包含特定生物体所有基因的 DNA 序列，由外源 DNA 片段、载体和宿主（受体）细胞组成，不同的 DNA 序列片段分别被克隆在适当的载体上，贮存于宿主细胞中，是随机克隆的集合，可以从某个生物种的基因文库中筛选、鉴定和研究该物种的任何基因。

基因文库的构建有多方面的要求，应包含全部 DNA 序列，有尽可能高的完备性和代表性，需要对载体进行适当处理，且便于扩增和储存。成功构建基因文库的关键是选择合适的纯化、切断 DNA 的方法和克隆载体，其构建的基本流程包括：载体 DNA 片段的制备、供体 DNA 片段的制备、供体与载体 DNA 连接、重组 DNA 分子转入宿主细胞和基因组文库的扩增，以及基因组文库质量的评价。构建基因文库的常用载体有质粒、噬菌体、黏粒以及 YAC。

从基因文库中找到目的基因需要进行基因的筛选和鉴定。常用的鉴定方法大多是以杂交探测技术为基础的，探针多采用放射性元素标记、荧光色素标记以及酶标记等。测定 DNA 序列是决定基因精确结构的唯一方法，主要有两类 DNA 测序法，即链末端终止法和化学降解法。基因克隆的筛选策略主要有表型筛选法、杂交筛选和 PCR 筛选及免疫筛选。

实践练习

1. 下列哪项不是基因工程中用来运载目的基因的载体？(　　)

A. 细菌质粒　　B. 噬菌体　　C. 动植物病毒　　D. 细菌核区的 DNA

2. 在分子克隆中，目的 DNA 可来自（　　）。

A. 原核细胞染色体 DNA　　B. 真核细胞染色体 DNA

C. 人工合成的 DNA　　D. 聚合酶链反应

E. 真核细胞 mRNA 反转录获得的 cDNA

3. 从基因组 DNA 文库或 cDNA 文库分离、扩增某一感兴趣基因的过程就是(　　)。

A. 基因克隆　　B. 分子克隆　　C. DNA 克隆

D. 构建基因组 DNA 文库　　E. 重组 DNA 技术

4. 科学家感兴趣的外源基因又称________，其来源有________、________、________、________等几种途径。

5. 基因组文库含有组织或细胞的________信息，cDNA 文库含有组织或细胞的________信息。

6. 常用目的基因的获取方法有哪些？

模块四 基因操作技术的应用

项目一 基因打靶与基因沉默

学习目标

【学习目的】

学习基因打靶与基因沉默的操作技术。

【知识要求】

掌握基因打靶技术与基因沉默的基本概念；熟悉 RNA 干扰技术的应用；了解基因打靶技术的基本操作。

【能力要求】

懂得基因打靶与基因沉默技术的基本操作流程。

如前所述，使用基因操作技术，可以利用载体等工具，将所需要的目的基因通过转化/转染等措施导入宿主细胞，使其产生特定的目标产品。对于新药开发来说，如果已经了解疾病的分子生物学原理，则可以针对特定的疾病基因或相关基因，进行特异性的基因改造，开发新型的治疗药物。这就需要基因打靶或基因沉默技术。

通过一系列的基因操作技术，我们可以获得转基因的动物、植物及微生物体，通过对这些转基因生物体或者其中的某个组织、细胞的培养，来获得所需要的各类新型基因药物及基因工程产品。

一、基因打靶技术

基因打靶又称定向基因转移，是人工精确修饰基因组的一种技术，即通过外源 DNA 与染色体 DNA 同源序列之间的重组来改造基因组特定位点，从而改变生物的遗传特性。

转基因技术和人工同源重组技术的发展是基因打靶技术的发展基础。其中，人工同源重组方法指的是：针对基因组上某一靶基因进行精确修饰，具体说，就是使外源 DNA 与受体细胞基因组上的同源序列之间发生重组，并使外源 DNA 整合到预定位点上而不影响其他基因，从而改变细胞的遗传特性。可以这样理解，转基因技术使外源基因导入受体细胞，而人工同源重组技术使外源基因在受体细胞基因组上实现定点整合。DNA 重组技术是人工同源重组技术的基础。因而，有时也把人工同源重组俗称为基因打靶，或者将基因打靶称为基因定点同源重组。

基因打靶有三个重要特征：①直接性，即直接作用于靶基因，不涉及基因组的其他方面；②准确性，即可以将事先设计好的 DNA 序列插入选定的目标基因座，或者用事先设计好的 DNA 序列去取代基因座中相应的 DNA 序列；③有效性，即在技术上有实施的可能，因而具有一定的实用意义。

基因打靶包括两种情况：一种是基因敲除，即用一个突变的基因去修饰其对应的野生型基因，然后观察原基因正常功能终止时的生物学变化，也称为基因剔除；另一种是基因敲入，即用一个正常基因替代突变基因，或引入新基因使其在受体细胞中表达，也称为基因获得。

基因打靶的基本过程包括：载体的构建、同源重组、重组筛选及观察打靶后的生物学效应等四个过程。

（一）基因打靶的基本原理

同源重组在生物界是一个普遍现象。在减数分裂形成配子的过程中，同源染色体上的基因相互交换其同源片段，就是同源重组。基因打靶的原理即仿照了这一过程，这一技术的基本原理是：用转基因技术，将外源基因引入靶细胞，通过外源 DNA 与靶位点上相同核苷酸序列间的同源重组，使外源基因稳定插入预定的位点，再通过适当的筛选手段得到敲除了某个基因的细胞，图 4－1 为将外源 DNA 插入质粒预定位点的示意图。

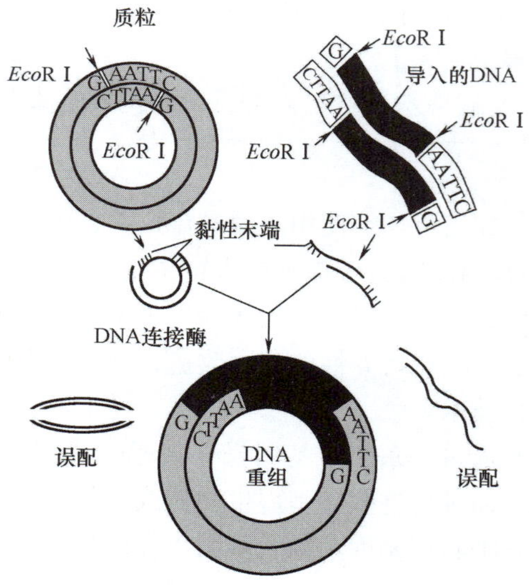

图 4－1　将外源 DNA 插入质粒预定位点

根据生物体内重组发生的机制，将重组分为四种类型：同源重组、位点特异性重组、转座和异常重组。

这四种重组类型共有的特征是 DNA 双螺旋之间的遗传物质发生交换。其中同源重组是指发生在 DNA 同源序列之间的重组，其显著特征是发生交换的 DNA 两个区域的核苷酸序列必须相同或很相似。同源重组主要是利用 DNA 序列的同源性识别重组对象，提供特异性识别的特征是碱基序列。

转移基因的整合有两种性质，即整合的随机性和拷贝数的变异性。由于非同源重组的频率太高，因而整合的位点不同，转移基因可能会有不同的表达。若整合在封闭的染色质区，转移基因很少或几乎不表达；若整合在活化的染色质区，转移基因则可能高效表达。整合的转移基因拷贝数的不同也会影响转移基因表达水平。

提高同源整合效率是基因打靶技术成功的关键。同源整合效率与下列因素有关。

一是基因转移的方法。实验证明，采用反转录病毒整合的方法，整合频率最高，对外源 DNA 的影响较小，并且多为单拷贝整合，有利于整合基因的表达调控，但由于病毒容量的限制，故外源 DNA 片段不能太大。显微注射法的绝对整合频率较高，线状 DNA 分子的整合效率高于超螺旋 DNA 分子的整合效率，但一次只能注射一个细胞，故可筛选的细胞有限。

二是导入的 DNA 目标载体与内源靶位点间同源序列的长度。

（二）基因打靶的基本操作

1. 基因打靶的必要条件

利用自然界存在的遗传物质同源重组的机制是实现基因定点整合的唯一途径。

同源重组必须在活细胞中进行，而要使经过修饰的基因发挥功能，则必须把细胞变成生物个体。因而，在进行基因打靶操作中需要以下条件：

首先，要构建靶向性载体，其必须包含一定长度的与靶基因上相应 DNA 序列完全同源的序列。载体上还要包含标记基因，以便在转化细胞之后挑选那些整合了载体 DNA 的细胞，进而在整合了载体 DNA 的细胞中找出发生同源整合的细胞。

其次，需要有效的细胞培养技术和 DNA 导入技术。

第三，对于动植物体来说，所导入的细胞应具有发育成个体的能力。这也是胚胎干细胞的基本特性之一——具有从细胞发育成动物个体的全能性。

2. 基因打靶载体的构建和同源重组

基因打靶的主要用途是：利用遗传物质同源重组的机制，将位点特异性基因修饰导入动物基因组，用以生产突变的个体。

基因打靶技术的关键在于打靶载体的构建。设计打靶载体的目的是使之能与受体细胞的特定位点发生重组并使之变异。这样一个载体的最少成分包括染色体靶位点的同源顺序和一个质粒的主要成分。此外，一般还需要阳性、阴性筛选标记基因［如新霉素磷酸转移酶基因（*Neo*）——阳性、单纯疱疹病毒胸腺嘧啶激酶（*HSV－tk*）——阴性］等成分。这是两类特殊的与同源序列密切相关的基因，*Neo* 基因会由于同源重组的插入方式而在靶细胞中表达，而 *HSV－tk* 基因不能因同源重组的插入方式表达，但却可以通过随机整合的方式插入。两者配合使用，可以用其基因表达的阴性或阳性来作为筛选标记的依据。这种方法又称为正负选择法。

常见的哺乳动物打靶载体有很多种，从不同的角度，可以有不同的分类。

依据外源基因整合到染色体靶位点上方式的不同，基因打靶载体分为两类（图4－2）：一类是替换型载体（N型），另一类是插入型载体（O型）。这两种载体的组成基本相同，主要区别在于载体在染色体同源序列中插入的位置不相同。插入型载体的断裂位点在染色体同源序列的区段内，标记基因可在载体的任何位置；而替换型载体的断裂位点则在染色体同源序列的两侧或外侧，标记基因在同源目的序列内。

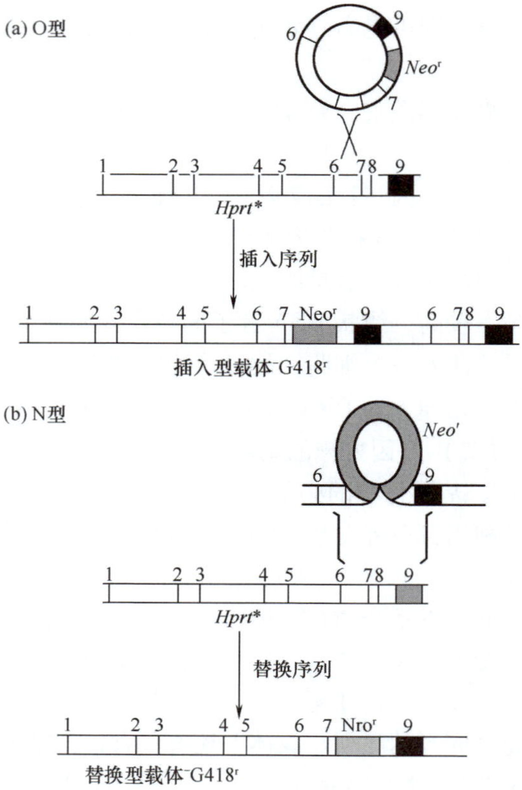

图4－2　基因打靶载体

从基因重组反应的过程来说，载体也是同源重组的反应底物。所以，依据实验目的不同，基因打靶载体又可以分为四种：基因敲除型载体（常用置换型载体）、穿梭型载体（常用插入型载体）、双置换型载体（常用置换型载体）和共整合型载体（常用插入型载体）。

打靶载体构建完成以后，用所选择的基因转移方法将载体导入宿主细胞。对动物体来说，这种宿主细胞就是胚胎干细胞（ES细胞）。目的序列就可以与宿主细胞内的同源序列发生重组。最终，改造后的外源基因置换到宿主细胞基因组内，实现了基因的定点变异。

（三）重组表型筛选及打靶后生物学效应的鉴定

为了选择已整合有外源基因的ES细胞，在基因打靶操作时，常常在打靶载体上连接阳性筛选标记，如新霉素磷酸转移酶基因（*Neo*）或次黄嘌呤核糖基转移酶基因（*Hprt*）（图4－3）。带有*Neo*基因和*Hprt*基因的细胞可分别在含有

HAT 和 6TG 的培养基中筛选，可以直接鉴定外源基因是否整合到目的基因组上。

载体进入 ES 细胞后，除了以基因打靶的形式与目的染色体整合外，还有随机整合的形式（图 4－3）。因此，在进行载体的整合时，一般还引入阴性筛选标记，如单纯疱疹病毒胸腺嘧啶激酶（*HSV－tk*）基因。

如果是基因打靶的整合方式，则 *Neo* 基因会因插入而得以表达，细胞表现出 G418 抗性，而 *HSV－tk* 基因不能插入到细胞染色体内无法表达，外源基因不能表达，细胞在含有 9－［1，3－二羟－2－丙氧甲基］鸟嘌呤的培养基上可以存活。

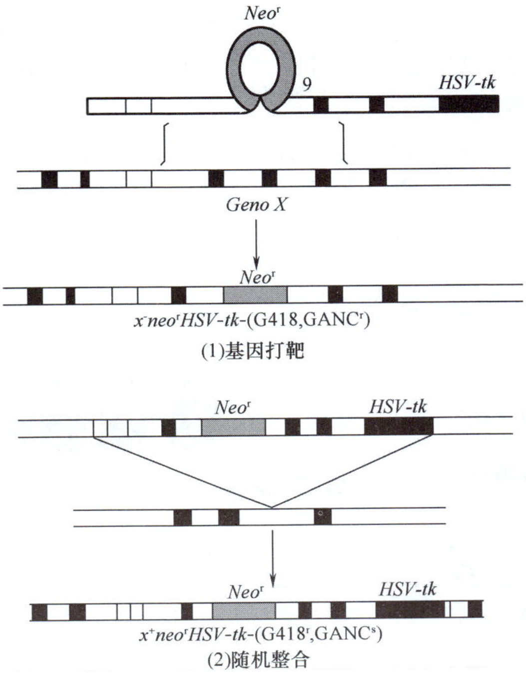

图 4－3　基因打靶与随机整合

如果是随机整合的插入方式，则 *Neo* 基因、*HSV－tk* 基因均可以插入细胞基因组中并表达。由于 *HSV－tk* 基因表达，会使得 9－［1，3－二羟－2－丙氧甲基］鸟嘌呤转变为毒性核苷酸，导致细胞死亡。因此，*HSV－tk* 基因常用作基因打靶方式的阴性筛选基因。

（四）动物基因的敲除

哺乳动物囊胚期胚胎（即胚泡）具有同癌细胞类似的无限繁殖和多潜能的发育能力，并且可以在体外培养条件下长期保持未分化的状态。如果将其细胞进行基因重组，例如将导入了打靶基因的 ES 细胞重新转移到胚泡内，并将其移植到动物子宫中生长，最后可发育成嵌合体动物，即可完成动物基因的敲除。图 4－4 以小鼠 ES 细胞为例，简要叙述动物细胞基因敲除的基本过程。

（1）根据受体细胞核基因组中拟敲除目标基因的核苷酸序列特征，在体外合成一段具有失活基因或纠正基因的 DNA 片段，然后将此片段克隆到具有选择标记基因的置换型基因打靶载体上。

（2）将载体经适当的限制酶作用后使之线性化，并转染给培养的小鼠 ES 细胞。由于打靶 DNA 片段的两侧与目标基因两端之间存在同源的 DNA 序列，通过同源重组，置换该基因组中具有功能活性的拟敲除目标基因，这样目标基因就被敲除掉了。

（3）用正负选择法分离出已成功敲除掉目标基因的ES细胞克隆，或称之为变异的ES细胞；再挑选生活力旺盛的变异ES细胞，体外注射到排卵的供体小鼠胚泡中。

（4）将此胚泡移植到受体母鼠的子宫中，生长发育成当代转基因小鼠，即嵌合鼠，其体内含有一定比例的来自ES细胞的细胞群体。

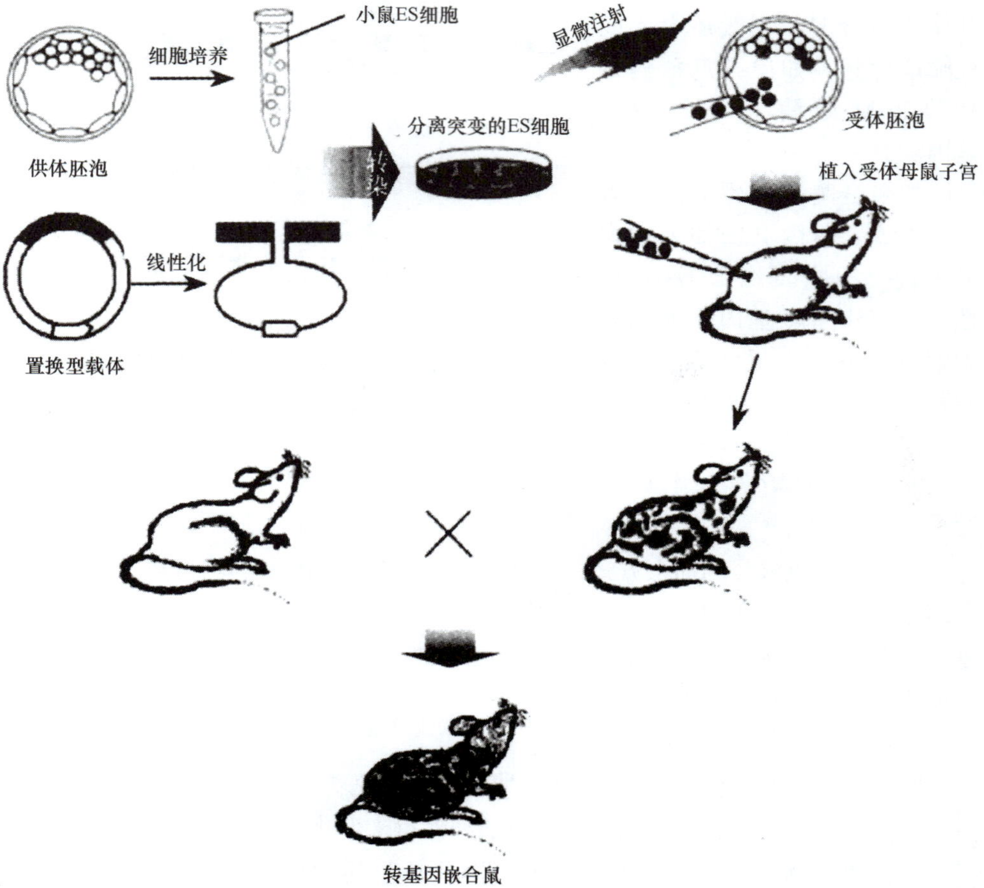

图4－4　小鼠细胞基因敲除

（五）基因打靶技术的应用

基因打靶目前已被证明是能精确修饰基因组的最有效方法，它能对哺乳动物复杂的细胞基因组进行定点定量的修饰，从而实现精细改变细胞或动物整体遗传结构和特征的目的，甚至可以实现组织特异性、发育阶段特异性的基因变异。

小鼠作为一个独特的生物模型，对研究人类相关遗传疾病有相当的类似性，因此，在基因打靶技术研究中被广泛应用。继人类基因组计划后，全球范围内竞相开展了功能基因组学研究，以及蛋白质组学、药物开发等，均需要各种具有独特生理生化特征的小鼠动物模型。利用基因打靶技术建立的这些小鼠动物模型，在建立人类疾病研究上已经具有不可替代的重要作用。利用这些模型可以分析研究人类特定基因表达产物的生物学功能、基因活动的调控机制，还可建立特殊的基因工程小鼠品系以用于药物筛选和新药评价体系，同时还可应用于研究环境诱变剂的作用规律等方面。

目前，基因打靶已成为一种较成熟的基因工程手段，从事医学研究的一些一流实验室都在进行基因打靶研究，主要涉及基因功能的研究、建立人类疾病的动物模型、疾病基因治疗以及改造生物和培育生物新品种等方面，取得了生物医学研究领域中许多突破性进展。

当前，基因打靶技术的发展趋势如下。

（1）条件基因敲除技术，在生物进程的时间和空间上，对功能基因的表达进行调控。

（2）发展满足大规模基因功能研究需要的随机基因敲除技术。

（3）通过定位引入技术在基因组上引入精细突变，以研制精确模仿人类疾病的动物模型。

国际上，通过基因打靶技术获得的携带条件打靶等位基因的小鼠已超过百种，用于组织特异性基因敲除研究的组织特异性 Cre 转基因小鼠也已超过百种。

国内这一领域的研究在国家 863 计划的支持和培育下已经起步。疾病动物模型研发基地已分别在北京和上海初步建成，国家遗传工程小鼠资源库项目在南京实施。军事医学科学院和上海第二医科大学已具备独立研制基因打靶小鼠的能力，达到每年制作 25 种基因打靶小鼠的水平。目前已经获得的基因打靶小鼠包括：HCCS1 基因敲除小鼠、KCNQ1 基因敲入小鼠、葡萄糖激酶条件基因打靶小鼠等 10 余种。此外，还成功地获得了肝细胞特异性、皮肤角质细胞特异性、心肌细胞特异性、胰岛细胞特异性、静息型软骨细胞和成骨细胞特异性表达 Cre 重组酶的转基因小鼠等。

二、基因沉默技术

从分子遗传水平上来说，生命现象的本质是基因的表达。由此可见，基因工程技术的内涵，可以表现为两个方面，一是基因的转移和获得特异性蛋白质的表达；二是抑制或消除生物体基因组内某些基因的表达。消除或抑制基因表达的基因工程技术称为基因沉默技术。

基因沉默就是基因表达的抑制或消除，指生物体特定基因由于某种原因丧失表达的现象。发生沉默的基因可以是外源转移基因，也可以是入侵病毒甚至是宿主的内源基因。

研究表明，环境因子、发育因子、DNA 修饰、组蛋白乙酰化程度、基因拷贝数、位置效应、生物的保护性限制修饰以及基因的过度转录等都与基因沉默有关。

基因沉默一般有以下两种情况。

一种是转录水平上的基因沉默（transcriptional gene silencing，TGS），即由于DNA 甲基化、异染色质化以及位置效应等引起的基因沉默。

另一种是转录后基因沉默（post - transcriptional gene silencing，PTGS），即在转录后通过对目标 RNA 进行特异性降解、杂交而使基因沉默。

所谓转基因沉默，就是指：外源导入并整合进受体基因组中的外源基因，在当代转化体或其后代中的表达受到抑制而不表达的现象。转录后基因沉默是目前动物基因工程技术实现商业化的最大障碍。

（一）基因沉默的相关概念

基因沉默技术可以通过构建反义基因或有义基因来阻止蛋白质的合成。

有义基因具有与靶细胞基因相同的编码序列，它是由从靶细胞中获得的mRNA通过反转录酶催化反转录而产生的 cDNA，通过基因重组来达到沉默基因的目的。可以说，这是一种通过基因重组，在转录水平上阻止 mRNA 合成的基因沉默，即转录水平上的基因沉默方法。目前，通过转移有义基因来实现基因沉默的技术尚不完善。

反义基因的核酸序列和靶细胞中内源基因的序列是互补的，反义基因可由DNA 合成仪合成，通过基因重组转移到靶细胞中。在靶细胞的蛋白质表达过程中，由内源基因转录的 mRNA 指导蛋白质的合成。由于反义基因与靶细胞内源基因的互补性，由被转移的反义基因转录的 mRNA 与内源基因转录的 mRNA 也同样具有互补性，即互为互补链，彼此间可以发生混合或杂交。杂交后的 mRNA 失去了正常的功能，不能指导合成原来的蛋白质，从而阻止原性状的表达，实现基因沉默。也可以说，这是一种转录后的基因沉默方法，利用反义基因使 mRNA 在到达核糖体之前失效。

反义基因通常包括核酶、反义寡核苷酸（ASON）和反义 RNA。

核酶是一种具有催化活性的 RNA，又称核糖核酸酶、核酸类酶、酶 RNA、类酶 RNA。

反义寡核苷酸是指序列与特定 mRNA 互补的含有 15 ~20 个核苷酸的 DNA 合成片段。其作用机制是通过与靶序列结合后激活 RNase H 酶来降解 mRNA，以达到抑制靶基因表达的目的。

反义 RNA 是指与 mRNA 互补的 RNA 分子。反义 RNA 与 mRNA 特异性地互补结合，抑制了该 mRNA 的翻译。通过反义 RNA 控制 mRNA 的翻译是原核生物基因表达调控的一种方式。最早是在 *E. coli* 中发现的，许多实验证明在真核生物中也存在反义 RNA。近几年来通过人工合成反义 RNA 的基因，并将其导入细胞内转录成反义 RNA，用来抑制某特定基因的表达，阻断该基因的功能，有助于了解该基因对细胞生长和分化的作用。

（二）基因沉默的机制

外源基因进入细胞核后，会受到多种因素的作用，根据其作用机制和水平的不同，可将基因沉默分为转录水平上的基因沉默和转录后的基因沉默。

1. 转录水平上的基因沉默

转录水平上的基因沉默是DNA水平上基因调控的结果，除有义基因外，启动子甲基化也是主要的方式之一。启动子甲基化与转基因的重复序列有密切关系。重复序列可导致自身甲基化。

如果外源基因以多拷贝的形式整合到同一位点上，往往会形成首尾相连的正向重复或头对头、尾对尾的反向重复序列，则该基因就不能表达，而且拷贝数越多，基因沉默现象越严重。这种现象称为重复序列诱导的基因沉默（repeat - induced gene silencing，RIGS）。甲基化酶能特异性地识别这一类配对结构而使其复制启动子甲基化，阻止该基因转录的顺利进行，从而在没有外源基因多拷贝的情况下抑制其表达，实现基因沉默。

2. 转录后的基因沉默

转录后的基因沉默是RNA水平上基因调控的结果，它比转录水平的基因沉默更普遍。该过程是通过反义基因，特异性降解细胞质内的mRNA来控制内、外源mRNA的含量，或者封闭特定的mRNA，进而调节目的基因的表达，实现基因沉默。

需要指出的是共抑制现象。共抑制是指在外源基因沉默的同时，与其同源的内源DNA的表达也受到抑制。

转录后的基因沉默的特点是：外源基因能够转录成mRNA，但正常的mRNA不能积累，也就是说mRNA一经合成就被降解或被相应的反义基因封闭，从而失去翻译的功能。

关于这种现象产生的原因，一种说法是，这可能是由于同源或重复的基因表达了过量的mRNA，激发了细胞自我保护的功能，通过核酶来降解多余的mRNA；另一种说法是，细胞内可能存在一种RNA的监视机制，用以排除过量的RNA。当mRNA超过一定的阈值后，引发了这一机制，特异性地降解与外源基因同源的所有RNA；此外，过量的RNA也可能和同源的DNA相互作用导致重新甲基化，从而使其自身失活。

（三）RNA干扰

近年来的研究表明，一些小的双链RNA通过促使mRNA降解，可以特异性地高效阻断细胞内特定基因的表达，使得细胞表现出基因缺失的表达型，这种现象即称为RNA干扰（RNA interference，RNAi）。RNA干扰属于转录后的基因沉默。RNAi是生物体内抵御外在感染的一种重要保护机制。由于RNAi可以作为一种简单有效的代替基因敲除的遗传工具，因此，RNAi于2002年被*Science*评为最重要的科学进展之一，它正在成为功能基因组学研究的一个重要武器，并将大大加速这一领域的研究进展。

1. RNA 干扰的机制

RNA 干扰的现象最早被发现于 1995 年的秀丽新小杆线虫 *par* – 1 基因表达的研究中。但是，直到 1998 年，人们才对这一现象做出了合理的解释，并提出 RNAi 的概念。进一步的研究发现，RNAi 现象广泛地存在于真菌、拟南芥、水螅、涡虫、锥虫、斑马鱼等大多数真核生物中。

简单地说，RNAi 现象的分子机制是反义 RNA 与正链 RNA 形成双链 RNA（dsRNA），由此阻止了正链 RNA 的翻译表达，基于碱基互补的原则，反义 RNA 与正链 RNA 之间存在着相应的互补，所以 RNA 的干扰存在着高度的特异性。

所以，RNAi 又称之为由 dsRNA 介导的、由特定酶参与的特异性基因沉默现象。

一般情况下，细胞内的 RNA 或是以双链 RNA（dsRNA）的形式存在，或者被核酶所降解。但很多物种的细胞内同时还存在一种酶，可以将 dsRNA 降解为 10 ~ 30 个的寡核苷酸链。正是这些小分子的 RNA 单链，和转录生成的 mRNA 结合成双链，阻止了特定基因的表达。这种可降解 dsRNA 的酶，是 RNAi 产生的关键。2001 年，研究人员在果蝇中发现了这种酶，命名为 Dicer。

如果人为地导入外源 dsRNA，通过 Dicer 酶的作用，就能产生可与转录 mRNA 相结合、实现基因沉默现象的小分子 RNA。这类小分子 RNA 又被称之为干扰 RNA，siRNA 是外源 dsRNA 进入细胞后产生的小分子干扰 RNA。

RNAi 现象广泛存在于生物界中。RNAi 具有特异性和高效性。这种技术已经成为研究基因功能的重要工具，在药物开发、病毒性疾病、遗传性疾病和肿瘤疾病的治疗方面发挥着重要作用。

2. RNA 干扰研究的基本操作流程

首先，确定目的基因，然后根据目的基因相应的核酸序列设计出 siRNA 的序列，再将获得的 siRNA 序列转染到细胞中。最后，检测 RNA 干扰效果（图 4 – 5）。

（四）基因沉默技术的应用

目前普遍认为，在动植物中自然存在的基因沉默作用是作为生物体基因表达水平的一种自我保护机制，它在抵御外源基因转入、病毒侵入以及基因的转座、重排等过程中具有普遍的遗传学和生物学意义，在生命科学研究中，也有极其广泛的应用价值。

1. 在动、植物育种中的应用

利用基因沉默技术，通过 RNAi 的作用，使某一内源基因的表达受到抑制，再通过引入外源基因的方式，使其按照设计的要求进行表达，即可实现育种改良的目的。

基因沉默技术在植物中首先应用在番茄上，其效能是通过基因沉默增加番茄

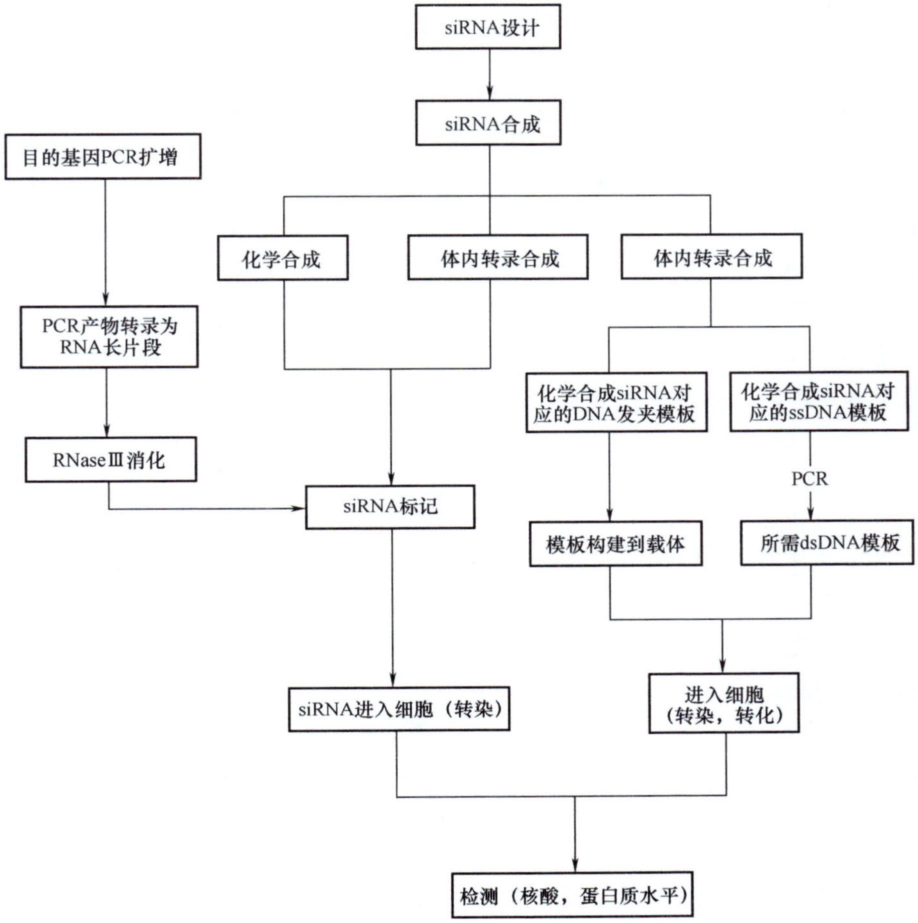

图4－5　RNA 干扰基本操作流程

硬度，从而延长存放时间。具体的原理是：利用基因沉默技术消除或抑制控制番茄熟化反应的酶的基因，减少该酶的分泌，从而延长熟化过程，达到延长保存时间的目的。利用该技术已经成功培育出了存放时间较长的番茄品种。另外，利用基因沉默延缓熟化过程的技术已在其他水果和蔬菜品种的培育上广泛使用，并取得了积极的效果。基因沉默技术还可应用于医学领域，利用此技术可消除某些致病基因，还可关闭某些基因的表达，如致癌基因、艾滋病病毒基因、白血病基因以及其他有害基因，从而实现对遗传性疾病和传染病的控制以及基因治疗。

2. 在医学中的应用

人类所患疾病中，有许多是受基因控制的遗传病。在基因治疗中，我们可以利用基因沉默技术，通过各种不同的方法使致病基因发生沉默，从而达到治疗疾病的目的。

癌症是由于基因突变而引起的，因而基因沉默可能是治疗癌症的一种有效方案。例如在抗肿瘤治疗中，可用 RNAi 抑制癌基因的表达；或者利用 RNAi 的高度特异性敲除点突变激活的癌基因；也可用 RNAi 抑制基因扩增或抑制融合基因表达；此外，还可用 RNAi 技术抑制其他与肿瘤发生发展相关基因（如血管内皮生长因子基因 *VEGF* 或多药耐药基因 *MDR*）的表达。

另外，许多由病毒引起的疾病，如各种类型的肝炎、艾滋病等都严重威胁着人类的生命和健康，可以设计针对病毒基因组 RNA 的 siRNA 或针对宿主细胞病毒受体的 siRNA 来抗病毒，抑制这些病毒基因的表达，打断病毒基因的复制、转录、病毒粒子的包装等环节，以达到基因沉默的目的。即使病毒基因实现表达，也不能形成成熟的病毒粒子，从而不能致病。当前各种抗病毒药物便是根据上述机理设计生产的，如针对乙型肝炎病毒（HBV）、丙型肝炎病毒（HCV）、呼吸道合胞病毒（RSV）、流感病毒、脊髓灰质炎病毒、HIV－1、SARS 等的药物研究均取得了令人欣喜的体外病毒抑制作用。

3. 在功能基因组学上的应用

在功能基因组研究中，需要对特定基因进行功能丧失或降低的突变，以确定其功能。由于 RNAi 具有高度的序列专一性，可以特异性地使特定基因沉默，获得功能丧失或降低的突变，因此 RNAi 可以作为一种强有力的研究工具，用于功能基因组的研究。

RNAi 技术具有高效、特异、低毒性、周期短、操作简单等优势，还可以用于大规模的基因组筛选。根据 DNA 芯片原理，将微电子技术与 RNAi 技术结合，构建 RNAi 芯片，让细胞生长在多种 siRNA 片段组成的点阵芯片上，只要解决好核酸从固相化物上解离的问题（如利用核酸酶切割）和转染技术问题，就能产生各种基因功能失活的表型库，并得到相应的 mRNA－表型对应关系。联合应用 DNA 芯片技术还可能得到各个基因间相互影响的网络关系。甚至可以应用 RNAi 建立基因功能敲除动物模型以代替繁琐的传统基因敲除。

另外，根据 RNAi 导致的功能丧失表型，可以从某一信号传递途径被打断的所有表型中鉴定出被降解的 mRNA，从而鉴定出参与了信号传递通路的信号分子。还可以通过寻找某一信号分子 mRNA 而明辨其与其他信号分子在传递通路中的关系。

技能要点

基因打靶是基因的定向转移技术，基因打靶包括基因剔除和基因敲入两种类型。基因打靶的基本过程包括：载体构建、同源重组、重组筛选和生物学效应鉴定。

基因沉默技术的实质是基因表达的抑制和消除。基因沉默有两种情况，一种发生在转录水平上，一种发生在转录后。基因沉默可以通过构建反义基因或有义基因，组织蛋白质合成来实现。

RNA 干扰是由 dsRNA 介导的、由特定酶参与的特异性基因沉默现象。实现基因沉默现象的小分子外源 RNA 被称为干扰 RNA。RNA 干扰现象在药物开发、病毒性疾病、遗传性疾病和肿瘤疾病的治疗方面发挥着重要作用。

实践练习

1. 什么是有义基因？什么是反义基因？
2. 实现基因打靶的必要条件有哪些？
3. 依据外源基因整合到染色体靶位点上方式的不同，基因打靶载体可以分为两类：一种是（　　　　），又称为 N 型；另一种是（　　　　），又称为 O 型。
4. 请简述 RNAi 现象的分子机制。
5. 请简述基因沉默技术在番茄延长熟化方面的应用原理。

项目二　转基因动植物

学习目标

【学习目的】

学习转基因植物和转基因动物的操作技术。

【知识要求】

掌握转基因植物和动物的基本概念；熟悉转基因植物与转基因动物制备的一般操作流程；了解转基因植物与动物的应用。

【能力要求】

懂得转基因植物与转基因动物的制备和应用。

一、转基因植物

随着细胞培养、DNA 重组与转移两大操作技术体系的建立，以转基因为核心的生物技术迅猛发展。许多国家都将发展转基因植物作为挑战饥饿、突破增产极限、改善食物品质、防止环境污染、生产生物工程药物的重要手段。转基因植物正在成为一类新型的“知识经济”产品。

利用转基因技术培育转基因植物的目的之一是培育抗虫、抗病、抗除草剂、抗旱、抗盐碱或优质的农作物新品种。转基因技术突破了物种的界限，可以把动物、微生物的基因转入植物。例如，通过把细菌的杀虫蛋白基因转入棉花，获得了已经大面积推广的含 *bt* 基因的抗虫棉；利用鱼抗冻蛋白基因已培育出含有鱼基因的耐低温番茄。

把植物改造成重要的药物或工业原料生产工厂是转基因技术对植物功能的另

一种重要开拓。近年来，马来西亚的科学家已将一种人血清蛋白基因转入橡胶树，使橡胶树可产生人血清蛋白。

目前，转基因技术主要是用来改良作物品种，已有一系列转基因作物品种形成，如抗虫棉、抗虫玉米、抗虫水稻、抗虫马铃薯、抗除草剂大豆、抗除草剂玉米、抗白叶枯水稻等。

（一）转基因植物的技术流程

1. 转基因操作流程

转基因植物是利用基因工程技术将外源基因转移到植物的基因组内所获得的，转入转基因植物中的外源基因必须要能够表达，而且该外源基因所控制的性状还要必须可以稳定遗传。

植物转基因技术的主要步骤包括：

（1）目的基因的扩增或克隆。

（2）目的基因导入载体，载体一般采用质粒（即细菌细胞内的一段环状DNA）。

（3）用限制酶切割载体，以便嵌入外源基因。

（4）连接酶将切割点连接而使外源基因嵌入载体。

将外源目的基因转移到植物细胞的方式主要有两种：第一种是直接转移法，即将编码目的基因的 DNA 分子通过化学刺激法、电脉冲法和生物弹击法等途径直接转移到植物细胞核基因组或质体基因组。

第二种是间接转移法，即以土壤杆菌为介导，将整合到载体上的外源目的基因转移到植物细胞并整合到植物染色体基因组上（图 4 -6）。

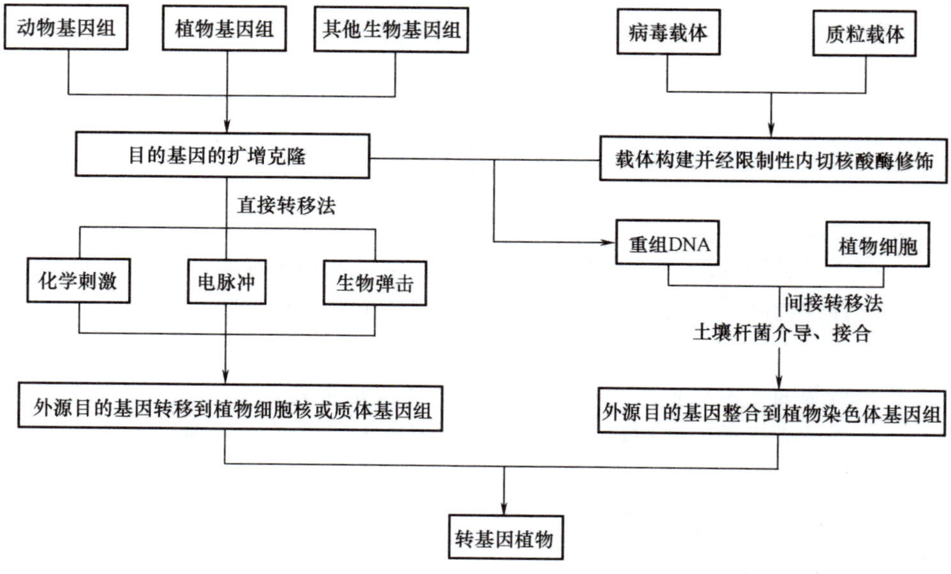

图 4 -6　直接转移法和间接转移法生产转基因植物的技术流程

2. 植物组织培养

组织培养是转基因植物制备的另一个关键环节。组织培养技术不仅仅适用于植物细胞的培养，也适用于动物细胞的培养。但是，植物细胞的全能性要大大高于动物细胞，也就是说，通过组织培养技术可以使植物的单细胞长成完整的植物个体，这个过程称为组织再生，但是对于动物来讲，只有生殖细胞才具有这种功能。

植物组织培养过程主要包括：①获得无污染植物组织，无污染主要是指没有细菌和病毒的感染；②在人工培养基上培养植物组织，人工培养基含有植物组织生长所需的营养成分，包括生长激素和调节植物生长的某些化学成分；③生成未分化组织，未分化组织是转基因的理想材料。转基因组织也可通过人工培养进一步形成大量的微型个体，最后成为完整的成熟个体。

（二）转基因植物的应用

1. 耐除草剂转基因作物

作物耕作过程中，杂草的控制及排除是提高产量、获得高产的重要环节。除草剂的应用对于大规模现代化农业生产是必需的甚至是关键的环节。然而，除草剂的使用对于农作物自身的生长也会带来不利的影响。因此，培育耐除草剂转基因农作物品种成为研究的热点，也是转基因技术至今取得成就最多的一个方面。

大多数除草剂都能在土壤中被土壤微生物所降解。土壤中的某些细菌可产生一种毒性降解酶，可以降解除草剂。另外，某些农作物品种有对特定除草剂的天然耐受力。于是，这些基因就成了提高作物耐受力的目的基因。将从土壤微生物或植物中分离的除草剂耐受力基因通过转基因技术引入到农作物基因组中，从而使农作物获得除草剂耐受力性状，降低对除草剂的敏感性。

烟草是第一个耐受此类除草剂的转基因作物。耐受该除草剂的基因是从鼠伤寒沙门菌中分离得到，可以转录合成一类 EPSPS 酶。这种酶对该除草剂不敏感，因此对除草剂有耐受性。有一种杂种牵牛花，其细胞内编码的 EPSPS 酶的基因片段是一般植物中的 20 倍，所合成的 EPSPS 酶量要远远高于其他植物。把该基因转移到正常的牵牛花细胞中后，对除草剂的耐受力提高了 4 倍。

2. 抗病虫害转基因作物

苏云金芽孢杆菌（*Bacillus thuringiensis*，Bt）是土壤中常见的一种细菌，这种细菌在孢子形成过程中可以合成一种蛋白质 Bt，这种蛋白质对昆虫有毒性，而且还有着非常强的特异性，只在幼虫体内发挥，对其他生长期的有机体没有毒性。但由于这种杀虫剂的成本高、在土壤中存留的时间有限等弱点，使其应用具有局限性。

如果利用转基因技术，将这种分泌 Bt 蛋白的基因转移到农作物基因组中，则农作物就能够自身指导合成对特定种昆虫有毒的物质，提高作物的抗虫害能力（图 4－7，图 4－8）。现在，转 *bt* 基因技术已经广泛应用于抗虫害转基因作物的培育中。世界上主要的农药和生物技术公司都在培育转 *bt* 基因的农作物品种。

图4-7　转 *bt* 基因的杂交玉米（左）和受欧洲玉米螟危害的玉米（右）

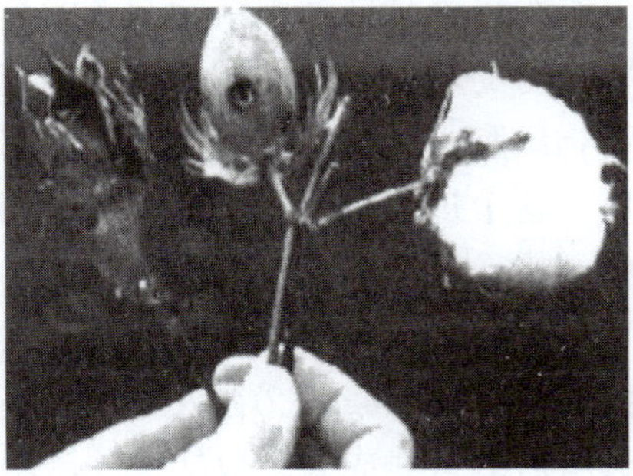

图4-8　被害虫侵袭过的未转 *bt* 基因的棉花（左）和转 *bt* 基因的棉花（右）

转 *bt* 基因技术包括基因转移的一系列过程以及两个标记基因的介入，其关键的技术环节如下。

（1）将 *bt* 基因与标记基因连接；

（2）把连接的 *bt* 基因和标记基因嵌入到细菌宿主细胞内，获得转基因文库；

（3）通过基因枪技术将 *bt* 基因和标记基因射入玉米细胞中，使转移基因嵌入到玉米基因组中；

（4）选择转基因个体，确定表达程度和遗传稳定性。

3. 改良农作物的营养特性

番茄的基因组相对较小且简单，早期的基因工程研究常以此作为研究模型，番茄也就成了世界上第一个通过基因工程技术进行改良的蔬菜品种。延长番茄的保存时间及延缓其熟化速度，对番茄的加工和销售都有显著的意义。*PG* 基因可以表达一种能降解果胶的聚半乳糖醛酸酶，而果胶是番茄细胞的主要组成物。熟化过程中果胶的降解使得细胞壁软化，番茄变软，保存时间因而缩短。所以，*PG* 是因番茄熟化的基因。利用基因沉默技术，人工合成与 *PG* 基因互补的反义基因，然后将反义基因、增效基因和抗生素标记基因一起转移到番茄的基因组中，在 *PG* 基因表达之前，反义基因转录的 mRNA 和 *PG* 基因转录的 mRNA 发生杂交或结合，掩盖了 *PG* 基因的表达，使果胶酶不能合成，减缓了番茄的熟化过程，而熟化中的颜色和风味等变化却没

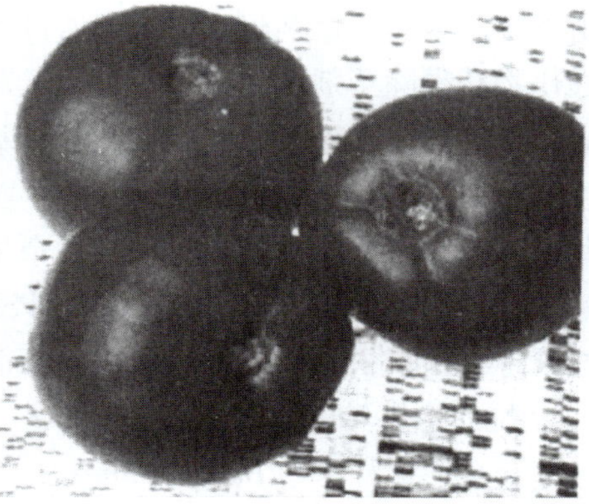

图4-9　改善营养量延迟成熟时间的转基因番茄

有被干扰，保证了番茄的风味。

我们知道，动物蛋白质是由20种氨基酸组成的，而植物蛋白质的全价性较差，即植物蛋白的氨基酸成分不全。例如，玉米蛋白质中赖氨酸和色氨酸缺乏；大部分豆科植物的蛋白质都缺乏含硫氨基酸，如半胱氨酸、甲硫氨酸、赖氨酸。氨基酸的组成与植物的品种类型有直接的关系，利用基因工程技术可以解决这一问题。

4. 培育抗病毒植物

植物病毒可引起各种作物病害（图4－10，图4－11），常见的是植物的黄化病和水疱病，每年都造成巨大的损失。虽然可以通过喷洒农药来控制昆虫对病毒的传播，但是，现在还没有一种农药既能有效防治病毒，又不对植物本身造成伤害。研究发现，植物体对病毒的抵抗力有明显的差异，或者说病毒的易感性具有很强的品种特征和遗传特征。利用基因工程技术，可以获得具有抗病毒特性的转基因作物。

植物抗病毒特性的建立主要是依据动物抗病毒的作用机理，通过诱发因子使有机体产生抗体而达到抗病毒的目的。转基因植物就是将能够表达特异病毒外壳蛋白质的基因转移到作物基因组中，使其能够表达病毒外壳蛋白，诱发植物体产生特异抗体，达到抵抗病毒的目的。

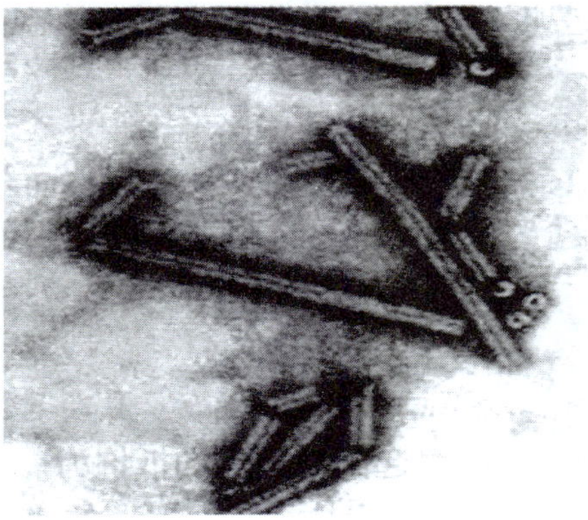

图4－10　烟草花叶病毒

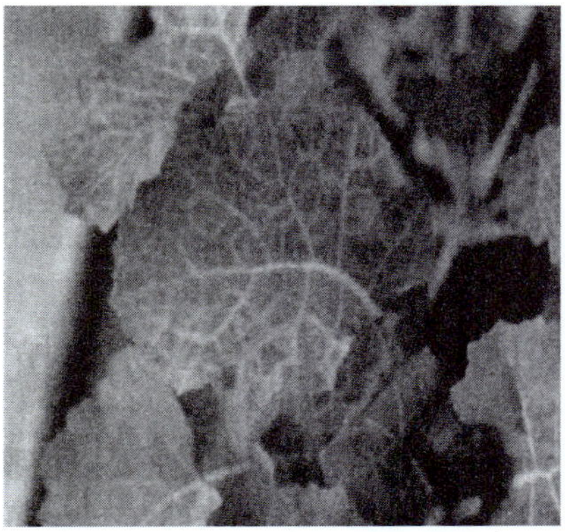

图4－11　被花椰菜花叶病毒侵害的油菜

目前，已经培育成功的抗病毒转基因植物主要有：抗烟草花叶病毒的转基因烟草和番茄，抗卷叶黄矮病毒的转基因马铃薯，抗羽斑病毒的转基因红薯，抗花椰菜花叶病毒的转基因油菜，以及其他具有抗病毒特性的转基因甜瓜、黄瓜和南瓜等。

此外，转基因操作技术还在以下方面有许多应用：改善作物的光合作用和固氮作用，提高农作物的抗盐、抗旱、抗冻性能。

例如，研究发现，有一种北极寒带的比目鱼可以在温度极低的海水中生活。这种鱼具有抗冻基因，抗冻基因表达的蛋白质可以和冰水界面结合而阻止冰晶形成，从而保证细胞的正常代谢活动。这种基因已被用于抗冻番茄和抗冻烟草的转基因研究（图4－12），其转基因工程的具体操作过程如下。

（1）从比目鱼细胞染色体上分离抗冻基因。

（2）抗冻基因DNA被连接到质粒载体上，形成重组DNA分子。

（3）包含抗冻基因的重组DNA转化受体细菌。

（4）培养细菌，使其产生多拷贝的重组DNA。

（5）细菌感染番茄细胞，质粒载体上的抗冻基因DNA整合到番茄细胞基因组中。

（6）在培养基上培养番茄细胞，使其发育生长。

（7）栽培番茄植株。

（8）经遗传修饰后，该番茄植株的每个细胞都获得了比目鱼的抗冻基因，经鉴定，转基因番茄表达了转入基因的抗冻性。

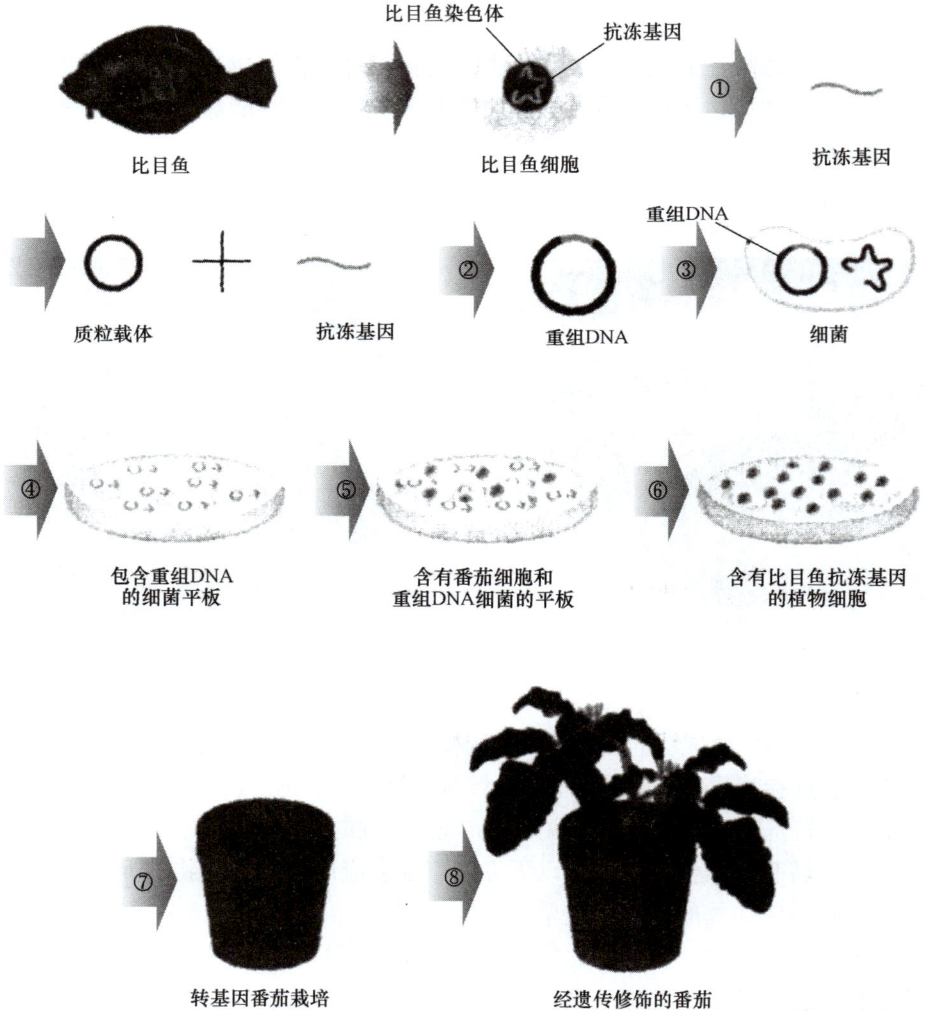

图4－12　鱼－番茄基因转移操作流程

二、转基因动物

（一）转基因动物

转基因动物兼有细胞培养和同系育种体系的优点，同时又避免了二者的缺点。通过转基因技术，人们可以在动物的整个特定基因组背景下对某一特定的基因序列进行估计。而且，利用转基因动物可以对特定基因组序列的调控行为进行真实的研究。

目前，转基因动物主要在三个领域内广泛应用。

一是人类疾病模型。通过构建特定的实验动物，来为新药开发、疾病诊断与治疗方案的确立等提供研究平台。

二是药物蛋白的目标性生产。利用易繁殖饲养并为人们所需要的传统禽畜类动物，通过转基因技术，获得一些目标蛋白的生产，使这些动物成为特定药物蛋白的生物反应器。由于哺乳动物具有的各种不同细胞和器官，可以进行更多的复杂的蛋白修饰作用，是单纯的细胞培养所无法办到的。

三是对动物解剖学和生理学特征的改良。通过基因组修饰对动物品种进行选择性改良，这也是转基因动物应用最具有争议的一个方面。一般的做法是把外源基因整合到宿主细胞中，但也有尝试选择性删除基因组特定的基因。普遍为社会所接纳的目的主要是：减少转基因动物脂肪，加快生长速度，获得特异性抗病能力以及提高肉、蛋或奶的产量。

1. 转基因动物技术流程

转基因动物生产的步骤主要包括：①选择目的基因，这依据生产目的而定；②将重组基因转入受精卵，常使用的方法有显微注射法、反转录病毒感染法、胚胎干细胞法、精子载体法、脂质体法等；③将转入了外源基因的受精卵植入同期发情的受体动物，在植入前完成整合胚胎的检测、筛选并建立 ES 细胞系；④出生后对基因的整合、表达情况进行检测，对整合、表达了外源基因的转基因动物进行育种试验，建立由成功转基因个体或群体组建的转基因系。

目前，生产转基因动物基本采用图 4－13 所示的技术路线。

2. 转基因动物克隆中的几个关键点

（1）细胞核供体　早期进行哺乳动物细胞核移植时，主要选用早期胚胎的卵裂球作为供核细胞，后来发展到利用体外培养的未分化胚胎细胞系作为核供体。做克隆用供核细胞的体细胞必须是处于细胞分裂中期的细胞，特别是那些生殖细胞或与生殖有关的细胞，如颗粒细胞和输卵管上皮细胞等。

（2）细胞核移植　核供体的选择是核移植的第一步，获得供核细胞后，用显微操作系统将单个卵裂球或体细胞核移入去核后的成熟卵母细胞。移植细胞核时，供体核应采用 MⅡ期（减数第二次分裂）卵母细胞和受精卵。一般认为，重组所需要的因子主要存在于 MⅡ期卵母细胞质中。例如，成熟促进因子水平的

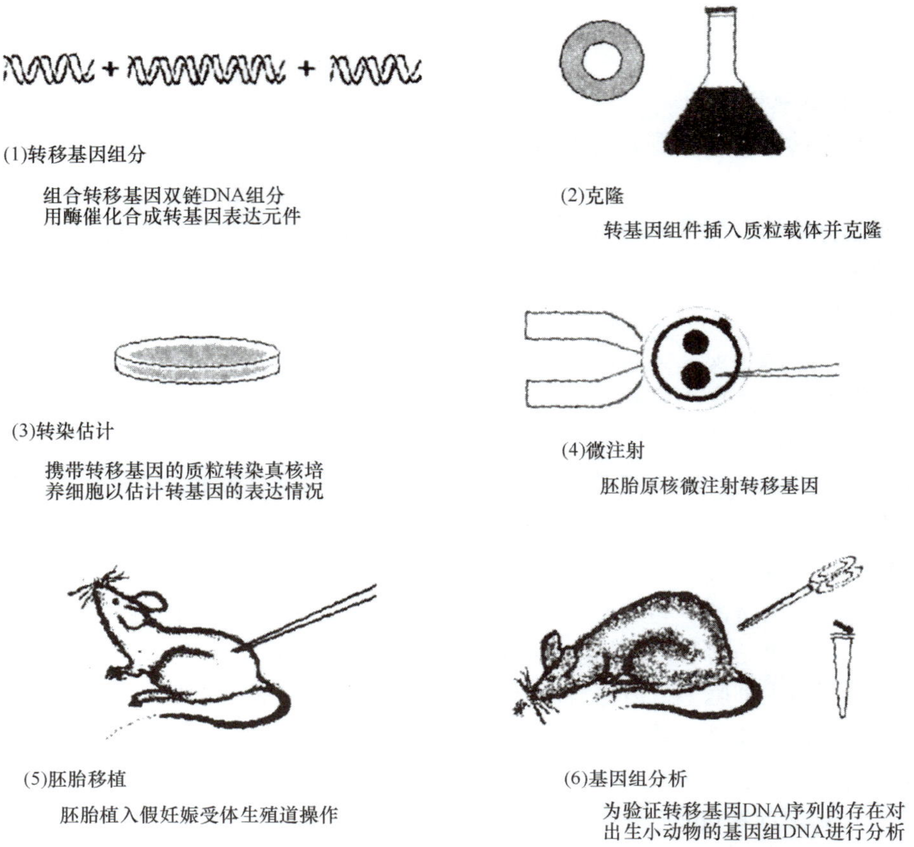

图 4－13　通过原核微注射方法生产转基因动物的过程

高低影响供体核染色质的状态和复制，是卵母细胞质中重要的胞质影响因子，其活性在卵母细胞减数分裂的 MⅠ和 MⅡ期达到最高。

（3）重组胚胎的培养　经过融合和激活的重组胚胎在进行胚胎移植之前需进行一段时间的培养，培养方法分为体外培养和体内培养两种。通过体内培养可以获得可供移植的囊胚胚胎，通过体外培养可以观察重组胚的发育率。进行羊、牛、猪的核移植时常采用体内培养方法，而大鼠、小鼠和兔的核移植时则多采用体外培养的方法。通过培养获得囊胚期的核移植胚胎后，再采用常规胚胎移植技术，将核移植胚胎移植到受体子宫内，即完成发育过程，并最终产生克隆动物。

（4）多莉羊的克隆　1997 年 2 月 22 日，克隆羊多莉在英国诞生，成为当年 *Science* 世界十大科技进步的榜首。

多莉羊的克隆过程见图 4－14。从一只苏格兰黑面羊母体中取得卵母细胞，将其中的细胞核移除，再将来自芬兰陶塞特白羊静止期乳腺细胞的细胞核注入其中，通过轻微的脉冲电流使新核与去核卵母细胞中的细胞质融合，最后，将这个新融合的细胞（包含有芬兰陶塞特白羊乳腺细胞核的黑面羊去核卵母细胞）移植入一个黑面羊母羊的子宫内。在经历了276次这样的重复工序后，黑面羊母羊终于在正常妊娠后，诞生了多莉羊。进一步的DNA指纹分析，证明多莉的DNA与芬兰陶塞特白羊细胞相同，而与生下它的黑面羊母羊细胞的DNA不同。

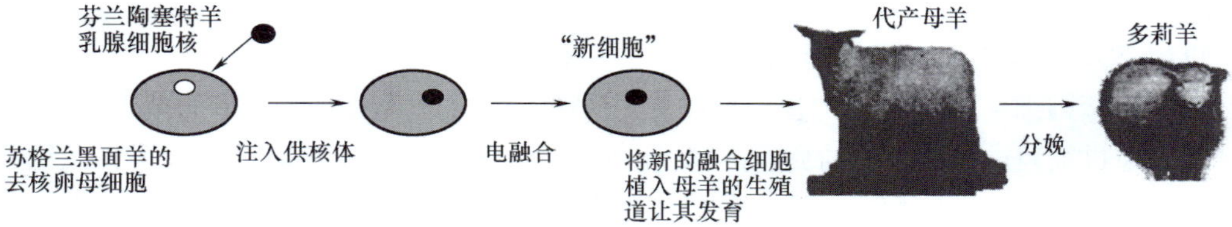

图4－14　多莉羊的克隆过程

（5）其他动物的克隆　其他被成功克隆的转基因动物还有青蛙、小鼠、牛、猪、猴等。其中，克隆牛的成功，表明用这种技术可以批量培育品种优良或有特殊用途的牲畜；在目前的所有克隆动物中，猴子在基因上与人类最接近，克隆猴将用于人类各种疑难疾病的研究；猪易于繁殖，而且其器官在大小和功能上与人体器官较为接近，将转基因技术和克隆猪技术相结合有可能大量繁殖转基因克隆猪并从中获取适于进行移植手术的器官，为成千上万等待器官移植的病人带来了希望。

（二）转基因动物的应用

1. 转基因动物克隆技术

通过克隆所获得的转基因动物，在遗传上包含来源于其他物种的基因。人们将编码人类IX因子（一种用于治疗血友病B的凝血蛋白）的基因移入绵羊体内，用适当的基因增强，则母羊的乳汁中产生这种凝血因子。继多莉羊诞生后的同一年，可分泌含有凝血蛋白奶汁的转基因绵羊"波莉"也随之诞生，这是第一个能够表达人类蛋白质且可以生产具有医疗效能的生物蛋白的动物。

克隆的另一个用途是生产长有转基因器官的动物，这种器官适用于转移到人体内。猪的器官大小恰好适合于移入人类，然而，猪的心脏、肝、肾会受到人类免疫系统强烈而迅速的排斥。但是，如果能够将人类的基因移入猪的体内，由它们生产的器官就将被免疫系统视为人类自身的而不是猪的。然而人与人之间的器官移植仍然存在许多问题，但其比跨种免疫间排斥要更容易获得解决。克隆这样的转基因动物能够创造大量全新的用于移植的器官。

动物克隆研究工作所表现出来的商业利益十分巨大。1997年，全世界对医疗性蛋白质的需求额是76亿美元，到2000年这个数字就已经达到185亿美元。由于动物克隆技术的成功，人们可以利用该技术快速地繁殖转基因动物，还可使繁育的转基因动物具有一致的遗传组成，从而使得所生产的转基因产品的标准化程度和产量有了更强的一致性。

2. 重组牛生长激素（BST）

牛奶具有丰富且平衡的营养价值，其中包含有8种蛋白质、3种脂肪酸、8

种矿物质、50 种酶和糖、8 种维生素和 24 种激素，包括类固醇类激素和肽类激素。

基因工程技术在奶牛业中的应用主要集中在提高奶牛产奶量及改善牛奶质量这两方面。给奶牛注射外源 BST 可显著提高奶牛产奶量。目前转基因细菌生产的重组 BST 已经成功地应用于奶牛业。

转基因细菌生产 BST 的过程是：首先从奶牛体内分离出编码 BST 的基因序列，然后通过细菌进行该基因的克隆扩增，再通过细菌载体将该基因转移到大肠杆菌细胞内使其表达而生产 BST。同样的技术还用来生产胰岛素和其他的生物制品。最后再从转基因细菌中提取生化产品，如 BST、胰岛素及其他的转基因产品。

世界上已有许多生物技术公司都开始生产人工重组 rBST。BST 具有 191 个氨基酸，与 BST 相比，rBST 多一个氨基酸，但并不会改变其生物效能。实验证明，给奶牛注射 rBST 可以使产奶量提高 15% ~25%，并且在奶牛产奶的后期，效果最为显著。rBST 的生理作用已经在全世界将近 21000 头家畜上得到验证。

3. 医药用型转基因家畜

医药用型转基因家畜是指，利用转基因技术把人类的某些蛋白质的编码基因，特别是有医疗作用的蛋白质的编码基因转移到家畜胚胎中，使家畜乳腺能够生产具有医疗作用的蛋白质。如果转基因家畜培育成功，那么它所生产的特异蛋白质的量要远远高于转基因细菌。因此，能够生产特异性人类蛋白质的转基因家畜是未来基因工程技术的重点研究领域，并将成为最具有商业前景的行业。前述的可分泌含有凝血蛋白奶汁的转基因绵羊“波莉”，即是成功例子之一。

例如，人体内如果缺少 α-1-抗胰蛋白酶，会发生严重的肺气肿病。目前，已开发成功含人 α-1-抗胰蛋白酶的编码基因 *AAT* 的转基因山羊“格雷斯”和富含 α-1-抗胰蛋白酶的转基因绵羊“特蕾西”。据估计，如果饲喂 1000 头该种转基因羊，就可满足全世界患该疾病的所有病人对该蛋白质的需求。

另一方面，人奶中的 α-乳白蛋白对初生婴儿非常重要，人乳铁蛋白和溶解酶在体内有转铁和抗细菌侵染等特性，这些都是可以应用到婴儿乳品中重要的营养成分。而仅仅在美国，这类代乳品就拥有 40 亿美元的市场销售额。现在，已经有可分泌人乳 α-乳白蛋白的转基因牛“罗琦”、含人乳铁蛋白的转基因牛“赫尔曼”问世。

4. 动物生物反应器

用于生产生物活性分子的转基因动物又称为动物生物反应器，具有广阔的应用前景。现在培育转基因小鼠的技术已经成熟，可用作研究转基因大动物的一种模型，如培育转基因家畜，从而生产蛋白质等生物大分子药。目前已经在小鼠、家兔、绵羊和猪的乳汁中生产出了转基因产物，如乳铁蛋白、牛乳清蛋白、绵羊乳球蛋白、人 t－PA、人 IL－2、人 α－1－抗胰蛋白酶等。

5. 异种器官移植

人类免疫系统是人体抵御外来侵害的主要防线。当一个人进行器官移植时，免疫系统又会对外源移植器官进行攻击和破坏，成为主要障碍。研究发现，猪的器官与人类器官大小相近，功能相似，是人类器官移植的潜在的供体。

如果利用转基因技术，敲除猪体内一些可以导致被识别为外源器官的异源标识物基因，或是将人组织器官的表达基因转入猪的体内，使其产生和人体相近的特定器官，则有可能减少器官移植时的机体免疫排斥反应，达到异种器官移植的目的。这也是当前人类干细胞研究的主要方向。

技能要点

转基因动物、植物的构建，需要细胞培养、DNA 重组与转移两大操作技术体系。

植物转基因技术的主要步骤：目的基因的扩增或克隆；目的基因导入载体；用限制酶切割载体；连接酶将切割点连接而使外源基因嵌入载体；将重组载体转移到细胞中。

转基因动物生产的步骤主要包括：选择目的基因；将重组基因转入受精卵；建立 ES 细胞系，将转入了外源基因的受精卵植入受体动物；对表达了外源基因的转基因动物进行育种试验，进行生物效应的检测与筛选。

实践练习

1. 请简述目前转基因动物的应用领域。
2. 请举例说明转基因技术在抗寒农作物培育中的主要操作过程。

项目三　转基因检测

学习目标

【学习目的】

学习转基因检测的基本方法。

【知识要求】

掌握转基因检测的基本方法原理；熟悉常用的转基因检测技术；了解其他的转基因检测方法。

【能力要求】

懂得转基因检测的基本原理与操作流程。

随着转基因技术的广泛应用，越来越多的转基因产品问世。目前，与我们生活密切相关的主要是转基因植物与转基因动物，突出表现在转基因食品的检测。由于迄今为止，转基因技术的安全性对于人类的健康等社会问题尚没有一个定论，所以，转基因检测技术在食品与健康方面就显得尤为重要。

转基因检测技术就是应用基因的检测技术，对转入宿主体中的外源基因进行检测。目前使用的方法主要有两大类：DNA 检测和蛋白质检测。

一、DNA 检测

DNA 检测技术主要有：PCR 技术和凝胶电泳测序技术，对象是特定的标记基因。

通过 PCR 技术可以简便快速地从微量生物材料中以体外扩增的方式获得大量特定的核酸，并且有很高的灵敏度和特异性。PCR 既可做定性又可做定量分析，目前大多以定性检测为主，定性检测的检出范围为 0.1%。但该项技术的检测结果也有可能与实际不相符合，会出现假阴性或假阳性结果（即检测物质本身含有转基因物质，而未被检出；或是本身没有转基因物质，而检出有转基因成分）。

1. PCR 定性筛选检测法

1996 年，德国学者首先论证了应用 PCR 检测转基因食品的可能性。前面叙述过，进入转化子的外源基因必须包括有启动子、标记基因、目的基因和终止子几个特征部分，其中启动子和终止子为表达目的基因所必需。理论上说，只要能测定出这些特定的基因，再与对照品进行比对，即可以定性乃至定量实现转基因的检测。

目前，转基因植物所采用的启动子和终止子主要是来源于病毒或细菌。例如，广泛使用的启动子主要有：花椰菜花叶病毒的 Camv35s 启动子、根瘤农杆菌的 nos 启动子及玄参花叶病毒的 FMV35s 启动子；而广泛应用的终止子则分别是：根瘤农杆菌的 nos 终止子、花椰菜花叶病毒的 camv 终止子以及新霉素磷酸转移酶 NptII 终止子。针对这些基因的 PCR 扩增可涵盖 95% 的现有的转基因植物的需要。

PCR 定性检测是高灵敏度的 DNA 水平检测，但实际操作中常伴有各种假性结果。

（1）DNA 提取时产生的各种反应抑制因子，使 PCR 呈假阴性。

（2）产品深加工时核酸被破坏成碎片，含量极低，使 PCR 呈假阴性。

（3）当作物受到花椰菜花叶病毒的感染而带有 35S 启动子，或因农杆菌感染而带有 nos 终止子时，PCR 反应呈现假阳性。

（4）实验室的残留污染使检测结果呈假阳性。

（5）在收获、运输或加工过程中转基因食品与非转基因食品产生交叉污染也会使检测结果不准确。

因此，在应用这种方法的时候，在操作上应注意以下几点。

（1）要防止检测出现假阴性结果，必须在检测过程中严格遵守操作规程，优化 PCR 条件，在 DNA 提取过程中尽量去除可能抑制 PCR 反应的物质，并可通过扩增真核生物的 18S rRNA 基因来消除假阴性。

（2）要消除转基因食品检测中假阳性结果的影响，可采用 Southern 杂交、PCR 产物纯化测序或 PCR 扩增产物酶切分析等方法，同时检测样品中的多个基因元件，可避免某些作物因自然感染花椰菜花叶病毒或根癌农杆菌产生的假阳性结果。

2. 实时荧光定量 PCR 法

实时荧光 PCR 技术于 1996 年由美国的一家公司推出，其原理是：在常规 PCR 基础上添加了一条标记了两个荧光基团的探针，利用荧光信号积累，实时监测整个 PCR 进程，最后通过标准曲线对未知模板进行定量。目前应用于实时定量 PCR 检测体系中的荧光探针主要有 3 种：分子信标探针、Taq Man 探针和杂交双探针。

实时荧光定量 PCR 法的特点如下。

（1）检测灵敏　灵敏度至少是普通 PCR 的 10 倍，它可以检测到每克样品中含 2pg（PCR 级的质量单位，$1pg = 10^{-12}g = 10^{-9}mg = 10^{-6}mg = 10^{-3}ng = 10^{3}fg$）转基因的 DNA 量，对加工、未加工和混合样品都可以进行检测。

（2）实时监测　该技术有效地解决了传统定量只能终点检测的局限，实现了每一轮循环均检测一次荧光信号的强度，并记录下来，可对整个 PCR 进程实时监测。

（3）无需电泳　由于在 PCR 反应体系中加入荧光探针，使得非特异性产物不能与探针杂交，这更有利于分离那些通过电泳无法分开的、相对分子质量相互接近的产物，从而得到所需要的特异性产品。因此，实时荧光 PCR 无需电泳等 PCR 后处理步骤，能有效消除核酸的交叉污染。

此方法现在面临的最大难题是定量标准物的滞后发展。商业化的标准物的种类与数量明显不足，无法满足日渐增长的转基因检测需要。

3. 基因芯片检测法

当今应用于转基因食品检测的前沿技术当属基因芯片技术，其实质就是高度集成化的反向斑点杂交技术。探针分子固定在载体上，待测基因经过 PCR、末端标记等操作，成为标记有荧光染料或同位素的核酸分子，然后与固定的探针杂交。依据标记方法的不同，通过放射自显影、激光共聚焦显微镜或 CCD 相机读出每个斑点信号的强度，计算机对杂交信号进行处理，得到杂交谱。该技术是 20 世纪 90 年代由美国的一家商业公司首先发展起来的，该公司于 1996 年制造出世界上第一块商品化基因芯片。

与其他方法相比，基因芯片能同时解决多个基因的检测问题，检测样品的数量可以多达数千个，具有灵敏度高、效率高、成本低、自动化程度高、结果明确等优点。但由于其应用需要的相应设备造价高，普及范围窄，而且目前尚没有形成任何标准，使得基因芯片检测法应用范围不广。

4. 多重连接依赖的探针扩增（MLPA）

该方法是荷兰学者于2002年发表的应用于医学检测目的的高度灵敏的相对定量技术。它是利用简单的杂交、连接、PCR扩增反应，可在单一反应管内同时检测最多40个不同的核苷酸序列的拷贝数变化。

MLPA方法的原理是：针对不同检测序列设计多组专一的探针组，再对探针组进行扩增检测。每组探针的总长度不同，可与目标序列杂交黏合。所有探针的5′端都有通用引物结合区PBS，3′端都有与待扩增目标序列结合区，在PBS区与目标序列结合区之间插入不同长度的寡核苷酸，由此形成长度不一的探针组。如果目标序列缺失、产生突变或是由于不同探针组的配对，则这组探针无法成功连接，也没有相应的扩增反应。如果这组探针可与目标序列完全黏合，则连接酶会将这组探针连接成为一个片段，并通过标记的通用引物将连接在一起的探针组进行扩增。最终经过毛细管电泳和激光诱导的荧光来检测扩增产物。

二、蛋白质检测

由于大多数转基因体都是以外源结构基因表达出蛋白质为目的，因此，可以通过对外源蛋白质的定性定量检测来达到转基因检测的目的。

目前常用的蛋白质检测方法均以免疫分析技术为基础。免疫分析技术具有高度特异性，即便有其他干扰化合物的存在，特异性抗原抗体也能准确地结合。但由于蛋白质容易变性，所以这种检测蛋白质方法只适用于未经加工的原料或半成品。另外，有的转基因体的外源基因未表达或表达低下，蛋白质检测方法也不适用。

常用的外源蛋白质检测方法有酶联免疫吸附法（ELISA）、试纸条检测法、Western印迹法和免疫PCR法。

1. 酶联免疫吸附法（ELISA）

ELISA方法的原理与操作请见相关的免疫学内容。

应用ELISA法，已经成功检测出传统大豆加工产品混有的2%转基因大豆（Roundup Ready大豆，PR大豆）中转基因表达蛋白（CP4 EPSPS蛋白）。现已有一些蛋白检测试剂盒研制成功，主要有：美国Prime公司NPTⅡ ELISA试剂盒、检测StarLink（一种转基因玉米）玉米粉中Cry9c蛋白的Bt9玉米检测试剂盒、检测Roundup Ready（一种转基因大豆）表达CP4 EPSPS蛋白的Soya RUR试剂盒和检测Yield Gard（一种转基因玉米）中Bt蛋白MON810试剂盒等。

2. 试纸条检测法

试纸条检测蛋白也是根据抗原抗体特异性结合的原理，与 ELISA 相比，不同之处之一是以硝化纤维代替聚苯乙烯反应板为固相载体。这种测定方法是将特异抗体交联到试纸条上和有颜色的物质上，当纸上抗体和特异抗原结合后，再与带有颜色的特异抗体进行反应，形成带有颜色的三明治结构，并固定在试纸条上。如果没有抗原，则没有颜色。

该方法是一种快速简便的定性检测方法，但这种方法有三个方面的局限性：

（1）由于抗原抗体反应的专一性，每种转基因产品都要开发和建立专门的检测试剂和方法，而转基因产品种类繁多，要建立所有转基因产品的蛋白质检测法工作量很大。

（2）对已加工过的转基因食品，其蛋白质很容易被破坏，从而影响检测结果的准确性。

（3）有些插入基因还具有表达部位的特异性，这些基因表达并不像 DNA 那样存在于转基因作物任何部位，甚至有的转基因产品插入基因根本不表达或表达量很低，这些都会影响检测结果。

3. Western 印迹杂交（参见模块三项目五）

4. 免疫 PCR 法

免疫 PCR 方法是将免疫学反应和 PCR 技术相结合而创建的一种新的检测技术，同时具有抗原－抗体反应特异性和 PCR 扩增技术高效性。

免疫 PCR 是在 ELISA 基础上建立的，与其原理基本相似，不同的是以一段可扩增的 DNA 为标记物替代酶，最终结果是 PCR 扩增后产物替代酶催化底物显色，反应过程包括免疫反应和 PCR 扩增两部分，因此也称为 DNA 标记的免疫测定技术。由于 PCR 有着强大的扩增能力，与常规免疫学方法（如 ELISA）相比，其灵敏度更高。

免疫 PCR 过程比较复杂，每一环节都会影响其敏感性和特异性，其技术尚未完全成熟。所以，尽管该方法因高敏感性而显示出巨大优越性，但目前还没有推广应用。

三、其他检测方法

1. 色谱分析

当转基因产品的化学成分较非转基因产品有很大变化时，可以用色谱技术对其化学成分进行分析，从而鉴别转基因产品。也就是说，该方法是借助于转基因表达产物的变化来达到转基因的定性检测。

例如，一些特殊的转基因产品（如转基因植物油等），无法通过传统的外源基因或外源蛋白质检测方法来进行检测，但可以借助色谱技术对样品中脂肪酸或甘油三酸酯的各组分进行分析以达到转基因检测的目的。有人曾经用高压液相色谱与质谱技术相结合对三种 Canola oil（芥花油，俗称菜籽油）中的甘油三酸酯的各组分进行分析，发现转基因 Canola 菜籽油中的甘油三酸酯含量明显比其他品种高且抗氧化能力也较强。该方法是一种定性检测方法，对转基因与非转基因混合的产品进行检验时准确性有限。

2. SPR 生物传感器技术

SPR 生物传感器是将探针或配体固定于传感器芯片的表面，含分析物的液体样品流过传感器芯片表面，分子间发生特异性结合时可引起传感器芯片表面折射率的改变，通过检测 SPR 信号的改变，可以监测分子间的相互作用程度。

例如，有人将这种方法与 PCR 相结合，把生物素标记的 PCR 产物固定于传感器表面并用相应的探针进行杂交，成功检测到了 RR 大豆。该方法实时快捷，所需分析物量小，而且对分析物纯度要求不高。

3. 近红外线光谱分析法

对转基因植物来说，有些重组基因的表达会导致植物的纤维结构发生改变。通过对转基因样品的红外光谱分析，可对这些植物的细胞结构进行筛选。

例如，有人用近红外线光谱分析法成功地区分了 RR 大豆和普通大豆，对 RR 大豆的正确检出率达到 84%。近红外线光谱分析法的优点是不需要对样品进行前处理，并且简单快捷，但它不能对转基因与非转基因混合的产品进行检验，而且其准确性也有限。

技能要点

转基因检测技术就是应用基因的检测技术，对转入宿主体中的外源基因进行检测。目前使用的方法主要有两大类：DNA 检测和蛋白质检测。

DNA 检测技术主要有：PCR（聚合酶链式反应）技术和凝胶电泳测序技术，其检测对象是特定的标记基因。

目前常用的蛋白质检测方法均以免疫分析技术为基础。常用的外源蛋白质检测方法有酶联免疫吸附法（ELISA）和 Western 印迹法。

实践练习

1. 免疫 PCR 方法是将（　　）反应和（　　）技术相结合而创建的一种新的检测技术，同时具有（　　）反应特异性和（　　）技术高效性。

2. 在进行 PCR 定性检测操作时，应在操作上注意哪些要点？为什么？

项目四　基因工程药物

学习目标

【学习目的】

学习利用基因工程技术制备药物的知识。

【知识要求】

掌握基因工程技术开发药物的一般过程；熟悉基因工程药物的一般类别；了解基因工程药物的应用。

【能力要求】

懂得基因工程药物开发制备的基本操作流程。

基因组核苷酸全序列的测定与分析，是基因工程技术促进基础生物学研究的一个出色范例。2001 年 2 月 12 日，由 6 国的科学家共同参与的国际人类基因组公布了人类基因组图谱及初步分析结果，这结果为人们提供了 3000 多个基因可用来制药，将推进基因制药产业的快速发展。基因操作技术的发展，使得基因工程技术在制药生产中发挥了重要作用。以前人们可以利用微生物自身生产有用的产品，如利用青霉菌生产青霉素，利用链霉菌生产链霉素等。但是从这些生物体中分离纯化这些药物，不仅成本昂贵，而且技术上也相当困难。如今将编码这些药物的基因克隆并转移到合适的生物体内进行有效的表达，就可以方便地提取到大量的有用药物。

一、基因工程技术开发药物的一般过程

基因工程药物自 20 世纪 70 年代末期以来，有了飞跃发展。1978 年首次通过大肠杆菌生产由人工合成基因表达的人脑激素和人胰岛素，1980 年美国联邦最高法院裁定微生物基因工程可以获得专利。1982 年第一个由基因工程菌生产的药物——胰岛素，在美国和英国获准使用以来，各种基因工程药物犹如雨后春笋，得到了蓬勃发展。我国医药技术的研发和产业化也取得了长足的进展。

利用基因工程技术开发一个药物，一般要经过以下几个步骤。

（1）获得目的基因片段。可以通过化学合成方法来合成已知序列的 DNA 片段，也可以从生物组织细胞中提取分离得到，对于真核生物则需要建立 cDNA 文库。

（2）将获得的目的基因片段扩增后与适当的载体连接，再导入适当的表达系统。

（3）在适宜的培养条件下，使目的基因在表达系统中大量表达目的药物。

（4）将目的药物提取、分离、纯化，然后制成相应的制剂。

以上方法大部分是以微生物或组织细胞作为表达系统，通过微生物发酵或组织细胞培养来进行药物生产。近年来，通过转基因动物来进行药物生产的“生物药厂”成为目前转基因动物研究最活跃的领域，也是基因工程制药中最富有诱人前景的行业。转基因动物制药具有生产成本低、投资周期短、表达量高、与天然产物完全一致、容易分离纯化等优势，尤其适合于一些用量大、结构复杂的血液因子，如人血红蛋白（Hb）、人血白蛋白（HSA）、蛋白 C 等。英国的爱丁堡制药公司通过转基因羊生产 α－1－抗胰蛋白酶（α－1－AAT）用于治疗肺气肿，每升羊奶中产 16g AAT，占奶蛋白含量的 30%，估计每只泌乳期母羊可产 70g AAT。另外，转基因植物制药比转基因动物制药更为安全，因为后者有可能污染人类的病原体。目前，已经开发出许多转基因植物药物，例如脑啡肽、α－干扰素和人血清蛋白，以及两种最昂贵的药物即葡萄糖脑苷脂酶和粒细胞－巨噬细胞群集落刺激因子等。

二、抗生素类药物

传统的抗生素生产，主要利用化学合成或微生物发酵来获得，其生产过程中菌种的表达水平比较低，生产成本比较高，而且在使用过程中容易产生耐药菌群。而利用基因工程技术可以对生产菌种进行基因改造，得到表达水平高、产品目的性强的菌株，如大肠杆菌生产青霉素酞胺酶。德国一个科研小组对生产半合成青霉素的菌株 6APA，用基因工程来增强大肠杆菌的青霉素酰胺酶活性。将大肠杆菌的基因 PBR322 的质粒克隆化所形成的菌株，其酶活性比原株提高 50 倍，从而提高 6APA 生产能力。我国利用基因重组技术对螺旋霉素产生菌进行改造，增强了丙酰基转移酶的基因在螺旋霉素产生菌中的表达，并提高了丙酰螺旋霉素的产量。

三、活性多肽类

在人体中存在一系列含量较低，但生理活性很高，而且在人体代谢过程中起着重要的调节作用的活性多肽类物质如激素等，这些物质在临床上可以作为药物来治疗相应的因此类物质失衡而造成的疾病。此类药物的制剂多来源于各种动物的脏器，生产方法复杂，成本高，个别产品还必须从动物的尸体中进行提取，无法进行大规模工业化生产。自基因工程技术问世以来，通过基因重组技术，可以由微生物进行生产，这是基因工程技术的最大成就之一，以下是这类药物中比较典型的两个。

1. 胰岛素

Genentech 公司在 1978 年，由 Goeddel 等学者应用基因重组技术开发出使用大肠杆菌生产人胰岛素。随着基因工程技术的不断发展，生产胰岛素的工艺和技术也不断得到完善，在临床上已经完全取代了由动物脏器提取得到的产品。目前，我国新疆转基因羊已能够成功表达人胰岛素原，为胰岛素的生产开发了新途径。

2. 生长素

人类生长素临床用于治疗侏儒症和肌肉萎缩症。传统制造方法是由人脑下垂体抽提精制而得，其原料来源困难，产量受到极大限制。全世界侏儒症患者中仅有1%可以得到治疗，原因是生长素价格极其昂贵，达每克5000美元。1979年Genentech公司由Goeddel等学者应用基因重组技术首先开发出使用大肠杆菌生产人生长素。近年来还开发了以酵母菌来生产生长素，其产量可达到（1.4~4.7）$\times 10^6$ 分子/细胞。目前，我国基因工程人生长素已研制成功，并投入市场和用于临床使用。

除上述药物外，运用基因工程技术生产的这类药物还有神经生长因子（PDGH）、人基底成纤维细胞生长因子、绒毛膜促性腺激素等。

四、细胞免疫调节因子

基因工程技术用于细胞免疫调节因子的产品较多，临床广泛应用于抗肿瘤和免疫调节等。近年来，由于基因重组和细胞融合两大技术的进步，加上高压液相层析技术、氨基酸序列分析装置以及蛋白质的精制和解析技术的改进，使一些调节细胞免疫活性物质的研究和开发得到快速发展，如干扰素（INF）、白介素（IL）、集落刺激因子（CSF）和肿瘤坏死因子（TNF）等。

干扰素是其中研究较为广泛、技术比较成熟、产业化较早的一个产品。第一代干扰素是从血液中进行提取而得到。据芬兰的K. Canted报道，处理23000L血液，所得纯度1%以下的干扰素不足100mg，所以产量很低。而且由于血源质量不能保证，可能造成血源性传染病的传播。第二代干扰素是采用基因工程技术进行生产的，其生产水平可达250000分子/细胞，每升可含2.5亿单位，成本显著下降，产品纯度很高，含量可达90%以上。目前，已经商品化的基因工程干扰素有α、β、γ三种，而且生产技术也在不断完善。俄罗斯科学家构建了以假单胞菌为载体的表达系统来生产基因工程干扰素，与传统的大肠杆菌表达系统相比，其培养周期短，细胞易于破碎、便于提取。随着基因重组技术的不断发展，一些研究人员对干扰素基因进行改造，构建靶向干扰素基因及表达载体。国内也有研究者利用限制性内切酶分别从含有抗乙型肝炎S抗原（HbSAg）人源单链抗体与人干扰素α质粒中切出目的基因，连接到pET22b质粒中，构建成单链抗体靶向干扰素表达载体，在大肠杆菌中表达成功。

五、疫　苗

传统的疫苗是病原微生物的减毒或灭活物质，但这些疫苗都不够理想，有的可能发生回复突变，恢复毒性；或者因为灭活不适当引起疾病流行。利用基因工程技术生产的新型疫苗，可以克服传统疫苗价格昂贵、安全性能差等缺点，能为目前尚无有效疫苗的某些特殊疾病如艾滋病，提供有效的治疗手段。

第一个商品化的基因工程疫苗是抗人乙型肝炎病毒（HBV）的疫苗。我国大约有10%的人口受到HBV的侵害，HBV的感染通常还与特殊的肝癌（HCC）有着密切的关系，每年全世界死于HCC的病人有30万左右。HBV具有高度的寄主专一性，只能感染人类和黑猩猩，这意味着只能从肝炎患者身上才能获得有限数量的病毒，供做疫苗使用，而从患者血液中提取制备的疫苗，还有传染艾滋病的可能。利用基因工程技术生产的抗HBV疫苗克服了传统疫苗的缺点，质量和安全性高，用量极少，一般剂量为10mg以下，接种3次，为普通药品用量的千分之一。1982年，有人将S基因（HBV表面抗原基因）的一个片段克隆在一种载体上，结果在酵母中合成出来HBV表面抗原（HbsAg）颗粒，其产量多达25μg/L，酵母表达系统现在已经能够大规模生产供给人类使用的重组肝炎疫苗。

大约在20世纪90年代，人们发现“裸露”DNA注入体内能够诱发免疫反应，对此人们进行了大量研究，开发出了新型的核酸疫苗。所谓核酸疫苗，是指将编码某种抗原蛋白的外源基因（DNA或RNA）直接转移到动物体内，通过宿主表达系统合成抗原蛋白，诱导宿主对该抗原蛋白产生免疫应答，以达到预防和治疗疾病的目的。现已开发出多种核酸疫苗，例如，流感核酸疫苗、艾滋病疫苗、狂犬病疫苗、结核病疫苗和乙型肝炎疫苗和戊肝疫苗等。

六、基因治疗制品

随着人类对基因研究的不断深入，发现许多疾病是由于基因结构与功能发生改变所引起的。人们将不仅能发现有缺陷的基因，而且还能掌握如何进行基因诊断、修复、治疗和预防，这是生物技术发展的前沿，将给人类的健康和生活带来不可估量的利益。

所谓基因治疗是指用基因工程的技术方法，将正常的基因转入病患者的细胞中，取代病变基因，从而表达所缺乏的产物；或者通过关闭或降低异常表达的基因等途径，达到治疗某些遗传病的目的。目前，已发现的遗传病有6500多种，其中由单基因缺陷引起的就有3000多种。因此，遗传病是基因治疗的主要对象。

基因治疗在1990年开始进行实验，1993年美国FDA给人类基因治疗下的定义为：“基于对活性细胞遗传物质的改变而进行的医学治疗，这种改变可以在活体外进行，然后应用于人体，或者直接在人体内进行”。因此，基因治疗存在两种方式，即间接体内法和体内法。间接体内法主要是通过在体外进行基因转移，筛选可表达外源基因的细胞，然后再转移到体内；体内法则是直接在体内改变与修复遗传物质。随着分子生物学、基因重组技术的发展，有关目的基因的获得方法已趋成熟，但是，目的基因的转移传递系统、目的基因的表达调控以及疗效和安全性还需进一步研究证实。

目前，基因转移系统主要是两类：一类是由病毒介导的基因转移系统，主要包括逆转录病毒（Rt）、腺病毒（Ad）、疱疹病毒（HSV）和腺病毒相关病毒（AAV）载体等。Nnldini 等开发出一种基于 HIV 的重组 Rt 载体，不需要辅助细胞，能广泛感染各种非分裂细胞，同时保留了能整合在宿主染色体上的特点。世界上第一例基因治疗所采用的载体即是 Rt 载体，治疗腺苷酸脱羧酶缺乏所致的严重联合免疫缺乏症（ADA - SCID）。另外一类是非病毒介导的基因转移系统，包括脂质体、分子偶联载体、基因枪和裸 DNA 等。

另外，反义核苷酸技术也应用于基因治疗，尤其在抗乙肝病毒的基因治疗方面，包括反义 DNA、反义 RNA 和核酶 RNA 等。2001 年，有人首次通过静脉给予反义 DNA，选择性抑制北京鸭 HBV 在鸭肝脏中的复制和表达，证明了反义 DNA 在动物实验中的有效性。美国 Viagene 公司研究出一种被称为“艾滋病毒免疫制剂”的药，该药为一种鼠逆病毒与核心蛋白编码的基因序列和 HIV 表面抗原 RNA 结合产物，在小鼠和灵长类动物试验中确定该药能诱导出强的 HIV - 特异性杀伤细胞。

还有一种胎儿基因疗法，如果现在的实验疗效得到进一步确证的话，就有可能将胎儿基因疗法扩大到其他遗传病，以防止出生患遗传病症的新生儿，从而从根本上提高后代的健康水平。

基因工程技术使药品开发发生了根本性的转变。传统的药品开发是在大量的化学合成物质和微生物代谢产物中进行随机筛选，得到其中的有效成分作为新的药物。采用基因工程技术开发新药，是通过对致病机理的研究，找到那些可用于治疗目的的有效成分以及其编码基因，经过基因重组将其转入适当的载体，大量表达其有效成分作为治疗药物。同时，基因工程技术给药品生产技术带来了革命性变化。过去一些生产困难的产品，如激素、酶、抗体等一些生物活性物质，通过基因工程手段可以高质量、高收率地生产，同时大幅度降低生产成本，提高了患者的用药水平和生活质量。

基因工程技术在传统医药不能有效治疗的一些疾病，如癌症、艾滋病、遗传病等的诊断、治疗和预防等方面提供了有效的新手段，并取得了一些重大的突破，如发现了致癌基因，可使癌症的早期诊断和治疗药物的开发成为可能。随着分子生物学技术的发展，相信这些严重危害人类生命的疾病，在不久的将来会得到有效的预防和治疗。

技能要点

随着基因组核苷酸全序列测定分析技术的发展，人们发现有很多基因可用来制药，而通过基因工程技术，人们可以将编码这些药物的基因克隆并转移到合适的生物体内进行有效的表达，就可以方便地提取到大量的有用药物。

目前已知的基因工程类药物主要包括抗生素、活性多肽、细胞免疫调节因子、疫苗，此外还有应用基因治疗所使用的技术手段与制剂产品，如Rt载体、反义核酸、裸DNA和基因枪等。

实践练习

1. 请简述基因工程药物开发的一般流程。
2. 干扰素的开发经历了几代产品？
3. 什么是核酸疫苗？
4. 目前，基因治疗主要有哪些技术手段？

模块五　基因操作实操训练

实训一　PCR 扩增质粒中目的基因片段

学习目标

【学习目的】

学习 PCR 的操作技术。

【知识要求】

掌握 PCR 技术的基本原理及各步骤的温度选择，熟悉 PCR 反应体系，了解 PCR 操作的注意事项。

【能力要求】

懂得使用 PCR 仪，能熟练进行 PCR 实验的操作。

一、实验原理

PCR 是使用一对寡核苷酸引物，以目的序列为模板，利用 DNA 聚合酶和四种脱氧核糖核酸进行 DNA 的体外合成反应，具有灵敏度高、特异性高、操作方便和重复性好等特点，能够在几个小时内获得多达几百万拷贝的目的基因。

本实验利用 PCR 能特异扩增任何已知目的基因的能力，扩增质粒（pMD19 - T）中携带的目的基因 A 片段（530bp），使其能达到后续实验所需用量。经 PCR 扩增后的 A 片段需经琼脂糖凝胶电泳进行纯化，分离出杂质，完成目的基因的制备工序。

引物决定了 PCR 产物的长度和特异性。目前有多种引物设计软件，如 primer premier 和 Oligo 等。

引物设计有以下几个原则。

（1）引物的特异性　引物应根据目的序列进行设计，引物与非靶序列之间不要超过 70% 的同源性或连续 8 个的碱基互补，减少非特异性产物。

（2）引物的长度　一般是指引物中能与模板序列互补结合的部分，不包括在5′端额外增加的酶切位点序列和其他序列。引物长度以18～24bp为佳。

（3）引物3′端的碱基　引物3′末端是延伸的始端，碱基错配会影响延伸效率。当最后一个碱基是A时，容易发生错配，所以引物3′端最好不要为A。

（4）引物的G+C含量一般为40%～60%，过高或过低都不利于引发反应。

（5）两条引物不能形成稳定的二聚体，或引物自身不能形成稳定的二级发夹结构，这些都会影响引物与模板的结合。

（6）两条引物的融解温度 T_m 值尽量不要相差太大，引物的 T_m 值粗略计算公式为 $T_m = 4 \times (G+C) + 2 \times (A+T)$。

（7）引物的5′端对扩增特异性没有影响，因此可以被修饰而不影响扩增的特异性，引物5′端修饰包括加酶切位点、标记生物素和荧光等，引物3′端是延伸的开始，不能进行任何修饰。

二、材料和仪器

1. 材料

携带A基因的质粒DNA模板、引物、10×PCR缓冲液、dNTP、Taq酶、标记物。

2. 仪器

PCR仪、Eppendorf管（0.5mL）、移液枪、冰盒。

三、实验步骤

（1）在冰浴中，按以下次序将各成分加入无菌0.5mL离心管中。

DNA模板	2 μL
引物1	1 μL
引物2	1 μL
dNTP混合液	2 μL
10×PCR缓冲液	4 μL
Taq酶	1 μL

加 ddH_2O 至40 μL。

（2）调整好反应程序，将上述混合液稍加离心，立即置PCR仪上，执行扩增。温度设置依据以下步骤进行。

①变性：指模板的热变性，双螺旋模板DNA成为单链的DNA分子。在应用Taq DNA聚合酶进行PCR反应时，变性往往在94～95℃条件下进行。这也是Taq DNA聚合酶进行30个左右的PCR循环而活力不致受到过多损失时所能耐受的最适温度。

②退火：指引物和模板在局部形成互补的杂交链的过程。退火温度比两条寡核苷酸引物的熔解温度低5～10℃，PCR实验要对退火温度进行优化。

③延伸：在镁离子存在条件下，DNA 聚合酶按碱基互补原则，催化四种脱氧核糖核酸加在引物的 3′端，使引物沿 5′→3′方向生成与模版 DNA 互补的新 DNA 链。

因此，温度设置如下：

预变性阶段　　94℃，2min

循环扩增阶段　　94℃，30s → 58℃ 40s → 72℃ 40s，循环 25 次

保温阶段　　72℃，8min

（3）结束反应，PCR 产物放置于 4℃待电泳检测。

四、注意事项

由于 PCR 能够使 DNA 分子大量扩增，所以应当注意防止反应体系被痕量 DNA 模板污染，尤其在待扩增靶序列浓度低的情况下，更有必要采取防备措施。

（1）尽量在装有紫外灯的层流式工作台内吸加 PCR 试剂和进行反应。不用时应打开紫外灯。工作台内应配置有 PCR 专用的微量离心机、一次性手套、整套移液器和其他必需品。自动移液器的管部是常见的污染源，配液和移液时应当使用一次性吸头和活塞的正向排液式移液器。所有缓冲液、吸头和离心管使用前必须经过高压处理。

（2）准备成套试剂，分装为小份，在靠近工作台的冰箱中设立专门位置来保存。配制试剂时，用从未接触过任何 DNA 的新玻璃用具、塑料用具和移液器。使用后将这一小份全部废弃，不得重新置存。

（3）装有 PCR 试剂的微量离心管打开之前，应先在专用工作台内的微量离心机上做瞬时离心（10s），使液体沉积于管底，减少污染的机会。

（4）加完所有其他反应成分，包括防止蒸发用的矿物油后才吸加模板 DNA。模板加入微量离心管后，盖好离心管并用戴有手套的手指轻轻弹击管侧壁，混匀液体。再做瞬时离心（10s），使水相和有机相分开。

（5）将模板 DNA 加入 PCR 系统时，注意切勿形成喷雾，后者有可能污染别的反应。并非即用管都应盖严。拿过模板 DNA 管后应更换手套。

（6）应设置阳性对照反应（即由少量适当的靶序列参与的 PCR）。对靶序列的稀释工作应于实验前在实验室内别的位置进行，防止将靶 DNA 的浓溶液带到实验室中专门进行 PCR 的位置。

（7）必须设置一个不含模板 DNA 但含有 PCR 系统中所有其他成分的对照反应，这一对照管需在准备好所有其他 PCR 以后才进行吸加。

技能要点

基因扩增（PCR）是开展基因操作技术的前提。其基本过程包括“变性－退火－延伸”这三个反应步骤。其反应体系包括 DNA 模板、4 种核苷酸、引物和

DNA 聚合酶，以及适量的缓冲溶液、Mg^{2+}和适宜的温度。PCR 反应在 PCR 仪中进行，PCR 仪的操作应注意不同阶段的温度与时间的设置。在整个 PCR 操作中，应特别注意防止反应体系被外界痕量 DNA 污染，注意做好防护措施。

思考题

1. PCR 循环中三段温度各自的意义是什么？
2. 为什么使用 Taq 酶，添加各组分的顺序有什么讲究吗？

实训二　电泳分离纯化 PCR 产物

学习目标

【学习目的】

学习 DNA 琼脂糖电泳操作技术。

【知识要求】

掌握 DNA 琼脂糖电泳的操作技术，熟悉 DNA 琼脂糖电泳操作的基本原理，了解 DNA 琼脂糖电泳技术的应用。

【能力要求】

懂得 DNA 琼脂糖凝胶的制备，能熟练进行 DNA 琼脂糖电泳的操作。

一、实验原理

DNA 在琼脂糖凝胶介质中，因电场作用，从负极向正极方向移动，泳动速度取决于 DNA 大小和构型。在细胞内，质粒 DNA 有三种存在形式：共价闭环 DNA（常以超螺旋形式存在）、开环 DNA、线性 DNA。电泳时，根据迁移率，同一质粒 DNA 的泳动速度由小到大分别为：开环、线性、超螺旋 DNA。将染色剂与 DNA 结合，在紫外线照射下呈现出荧光。

DNA 琼脂糖电泳可用于分离纯化 PCR 产物及对转化子进行鉴定。

琼脂糖电泳结果的影响因素有：凝胶、电泳液、电压、检测手段。

（1）核酸分子大小与琼脂糖浓度的关系表现为：在凝胶中，DNA 片段迁移距离（迁移率）与碱基对的对数成反比。

（2）琼脂糖凝胶电泳分离 DNA 时，分子大小不宜超过 20kb。

（3）不同大小的 DNA 需要用不同浓度的琼脂糖凝胶进行电泳分离（表 5－1）。

表 5－1　　琼脂糖凝胶浓度与 DNA 分离范围

琼脂糖浓度/%	0.3	0.6	0.7	0.9	1.2	1.5	2.0
线状 DNA 大小/kb	5～60	1～20	0.8～10	0.5～7	0.4～6	0.2～4	0.1～3

（4）DNA 的泳动受到电泳缓冲液和离子浓度的影响。缺乏离子，电导率严重降低，电泳迁移率很慢；离子强度过高，电导率升高，极易产生大量的热能，最严重的结果是凝胶熔化，DNA 变性。常用的电泳缓冲液有 TAE、TPE 和 TBE（表 5－2），其中 TAE 的缓冲容量最低，长时间电泳将被消耗。

表 5－2　　常用的电泳缓冲液

缓冲液	缓冲容量	迁移速度	分辨率	用途
TAE	最低	最快（高 10%）	高相对分子质量高	高度复杂 DNA 混合物 超螺旋 DNA
TBE TPE	很高	较慢	低相对分子质量高	价格昂贵 不常用

（5）凝胶中核酸染色方法　常用的有溴化乙锭（EB）染色法和 SYBR Gold 染色法。前者检测灵敏度低，10ng/mL，价格便宜；后者检测灵敏度高，20pg/mL，价格昂贵。

染料存在时，线状 DNA 电泳迁移率降低约 15%。在凝胶中没有 EB 时，DNA 条带更为清晰，当需要知道 DNA 片段的准确大小时，可以在无 EB 情况下电泳，电泳结束后用 EB 染色。

染色步骤：将凝胶浸入含有 EB（0.5μg/mL）的电泳液中，室温下 30～45min。染色完毕后通常不需要脱色。在检测少量 DNA（＜10ng）时，需要脱色，具体方法为将染色后的凝胶浸入水中或 1mmol/L $MgSO_4$ 中，室温脱色 20min。

（6）琼脂糖凝胶分离大分子 DNA　研究表明，低浓度、低电压下的分离效果较好。

随着电压的增高，电泳分辨率反而下降，对于大分子 DAN 片段，电场强度不宜高于 5V/cm。但对于小片段的 DNA 可以 5～20 V/cm 电压电泳。

二、材料和仪器

1. 材料

TAE 电极缓冲液、溴化乙锭（EB）、0.25% 溴酚蓝、40%（体积质量分数）蔗糖、10mol/L EDTA（pH＝8.0）、TE、琼脂糖、PCR 产物、转化质粒及双酶切小片段。

2. 仪器

电泳仪、三角瓶（500mL）、电泳槽（含梳子）、移液枪、保鲜膜、紫外观测仪。

三、实验步骤

1. 胶液的制备

称取 0.8g 琼脂糖，置于 200mL 锥形瓶中，加入 100mL 1 ×TAE 稀释缓冲液，放入微波炉里加热至琼脂糖全部熔化，取出摇匀，此为 0.8% 琼脂糖凝胶液。

加热过程中应不时摇动，使附于瓶壁上的琼脂糖颗粒进入溶液。待胶液稍事冷却，加入核酸染料，混匀。

2. 胶板的制备

将胶槽置于水平支持物上，插上样品梳子，注意观察梳子齿下缘应与胶槽底面保持 1mm 左右的间隙。

待琼脂糖溶液凝固后，将剩余琼脂糖小心地倒入胶槽内，使胶液形成均匀的胶层。

待胶完全凝固后拔出梳子，注意不要损伤梳底部的凝胶，然后向槽内加入 1 ×TAE 稀释缓冲液至液面恰好没过胶板上表面。

3. 加样

取 5μL DNA 样品与 1μL 6 ×溴酚蓝上样缓冲液混匀，用微量移液枪小心加入样品槽中。若 DNA 含量偏低，则可依上述比例增加上样量，但总体积不可超过样品槽容量。每加完一个样品要更换枪头，以防止互相污染，注意上样时要小心操作，避免损坏凝胶或将样品槽底部凝胶刺穿。

4. 电泳

加完样后，合上电泳槽盖，立即接通电源。控制电压保持在 75V，电流在 40mA 以上。当溴酚蓝条带移动到距凝胶前沿约 2cm 时（约 40min），停止电泳。

5. 观察和拍照

在波长为 254nm 的长波长紫外灯下观察跑出的电泳条带胶板。

四、注意事项

（1）配胶和电泳需要使用同一批次的缓冲液（一些限制酶缓冲液含有高浓度盐，能减慢 DNA 的迁移，并可使临近孔泳带变斜）。

（2）琼脂糖要彻底熔化，时间不宜过长，EB 含量要适当。

（3）凝胶应存放在阴凉处，再次使用时加入少量电泳液，再熔化。

（4）检查梳子，拔取梳子时应均匀用力，检查凝胶孔的整齐度。凝胶稍厚些，避免样品溢出。

（5）PCR 产物应该在 24h 之内电泳，电泳时间不宜过长，对于长片段影响不大，但对小片段 DNA 影响明显。电泳期间，EB 向阴极迁移，与 DNA 迁移方向相反，长时间电泳将导致凝胶中 EB 含量显著较少，小片段 DNA 检测发生困难。

（6）上样注意：加样时应悬空、加样尽可能快、不必每一个样品用一个吸头、上样量中DNA含量过高，容易产生“弯月亮”。

【拓展阅读】

核酸染料

核酸染料是一种可代替溴化乙锭（EB）的新型核酸染料，采用琼脂糖电泳检测DNA时，核酸染料与核酸结合后能产生很强的荧光信号，其灵敏度与EB相当，使用方法与之完全相同。在紫外光下双链DNA呈现绿色荧光，而且可用于RNA的染色。

通过Ames试验、小鼠骨髓嗜多染红细胞微核试验、小鼠睾丸精母细胞染色体畸变试验，致突变性结果均为阴性；而溴化乙锭（EB）是一种强致癌剂。因此用核酸染料代替EB不失为一种明智的选择。

使用方法：

（1）将100mL琼脂糖凝胶溶液（浓度一般为0.8%～2%）在微波炉中熔化。

（2）冷却至不烫手时加入5μL核酸染料，轻轻摇匀，避免产生气泡。

（3）倒胶，待琼脂糖凝胶完全凝固后上样电泳。

（4）电泳结束后，可在紫外灯下观察电泳结果。若使用数码相机照像记录，则应关闭相机闪光灯；若使用凝胶成像系统照相，可通过调节光圈、曝光时间，选择合适的滤光片，得到成像清晰的照片。

注意事项：

（1）胶厚度不宜超过0.5cm，胶太厚会影响检测的灵敏度。

（2）虽然未发现核酸染料有致癌作用，但对皮肤、眼睛会有一定的刺激，操作时应戴上手套。

技能要点

在琼脂糖凝胶介质中，DNA可在电场作用下从负极向正极方向移动，泳动的速度取决于DNA的大小和构型，可以据此分离出大小、构型均不相同的DNA。将染色剂与DNA结合，可以在紫外光下检测、鉴定电泳的结果。

思考题

1. 琼脂糖凝胶电泳的优点有哪些？
2. 画出你观察到的电泳条带，这说明了什么问题？

实训三　胶回收及目的基因与 T 载体连接

学习目标

【学习目的】

学习 DNA 琼脂糖凝胶回收技术及 T 载体连接技术。

【知识要求】

掌握基因片段电泳分离回收的操作技术，熟悉目的基因与 T 载体连接的操作体系，了解目的基因的常用纯化方法与 T 载体连接的反应原理。

【能力要求】

懂得 DNA 琼脂糖凝胶分离 DNA 片段的胶回收技术，能熟练进行目的 DNA 与 T 载体连接的操作。

一、实验原理

在生物技术实验中，PCR 反应获得的目的片段、酶切后所得特定的 DNA 序列、分子杂交中所制备的探针等，经过琼脂糖凝胶电泳后，目的片段与其他 DNA 分开。这就需要有一套方法将目的 DNA 从凝胶中分离出来，通过处理后得到纯化的目的 DNA，以用于以后的分子杂交、重组子构建、序列分析等。现在常用的技术有：电洗脱法、低熔点琼脂糖凝胶法和 DEAE 滤膜插片法等。

本实验的胶回收步骤采用试剂盒操作，该试剂盒适合从各种琼脂糖凝胶中回收多至 8μg DNA（70bp～10kb），回收率为 60%～85%。琼脂糖凝胶在温和的缓冲液（DE－A 溶液）中熔解，其中的保护剂能防止线状 DNA 在高温下降解，然后在 DE－B 溶液的作用下使 DNA 选择性结合到膜上。纯化的 DNA 纯度高，能保持片段的完整性和高生物活性。

经 PCR 扩增后的目的基因，通过 DNA 琼脂糖凝胶电泳分离纯化后，需将其由凝胶中回收。然后将目的基因与质粒 T 载体（pTG19－T）结合，形成重组环状 DNA，即转化子。

pTG19－T 是一种新型的 pUC 系列线型 T 载体（图 5－1），其多克隆位点更多的单切点和 β－半乳糖苷酶阅读框架的调整大大方便了克隆的蓝/白筛选。与目的基因连接后，形成环状质粒 DNA，转入受体细胞后，随受体细胞增殖而不断扩增。pTG19－T 的插入位点两端独特设计的两个 *Bam*H Ⅰ位点，使插入片段可以用 *Bam*H Ⅰ单酶切进行检测，也可以用非常廉价而高效的 *Eco*R Ⅰ和 *Hind* Ⅲ 双酶切进行检测。

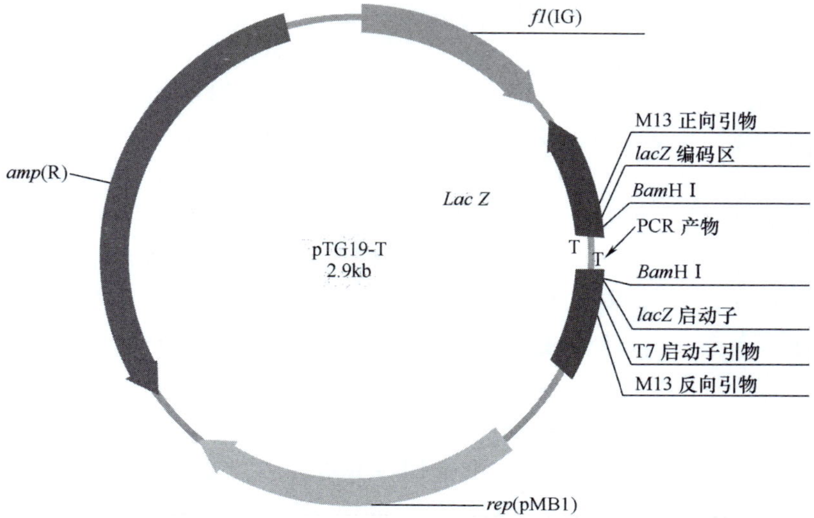

图 5－1　pTG19－T 载体

二、材料和仪器

1. 材料

AxyPrep DNA 凝胶回收试剂盒、pTG19－T 载体、10×T4 缓冲液、T4 DNA 连接酶。

2. 仪器

离心机、移液枪、Eppendorf 管。

三、实验步骤

1. 胶回收目的基因 A 片段

（1）试剂盒包含试剂

①DE－A 缓冲液：凝胶熔化剂，含 DNA 保护剂，防止 DNA 在高温下降解，室温密闭贮存。

②DE－B 缓冲液：结合液，可促使大于 70bp DNA 片段选择性结合到 DNA 制备膜上，室温密闭贮存。

③W1 缓冲液：洗涤液，室温密闭贮存。

④W2 缓冲浓缩液：去盐液，使用前，按试剂瓶上指定的体积加入无水乙醇（用 100% 或 95% 乙醇），混合均匀，室温密闭贮存。

⑤洗提液：2.5mmol/L Tris－HCl，pH8.5，室温密闭贮存。

（2）实验准备

①第一次使用前，W2 缓冲浓缩液中加入指定体积的无水乙醇。

②准备无核酸和核酸酶污染的 Tip 头、离心管。

③准备 75℃水浴。

④使用前，检查 DE－B 缓冲液是否出现沉淀，若出现沉淀，应于 70℃温浴加热溶解并冷却至室温后再使用。

（3）操作步骤

①在紫外灯下，切下含有目的基因的琼脂糖凝胶，用纸巾吸尽凝胶表面液体并切碎。计算凝胶质量（提前记录 1.5mL 离心管质量），该质量作为一个凝胶体积（如 100mg＝100μL 体积）。

②加入 3 个凝胶体积的 DE－A 缓冲液，混合均匀后于 75℃加热，间断混合（每 2～3min），直至凝胶块完全熔化（6～8min）。DE－A 为红色溶液，在熔化凝胶过程中，可以帮助观察凝胶是否完全熔化。

③加 0.5 个 DE－A 缓冲液体积的 DE－B 缓冲液，混合均匀。DE－B 加入后混合物颜色变为黄色，充分混匀以保证形成均一的黄色溶液。

④吸取步骤③中的混合液，转移到 DNA 制备管［置于 2mL（试剂盒内提供）离心管］中，12000 ×*g* 离心 1min，弃滤液。

⑤将制备管置回 2mL 离心管，加 500μL W1 缓冲液，12000 ×*g* 离心 30s，弃滤液。

⑥将制备管置回 2mL 离心管，加 700μL W2 缓冲液，12000 ×*g* 离心 30s，弃滤液。以同样的方法再用 700μL W2 缓冲液洗涤一次，12000 ×*g* 离心 1min。

⑦将制备管置回 2mL 离心管中，12000 ×*g* 离心 1min。

⑧将制备管置于洁净的 1.5mL 离心管（试剂盒内提供）中，在制备膜中央加 25～30μL 洗提液或去离子水，室温静置 1min。12000 ×*g* 离心 1min，洗脱 DNA。

（4）流程图（图 5－2）

（5）注意事项

①步骤 1 中，将凝胶切成细小的碎块可大大缩短凝胶熔化时间（线性 DNA 长时间暴露在高温条件下易于水解），从而提高回收率。勿将含 DNA 的凝胶长时间地暴露在紫外灯下，以减少紫外线对 DNA 造成的损伤。

②步骤②中，凝胶必须完全熔化，否则将严重影响 DNA 的回收率。

③将洗提液或去离子水加热至 65℃，有利于提高洗脱效率。

④DNA 分子呈酸性，建议在 2.5mmol/L Tris－HCl、pH 8.5 洗脱液中保存。

2. 目的基因与 T 载体连接

（1）离心载体和对照。

（2）设立反应体系（表 5－3）。

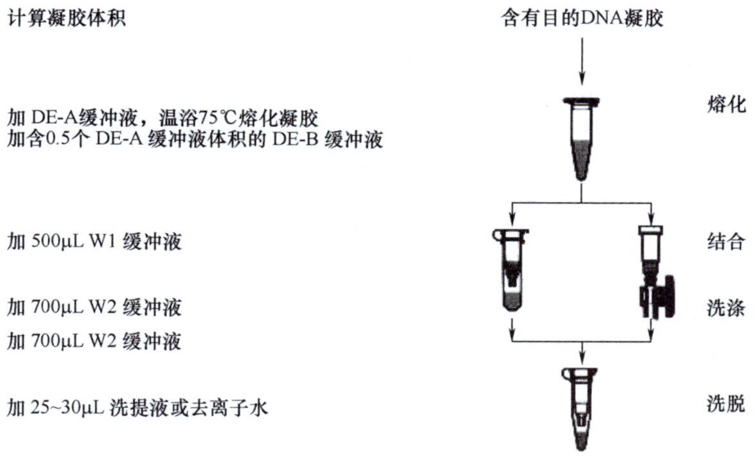

图 5－2　胶回收目的基因片段操作流程图

表 5－3　　pTG－19T 载体连接反应体系

特征	标准反应	正对照	负对照（自连对照）
pTG－19T 载体	2μL	2μL	2μL
胶回收目的基因	XμL *	—	—
正对照	—	2μL	—
10×T4 缓冲液	2μL	2μL	2μL
T4 DNA 连接酶	5 units	5 units	5 units
ddH_2O	加至 20 μL	加至 20 μL	加至 20 μL
总计	20μL	20μL	20μL

注：* 载体与插入片段的分子数比需要优化。一般载体与插入片段的分子数比在（1:5）～（3:1）均可得到较好结果。

③混匀，离心。为了最大限度提高连接效率，最好在 4℃下连接过夜。

技能要点

PCR 扩增后的目的基因经 DNA 琼脂糖凝胶电泳分离纯化后，可由凝胶中回收，再通过与质粒 T 载体（pTG19－T）的连接，形成重组环状 DNA（转化子）。凝胶中分离回收 DNA 的常用技术有电洗脱法、低熔点琼脂糖凝胶法和 DEAE 滤膜插片法等。

思考题

1. 胶回收目的基因的操作，有哪些细节是你认为非常关键的？

2. 连接反应中为什么要有对照？负对照指的是什么？

实训四　细菌感受态细胞的制备及转化

学习目标

【学习目的】

学习感受态细胞的制备与转化技术。

【知识要求】

掌握氯化钙法制备大肠杆菌感受态细胞和外源质粒 DNA 转入受体菌细胞的技术以及筛选转化体的技术，熟悉蓝/白筛选的技术原理，了解细胞转化的概念及其在分子生物学研究中的意义。

【能力要求】

懂得氯化钙法制备大肠杆菌感受态细胞的操作，和外源质粒 DNA 转入受体菌细胞的操作。

一、实验原理

感受态细胞是指受体细胞经过一些特殊方法（如，$CaCl_2$、RuCl 等化学试剂法）的处理后，细胞膜的通透性发生变化，成为能容许多有外源 DNA 的载体分子通过的细胞。

转化是将异源 DNA 分子引入一细胞株系，使受体细胞获得新的遗传性状的一种手段，是基因工程等研究领域的基本实验技术。进入细胞的 DNA 分子通过复制表达，才能实现遗传信息的转移，使受体细胞出现新的遗传性状。转化过程所用的受体细胞一般是限制 - 修饰系统缺陷的变异株，即不含限制性内切酶和甲基化酶的突变株。

转化常用的方法有物理的方法（电击法）和化学的方法（如 $CaCl_2$）。对于转化后克隆的筛选常用不同抗生素基因筛选，如，氨苄青霉素、卡那霉素、氯霉素、四环素、链霉素等。

因为只有将经过转化后的细胞在选择性培养基中培养，才能较容易地筛选出转化子，即带有异源 DNA 分子的受体细胞。否则，如果将转化后的菌液涂在无选择性抗生素的培养基平板上，会出现成千上万的细菌菌落，将难以确认哪一个克隆含有转化的质粒。虽然只有那些含有被转化质粒的细菌才能在含有抗生素的平板上生长和繁殖，但对于连接混合物而言，此时并不能确定哪个克隆含有插入片段。

鉴定带有重组质粒克隆的方法常用的有 α－互补、小规模制备质粒 DNA 进行酶切分析、插入失活、PCR 以及杂交筛选的方法。最常用的方法是小规模制备质粒 DNA 进行酶切分析，对于带有 *LacZ* 基因的载体还可以结合 α－互补现象来筛选。

α－互补现象的原理是：因为许多载体都带有一个 *LacZ* 基因的调控序列和头 146 个氨基酸的编码信息，编码 α－互补肽，该肽段能与宿主编码的缺陷型 β－半乳糖苷酶实现基因内互补（α－互补）。当这种载体转入可编码 β－半乳糖苷酶 C 端部分序列的宿主细胞中时，在异丙基－β－D－硫代半乳糖苷（IPTG）的诱导下，宿主可同时合成这两种肽段，虽然它们各自都没有酶活性，但它们可以融为一体，形成具有酶活性的蛋白质。所以称这种现象为 α－互补现象。

由互补产生的 β－半乳糖苷酶（*LacZ*）能够作用于生色底物 5－溴－4－氯－3－吲哚－β－D－半乳糖苷（*X*－gal）而产生蓝色的菌落，所以利用这个特点，在载体的该基因编码序列之间人工放入一个多克隆位点，当插入一个外源 DNA 片段时，会造成 *LacZ*（α）基因的失活，破坏α－互补作用，就不能产生具有活性的酶。所以，有重组质粒的菌落为白色，而没有重组质粒的菌落为蓝色。

本实验中携带目的基因的 T 载体进入细菌的过程是一种转化作用。经 $CaCl_2$ 处理的大肠杆菌，受短暂热刺激后，可成为感受态细胞而易于接受外源 DNA，由于 T 载体携带有 β－半乳糖苷酶阅读框架，大大方便了对转化菌进行蓝/白筛选。

二、材料和仪器

1. 材料

LB 液体培养基，0.1mol/L $CaCl_2$，含 X－Gal、IPTG、Amp 的 LB 培养基（100mg/mL），菌种 DH_{5a}。

2. 仪器

离心管、离心机、冰盒、水浴锅、摇床、无菌弯头铺菌器、培养箱。

三、实验步骤

1. 受体菌的培养

（1）从 LB 平板上挑取新活化的 *E. coli* DH_{5a} 单菌落，接种于 3～5mL LB 液体培养基中，37℃下振荡培养 12h 左右，直至对数生长后期。

（2）再将该菌悬液以 1:(50～100）的比例接种于 100mL LB 液体培养基中，37℃振荡培养 2～3h 至 OD_{600} 为 0.5 左右。

2. 感受态细胞制备

（1）将培养液转入离心管中，冰上放置 10min，然后于 4℃下 3000×*g* 离心 10min。

（2）弃去上清，用预冷的0.1mol/L的$CaCl_2$溶液10mL轻轻悬浮细胞，冰上放置15～30min后，4℃下3000×*g*离心10min。

（3）弃去上清，加入4mL 0.1mol/L的$CaCl_2$溶液，轻轻悬浮细胞，冰上放置几分钟，即成感受态细胞悬液。

3. 转化

（1）分别取3个100μL感受态细胞悬液（如是冷冻保存液，则需化冻后立刻进行），进行下面的操作。

第一组，加入10μL重组质粒DNA（体积不超过10μL）+100μL感受态细胞，此管为转化实验组。

第二组，插入DNA片段对照组，即酶切后DNA片段25ng+100μL感受态细胞悬液。

第三组，质粒DNA对照组，即1ng未酶切质粒DNA+100μL感受态细胞悬液。

（2）将以上各样品轻轻摇匀，冰上放置20～30min，于42℃水浴中保温1～2min，然后迅速冰上冷却2min。

（3）立即向上述管中分别加入0.4mL LB液体培养基（不需在冰上操作），使总体积到0.5mL，该溶液称为转化反应原液，摇匀后于37℃振荡培养45～60min，使受体菌恢复正常生长状态，并使转化子表达抗生素基因产物（Amp^r）。

4. 平板培养（有时需要稀释）

（1）取各样品培养液0.1mL，分别接种于含X－Gal、IPTG、Amp的LB平板培养基上，涂匀（如果用玻璃棒涂抹，酒精灯烧过后稍微凉一下再用，不要过烫）。

（2）菌液完全被培养基吸收后，倒置培养皿，于37℃恒温培养箱内培养过夜（12～16h），待菌落生长良好而又未互相重叠时停止培养，对于可以蓝白斑筛选的质粒和菌株来说，此时应该能清楚地看到蓝色和白色菌落。

用$CaCl_2$法制备的感受态细胞，可使每微克超螺旋质粒DNA产生（5×10^6）～（2×10^7）个转化菌落。在实际工作中，每微克有10^5以上的转化菌落足以满足一般的克隆实验。

5. 检出转化子和计算转化率

统计每个培养皿中的菌落数，各实验组培养皿内菌落生长状况应如表5－4所示。

表5－4　　转化实验平板菌落的生长状况

组	含抗菌素的平板	结果说明
转化实验组	白色菌落和少量蓝色菌落	说明有重组质粒导入细胞中（有时还需要酶切进一步鉴定）
插入DNA片段对照组	无菌落或极少量白色菌落	说明插入片段比较纯或有少量模板DAN存在
质粒对照组	蓝色菌落	可以判断感受态细胞的效率

转化子总数 = 菌落数 ×（转化反应原液总体积 / 涂板菌液体积）

插入频率 = 蓝色菌落数 / 白色菌落数

转化频率 = 转化子总数/加入质粒 DNA 的量（计算出每微克的转化菌落数）

技能要点

转化是将异源 DNA 分子引入细胞，实现基因重组的基本实验技术。受体细胞是转化实施的一个必要条件。只有经过转化后的细胞在选择性培养基中培养，才能较容易地筛选出转化子（带有异源 DNA 分子的受体细胞）。鉴定带有重组质粒克隆的常用方法有多种，α - 互补是常用的方法之一。

本实验中，携带目的基因的 T 载体通过转化进入大肠杆菌感受态细胞，得到接受了外源 DNA 的转化子。在大量的转化子中，携带目的基因的 T 载体含 β - 半乳糖苷酶阅读框架，可以据此对转化菌进行蓝/白筛选，从而得到白色菌落的重组质粒。

思考题

1. 为何要将细菌制备为感受态？
2. 在本实验中，氯化钙起到了什么作用？

实训五 转化子的扩增、提取与双酶切电泳验证

学习目标

【学习目的】

学习转化子扩增、提取及筛选、鉴定操作。

【知识要求】

掌握扩增质粒、碱裂解法提取质粒的基本操作，熟悉扩增、碱裂解提取和双酶切验证等的操作体系和注意事项，了解质粒扩增、提取和酶切验证的基本原理。

【能力要求】

懂得质粒扩增操作，会进行碱裂解法提取质粒和双酶切验证操作。

一、实验原理

T 载体与目的基因 A 片段形成了环形克隆质粒，即转化子。将其转化进入受体大肠杆菌，对受体进行接种培养，可以达到转化子扩增的目的。为验证转化子

是否成功构建，利用碱裂解法将其由受体大肠杆菌中提取出来，通过双酶切将目的基因 A 片段切下，用电泳验证其大小，评价转化子成功与否。

提取质粒 DNA 主要利用其与宿主染色质 DNA 之间的差异来进行。碱裂解法是一种应用最为广泛的提取质粒 DNA 的方法，其基本原理为：当菌体在 NaOH 和 SDS 溶液中裂解时，蛋白质与 DNA 发生变性；当加入中和液后，质粒 DNA 分子能够迅速复性，呈溶解状态，离心时留在上清中；蛋白质与染色体 DNA 不变性而呈絮状，离心时可沉淀下来。限制性内切酶是一群由原核细胞提取的 DNA 酶。不同的内切酶能够特异性地识别不同的核苷酸序列，并在一定部位切割双链 DNA 的磷酸二酯键。

酶切下来的质粒 DNA 可以用琼脂糖电泳进行验证，其原理同实训二。需注意的是，酶切后会产生大小不同的片段，在电泳过程中不同大小、不同构象的 DNA，其泳动速度不同，可观察实际结果是否与理论相符。

二、材料和仪器

1. 材料

大肠杆菌 $DH_{5\alpha}$（含携带目的基因 A 片段的质粒 pMD19 - T）、LB 培养基、葡萄糖、Tris、EDTA（pH8.0）、1.0mol/L NaOH、2% SDS、5.0mol/L KAc、冰醋酸、10mmol Tris - Cl、1mmol EDTA、酚、氯仿、异戊醇、无水乙醇、70% 乙醇、RNase、双限制酶、AE 电极缓冲液、琼脂糖、0.25% 溴酚蓝、40%（质量分数）蔗糖、TBE 缓冲液（pH8.0）、溴化乙锭（EB）。

2. 仪器

电子天平、灭菌锅、酒精灯、10mL 试管、Amp、接种环、摇床、移液枪、Eppendorf 管、离心机、水浴锅、冰盒、电泳仪、三角瓶（500mL）、电泳槽（含梳子）、移液枪、保鲜膜、紫外观测仪。

三、实验步骤

1. LB 培养基配制

配制每升培养基，应在 900mL 去离子水中加入：

胰蛋白胨	10.0g
酵母提取物	5.0g
NaCl	10.0g

搅拌至溶质完全溶解，用 5mol NaOH（约 0.2mL）调节 pH 至 7.0（如用进口试剂可不必调），定容至总体积为 1L，6.8kg（15 磅，1.034×10^5Pa）高压灭菌 20min。

2. 转化子的扩增

在灭过菌的 10mL 试管中加入 3mL LB 液体培养基以及 3μL Amp（100μg/

mL)，挑取琼脂糖平板培养基上培养出的白色菌落（37℃，16~20h）至试管培养基中。将培养管置于摇床中，37℃振摇过夜（200~250 r/min，16~18h）。

3. 碱裂解法试剂配制

①Sol I	葡萄糖	50mmol
	Tris	25mmol
	EDTA	10mmol，pH8.0
②Sol II	1.0mol/L NaOH	600μL
	2% SDS	1500μL
	dH_2O	900μL
③Sol III	5.0mol/L KAc	60mL
	冰醋酸	11.5mL
	dH_2O	28.5mL
④TE 缓冲液（50mL，pH8.0）	10mmol	Tris-Cl，pH8.0
	1mmol	EDTA，pH8.0

4. 碱裂解法提取质粒

（1）取 1mL 菌液加入 Eppendorf 管中，14000r/min 离心 30s，弃上清。

（2）加入 100μL Sol I，剧烈振荡混匀（在振荡器中进行），置冰浴 3min。

（3）加入 200μL 新配制的 Sol II，轻轻混匀（不要强烈振荡，防止核酸大片段降解成小片段干扰下步操作），置冰浴中。

（4）加入 Sol Ⅱ后 3min 内加入 150μL Sol Ⅲ，轻轻混匀，使其分散均匀，放冰浴中 3min。

（5）14000r/min 离心 5min，移上清于另一 Eppendorf 管中。

（6）加入 200μL 苯酚、200μL 氯仿：异戊醇（24∶1），振荡均匀，14000r/min 离心 2min。

（7）移上清至新的 Eppendorf 管中，不要吸到下层液。重复操作（6）和（7）两次。

（8）用 2 倍体积（800μL）95% 乙醇沉淀双链 DNA，振荡混匀，室温放置 2min 后，14000r/min 离心 5min，弃上清。

（9）用 1mL 70% 乙醇洗涤沉淀，14000r/min 离心 5min，弃上清，自然干燥沉淀。

（10）用 20μL 50μg/mL 的 RNase A 溶解，37℃保温 20min 振荡均匀，-20℃。

5. 双酶解反应

酶切反应体系如表 5-5 所示，37℃水浴 1~1.5h。

表 5 – 5　　酶切反应体系

提取出的转化子 DNA	10μL
限制酶 A	1μL
限制酶 B	1μL
10 × 缓冲液	2μL
双蒸去离子水	6μL
总计	20μL

酶切结束取出后，采用电泳分析，以鉴定是否为成功构建的转化子。

6. 电泳分离酶切产物鉴定转化子

取 5 × TBE 缓冲液 20mL，加水至 200mL，配制成 0.5 × TBE 稀释缓冲液，待用。

（1）胶液的制备　称取 0.4g 琼脂糖，置于 200mL 锥形瓶中，加入 50mL 0.5 × TBE 稀释缓冲液，放入微波炉里加热至琼脂糖全部熔化，取出摇匀，此为 0.8% 琼脂糖凝胶液。加热过程中要不时摇动，使附于瓶壁上的琼脂糖颗粒进入溶液。

（2）胶板的制备　将有机玻璃胶槽两端分别用橡皮膏紧密封住。将封好的胶槽置于水平支持物上，插上样品梳子，注意观察梳子齿下缘应与胶槽底面保持 1mm 左右的间隙。向冷却至 50 ~ 60℃ 的琼脂糖胶液中加入溴化乙锭（EB）溶液，使其终浓度为 0.5μg/mL。用移液器吸取少量熔化的琼脂糖凝胶封橡皮膏内侧，待琼脂糖溶液凝固后将剩余的琼脂糖小心地倒入胶槽内，使胶液形成均匀的胶层。待胶完全凝固后拨出梳子，注意不要损伤梳底部的凝胶，然后向槽内加入 0.5 × TBE 稀释缓冲液至液面恰好没过胶板上表面。

（3）加样　取 10μL DNA 样品与 2μL 6 × 上样液混匀，用微量移液枪小心加入样品槽中。若 DNA 含量偏低，则可依上述比例增加上样量，但总体积不可超过样品槽容量。每加完一个样品要更换 tip 头，以防止互相污染，注意上样时要小心操作，避免损坏凝胶或将样品槽底部凝胶刺穿。

（4）电泳　加完样后，合上电泳槽盖，立即接通电源。控制电压保持在60 ~ 80V，电流在 40mA 以上。当溴酚蓝条带移动到距凝胶前沿约 2cm 时，停止电泳。

（5）染色　未加 EB 的胶板在电泳完毕后移入 0.5μg/mL 的 EB 溶液中，室温下染色 20 ~ 25min。

观察和拍照：在波长为 254nm 的长波长紫外灯下观察染色后的或已加有 EB 的电泳胶板。

7. 注意事项

（1）双蒸水为可变体积，当其他反应成分确定后，用双蒸水将反应体积补足。

（2）转化子 DNA 最后加入，以防止操作不当引起试剂的污染。

（3）为保持限制酶的活性，将酶从低温冰箱取出后立即置于预先准备的冰浴中，操作迅速，用后立即放回低温冰箱中。

（4）大多数酶多以浓缩液存放，吸取时需严格取量。若要取用多种酶，每种酶必须单独使用吸头，避免交叉污染。

（5）大多数限制酶均加 50% 甘油缓冲液置于 -20℃保存，其活力稳定，但在配制反应混合物时，酶的加入量要准确限制小于总体积的 1/10，否则甘油会抑制酶解反应。

（6）如欲节省酶的用量，可增加酶解时间，但酶解时间过长，易出现杂酶活性。

（7）当样品加入反应管之后，必须将管盖盖严，避免温育时水蒸气进入管内。

（8）EB 是强诱变剂并有中等毒性，配制和使用时都应戴手套，并且不要把 EB 洒到桌面或地面上。凡是沾污了 EB 的容器或物品必须经专门处理后才能清洗。沾染了 EB 的垃圾要专门处理后才可丢弃。

（9）当 EB 太多、胶染色过深、DNA 带看不清时，可将胶放入蒸馏水冲泡，30min 后再观察。

（10）制备凝胶时，倒胶的温度不可太低，否则凝固不均匀；速度也不可太快，否则容易出现气泡。

技能要点

T 载体与目的基因 A 片段形成了环形克隆质粒，即转化子。将其转化进入受体细胞并对受体细胞进行培养、扩增，以增大转化子的数量。为了验证转化子是否成功构建，通过碱裂解法将重组质粒由受体细胞中提取出来，通过双酶切将目的基因切下，用电泳验证其大小，评价转化子成功与否。

思考题

1. 在质粒提取过程中，如何避免染色体 DNA 污染？为什么？
2. 质粒提取中三种溶液的作用分别是什么？

参 考 文 献

1. 徐晋麟、徐沁、陈淳．现代遗传学原理（第3版）．北京：科学出版社，2011.

2. 刘祖洞主编．遗传学（上、下）（第二版）．北京：高等教育出版社，1991.

3. 王亚馥、戴灼华．遗传学．北京：高等教育出版社，1999.

4. ［英］R. M. 特怀曼著，陈淳、徐沁等译．高级分子生物学要义．北京：科学出版社，2000.

5. 孙乃恩、孙东旭、朱德煦．分子遗传学（第二版）．南京：南京大学出版社，1997.

6. 朱玉贤、李毅、郑晓峰．现代分子生物学（第三版）．北京：高等教育出版社，2007.

7. 杨歧生．分子生物学基础．杭州：浙江大学出版社，1994.

8. 张玉静．分子遗传学．北京：科学出版社，2000.

9. ［美］D. 弗雷菲尔德著，蔡武城等译．分子生物学（上、下）．北京：科学出版社，1991.

10. 杜传书、刘祖洞．医学遗传学（第二版）．北京：人民卫生出版社，1989.

11. 吴乃虎．基因工程原理（上、下）（第二版）．北京：科学出版社，1998.

12. 卢圣栋．现代分子生物学实验技术．北京，高等教育出版社，1993.

13. ［美］J. 萨姆布鲁克、E. F. 弗理奇、T. 曼妮阿蒂斯著，金冬雁、黎孟枫等译．分子克隆实验指南（第二版）．北京：科学出版社，1993.

14. ［美］F. 奥斯伯、R. 布伦特、R. E. 金顿等著，颜子颖、王海林译．精编分子生物学实验指南．北京：科学出版社，1998.

15. 金伯泉．细胞和分子免疫学（第二版）．北京：科学出版社，2001.

16. 全国科学技术名词审定委员会．遗传学名词（第二版）．北京：科学出版社，2006.

17. ［英］T. 斯特罗恩、A. P. 里德著，孙开来等译．人类分子遗传学．北京：科学出版社，2007.

18. 童克中．基因及其表达．北京：科学出版社，2001.

19. ［美］J. D. 沃森、T. A. 贝克、S. P. 贝尔等著，杨焕明等译．基因的分子生物学（第六版）．北京：科学出版社，2009.

20. 冯作化．医学分子生物学．北京：人民卫生出版社，2005.

21. 龚非力．医学免疫学（第二版）．北京：科学出版社，2004.